高职高专规划教材

热工学基础与应用

■ 张培新　主编
■ 吴 昊　富宇莹　副主编

U0359650

化学工业出版社
·北京·

本书共分5个单元，第1单元热工学基础知识，主要介绍热能的综合利用、热工基本参数、热学基本理论等内容。第2单元工程热力学基本理论，主要介绍热力学第一定律及第二定律的基本知识。第3单元传热学基本理论，主要介绍稳态导热、常规对流换热、辐射换热和稳定传热的基本定律及基本计算分析。第4单元常用热工装置及设备，主要介绍热质交换设备、喷管及扩压管、压缩机、制冷装置、汽轮机、内燃机、热管、太阳能利用装置等热工常用装置及设备的原理、特点及应用。第5单元热工测量，主要介绍常规热工参数测量、热工测量新技术以及建筑节能检测技术和要求等。

本教材主要针对高职教育的特点，内容上既具有较强的针对性、实用性，又有一定的前瞻性。除可作为土建类高职高专院校建筑设备类专业的教材使用外，也可作为电大、函授等相同专业教学用书，并可作为从事供热、制冷、燃气、能源等行业的技术人员的参考用书。

图书在版编目（CIP）数据

热工学基础与应用/张培新主编. —北京：化学工业出版社，2010.8（2023.9重印）

高职高专规划教材

ISBN 978-7-122-08952-6

Ⅰ.热… Ⅱ.张… Ⅲ.热工学-高等学校：技术学院-教材 Ⅳ.TK122

中国版本图书馆 CIP 数据核字（2010）第 121816 号

责任编辑：王文峡　　　　　　　　　　文字编辑：向　东
责任校对：边　涛　　　　　　　　　　装帧设计：史利平

出版发行：化学工业出版社（北京市东城区青年湖南街 13 号　邮政编码 100011）
印　　装：北京科印技术咨询服务有限公司数码印刷分部
787mm×1092mm　1/16　印张 17　字数 414 千字　2023 年 9 月北京第 1 版第 4 次印刷

购书咨询：010-64518888　　　　　　　售后服务：010-64518899
网　　址：http://www.cip.com.cn
凡购买本书，如有缺损质量问题，本社销售中心负责调换。

定　　价：49.00 元

前 言

　　2010～2020 年《国家中长期教育改革和发展规划纲要》(以下简称《纲要》) 明确提出: 政府要大力发展职业教育, 要把职业教育纳入经济社会发展和产业发展规划, 促使职业教育规模、专业设置与经济社会发展需求相适应; 要把提高质量作为重点, 以服务为宗旨, 以就业为导向, 实行工学结合、校企合作、顶岗实习的人才培养模式, 并建立健全职业教育课程衔接体系。

　　本教材正是根据《纲要》对高职院校教材建设的要求, 结合建筑设备类及相关专业高职教育的特点, 并针对高职院校学生的具体情况, 围绕该类专业的职业岗位范围、知识结构、能力结构、业务规格和素质要求, 组织编写而成的。书中对热工学中高深的理论、高难的计算、复杂的分析等内容做了大量的删减, 增加了热工装置与设备、热工检测、节能检测等有针对性、实用性的内容, 尽量做到言简意赅、够用为度, 便于学生掌握, 方便教学。

　　本书的编写团队为山东城市建设职业学院市政与环境工程系暖通燃气教研室, 并由山东建筑大学戎卫国教授主审。戎教授在百忙之中对本书做了全面细致的审阅, 并提出很多宝贵的建议和意见。在此, 全体编者表示衷心的感谢。全书由张培新 (第 1、16、17 章) 主编并统稿, 吴昊 (第 2、3、4、5 章)、富宇莹 (第 11、12、13、15 章) 任副主编, 参编人员还有李卫华 (第 6、7、8 章), 孟繁晋 (第 10、14 章), 张丽娜 (第 9 章)。

　　本教材在编写过程中做了一些变革和尝试, 不足不当之处, 请读者批评指正。

编者

2010 年 5 月

目 录

第1单元 热工学基础知识

第2单元　工程热力学基本理论

第3单元　传热学基本理论

第 5 单元　热工测量

第 ① 单元

热工学基础知识

第1章 热能综述

1.1 能源概述

1.1.1 自然界中的能源种类

能源是指可向人类提供各种能量和动力的物质资源。迄今为止，由自然界提供的主要能源有：水能、风能、太阳能、地热能、潮汐能、核能、各种燃料的化学能以及其他一些形式的能量。能源可以根据来源、形态、使用程度和技术、污染程度以及性质等进行分类。

（1）根据能源是否是由自然界直接提供分

① 一次能源——可以直接从自然界获取的能源，如化石燃料（煤、石油、天然气等）、太阳能、风能、水能、地热能、核能、潮汐能等。

② 二次能源——不能从自然界直接获取，必须通过消耗一次能源才能获得的能源。如电能、燃气等。

（2）根据能源是否可以再生分

① 可再生能源——可以从自然界源源不断地得到的能源，如太阳能、风能、水能等。

② 不可再生能源——一旦消耗就很难再生的能源，如煤、石油、天然气、核燃料等。注意：这里的可再生能源和不可再生能源都是针对一次能源而言的。

（3）根据人们利用能源的时间长短分

① 常规能源（传统能源）——目前已大规模生产和广泛利用的能源，如水能、煤炭、石油、天然气等。

② 新能源——由于技术、经济等因素而迄今尚未大规模使用的能源，如太阳能、核能、潮汐能、地热能等。

（4）根据对环境污染的程度分

① 清洁能源——对环境无污染或污染很小的能源，如太阳能、水能、风能、燃气等。

② 非清洁能源——对环境污染较大的能源，如煤、石油等。

1.1.2 新能源

新能源又称非常规能源，是指传统能源之外的刚开始开发利用或正在积极研究、有待推广的能源。因此，煤、石油、天然气以及大中型水电都被看作常规能源，而把太阳能、风能、现代生物质能、地热能、海洋能以及核能、氢能等作为新能源。随着技术的进步和可持续发展观念的树立，过去一直被视作垃圾的工业与生活有机废弃物被重新认识，作为一种能源资源化利用的物质而受到深入的研究和开发利用，因此，废弃物的资源化利用也可看作是新能源技术的一种形式。

联合国开发计划署（UNDP）把新能源分为以下三大类：①大中型水电；②新可再生能源，包括小水电（small-hydro）、太阳能（solar）、风能（wind）、现代生物质能（modern biomass）、地热能（geothermal）、海洋能（ocean）；③传统生物质能（traditional bio-mass）。

相对于传统能源，新能源普遍具有污染少、储量大的特点，对于解决当今世界严重的环境污染问题和资源（特别是化石能源）枯竭问题具有重要意义。同时，由于很多新能源分布均匀，对于解决由能源引发的战争也有着重要意义。

目前，国内外应用较多的新能源形式主要有下列几种。

（1）太阳能　太阳能是最重要的基本能源，生物质能、风能、潮汐能、水能等都来自太阳能，太阳内部进行着由氢聚变成氦的原子核反应，不停地释放出巨大的能量，不断地向宇宙空间辐射能量，这就是太阳能。太阳内部的这种核聚变反应可以维持很长时间，据估计约有几十亿至几百亿年，相对于人类的有限生存时间而言，太阳能可以说是取之不尽、用之不竭的。

太阳能的总量很大，整个太阳每秒钟释放出来的能量高达 3.826×10^{33} 尔格或 37.3×10^6 兆焦，相当于每秒钟燃烧 1.28 亿吨标准煤所放出的能量。太阳辐射到达地球陆地表面的能量约为 17 万亿千瓦，仅占到达地球大气外层表面总辐射量的 10%。即使这样，它也相当目前全世界一年内能源总消耗量的 3.5 万倍。我国的太阳能资源十分丰富，全国有 2/3 以上的地区，年辐照总量大于 502 万千焦/米^2，年日照时数在 2000 小时以上。

太阳能作为一种新能源，它与常规能源相比有三大优点：

第一，它是人类可以利用的最丰富的能源，在过去漫长的 11 亿年中，太阳仅消耗了它本身能量的 2%，可以说是取之不尽、用之不竭；

第二，太阳能无处不在，可以就地开发利用，不存在运输问题，尤其对交通不发达的农村、海岛和边远地区更具有利用的价值；

第三，太阳能是一种洁净的能源，在开发和利用时不会产生废渣、废水、废气，也没有噪声，更不会影响生态平衡。

当然，太阳能的利用有它自身的弱点：一是能流密度较低，日照较好的地面上 1 平方米的面积所接受的能量只有 1 千瓦左右，因此需要相当大的采光集热面才能满足使用要求，从而使装置的面积大、用料多、成本增加；二是大气影响较大，给实际应用带来不少困难。

目前，人类直接利用太阳能主要有三大技术领域，即光热转换、光电转换和光化学转换。太阳能技术的产品很多，如太阳能热水器、开水器、干燥器，太阳能采暖和制冷，太阳能温室与太阳房，太阳灶和高温炉，太阳能发电系统，太阳能电池、灯具、手表，太阳能海水淡化装置、水泵、热力发电装置及太阳能医疗器具等。

（2）地热能　地热能是来自地球深处的可再生热能。它起源于地球的熔融岩浆和放射性物质的衰变。地下水的深处循环和来自极深处的岩浆侵入到地壳后，把热量从地下深处带至近表层。在有些地方，热能随自然涌出的热蒸汽和水而到达地面，自史前起它们就已被用于洗浴和蒸煮。通过钻井，这些热能可以从地下的储层引入水池、房间、温室和发电站等。这种热能的储量相当大，据估计，每年从地球内部传到地面的热能相当于 100×10^{15} 瓦时。

人类很早以前就开始利用地热能，例如利用温泉沐浴、医疗，利用地下热水取暖、建造农作物温室、水产养殖及烘干谷物等。但真正认识地热资源并进行较大规模的开发利用却是始于20世纪中叶。地热能的利用可分为地热发电和直接利用两大类，而对于不同温度的地热流体可能利用的范围如下：

① 200～400℃，直接发电及综合利用；

② 150～200℃，双循环发电、制冷、工业干燥、工业热加工；

③ 100～150℃，双循环发电、供暖、制冷、工业干燥、脱水加工、回收盐类、罐头食品；

④ 50～100℃，供暖、温室、家庭用热水、工业干燥；

⑤ 20～50℃，沐浴、水产养殖、饲养牲畜、土壤加温、脱水加工。

近年来，国外对地热能的非电力利用，也就是直接利用，十分重视。因为进行地热发电，热效率低，温度要求高。而地热能的直接利用，不但能量的损耗要小得多，并且对地下热水的温度要求也低得多，从15～180℃这样宽的温度范围均可利用。在全部地热资源中，这类中、低温地热资源是十分丰富的，远比高温地热资源大得多。

目前，国内对地热能的直接利用发展也十分迅速，已广泛地应用于工业加工、民用采暖和空调、洗浴、医疗、农业温室、农田灌溉、土壤加温、水产养殖、畜禽饲养等各个方面，收到了良好的经济技术效益，节约了能源。

未来随着与地热利用相关的高新技术的发展，将使人们能更精确地查明更多的地热资源；钻更深的钻井将地热从地层深处取出，因此地热利用也必将进入一个飞速发展的阶段。

（3）风能 风能是地球表面大量空气流动所产生的动能。由于地面各处受太阳辐照后气温变化不同和空气中水蒸气的含量不同，因而引起各地气压的差异，在水平方向高压空气向低压地区流动，即形成风。风能的利用主要是以风能作动力和风力发电两种形式，其中又以风力发电为主。

我国风力资源丰富，可开发利用的风能储量达10亿千瓦。对风能的利用，特别是对我国沿海岛屿，交通不便的边远山区，地广人稀的草原牧场，以及远离电网的农村、边疆，作为解决生产和生活能源的一种可靠途径，具有十分重要的意义。

但是，风能在利用中还存在一些问题，如风速不稳定导致产生的能量大小不稳定，风能利用受地理位置限制严重，风能的转换效率较低等。因此，无论是从成本还是从技术上比较，风电同传统的火电、水电相比还有较大的差距，因而风电的快速发展需要国家政策的大力扶持。纵观风电发展迅速的国家如德国、西班牙、印度，无一例外地都给予风电产业巨大的政策优惠。中国对风电的政策支持由来已久，力度也越来越大，政策支持的对象也由过去的注重发电转向了注重扶持国内风电设备制造。国家的政策支持将是风能充分利用的根本保障，随着中国国产风机设备的自主制造能力不断加强，国家的政策支持力度也将越来越大，风能利用将面临难得的历史发展机遇。

（4）生物质能 生物质能是蕴藏在生物质中的能量，是指直接或间接地通过绿色植物的光合作用，把太阳能转化为化学能后固定和储藏在生物体内的能量。它是一种唯一可再生的碳源，可转化成常规的固态、液态和气态燃料。目前生物质能的主要应用形式有沼气、压缩成型固体燃料、气化生产燃气、气化发电、生产燃料酒精等。

生物质能一直是人类赖以生存的重要能源，它是仅次于煤炭、石油和天然气而居于世界能源消费总量第四位的能源。根据生物学家估算，地球陆地每年生产1000亿～1250亿吨干生物质，海洋年生产500亿吨干生物质。生物质能源的年生产量远远超过全世界总能源需求量，相当于目前世界总能耗的10倍。我国可开发为能源的生物质资源到2010年可达3亿吨。随着农林业的发展，特别是炭薪林的推广，生物质资源还将越来越多。

目前，生物质能技术的研究与开发已成为世界重大热门课题之一，受到世界各国政府与科学家的关注。许多国家都制定了相应的开发研究计划，如日本的阳光计划、印度的绿色能源工程、美国的能源农场和巴西的酒精能源计划等，其中生物质能源的开发利用占有相当的比重。目前，国外的生物质能技术和装置多已达到商业化应用程度，实现了规模化产业经营，以美国、瑞典和奥地利三国为例，生物质转化为高品位能源利用已具有相当可观的规模，分别占该国一次能源消耗量的 4%、16% 和 10%。在美国，生物质能发电的总装机容量已超过 10000 兆瓦，单机容量达 10～25 兆瓦；美国纽约的斯塔藤垃圾处理站投资 2000 万美元，采用湿法处理垃圾，回收沼气用于发电，同时生产肥料。巴西是乙醇燃料开发应用最有特色的国家，实施了世界上规模最大的乙醇开发计划，目前乙醇燃料已占该国汽车燃料消费量的 50% 以上。

我国是一个人口大国，又是一个经济迅速发展的国家，很长一段时期内将面临着经济增长和环境保护的双重压力。因此改变能源生产和消费方式，开发利用生物质能等可再生的清洁能源资源对建立可持续的能源系统，促进国民经济发展和环境保护具有重大意义。

生物质能高新转换技术不仅能够大大加快村镇居民实现能源现代化进程，满足农民富裕后对优质能源的迫切需求，同时也可在乡镇企业等生产领域中得到应用。由于我国地广人多，常规能源不可能完全满足广大农村日益增长的需求，而且由于国际上正在制定各种有关环境问题的公约，限制 CO_2 等温室气体排放，这对以煤炭为主的我国是很不利的。因此，立足于农村现有的生物质资源，研究新型转换技术，开发新型装备既是农村发展的迫切需要，又是减少排放、保护环境、实施可持续发展战略的需要。

（5）核能　核能是人类最具希望的未来能源。目前人们开发核能的途径有两种：一是重元素的裂变，如铀、钍的裂变；二是轻元素的聚变，如氘、锂等。重元素的裂变技术已得到实际性的应用；而轻元素聚变技术，也正在积极研制之中。

据估计，地球上铀和钍的储量分别约为 490 万吨和 275 万吨，这些裂变燃料足可以用到聚变能时代。轻元素氘和锂大量存在于海洋中，1 升海水能提取 30 毫克氘，在聚变反应中能产生约等于 300 升汽油的能量，即"1 升海水约等于 300 升汽油"，地球上海水中有 40 多万亿吨氘，足够人类使用百亿年。地球上的锂储量有 2000 多亿吨，锂可用来制造氚，足够人类在聚变能时代使用。况且以目前世界能源消费的水平来计算，地球上能够用于核聚变的氘和氚的数量，可供人类使用上千亿年。因此，有关能源专家认为，如果解决了核聚变技术，那么人类将能从根本上解决能源问题。

核能发展的历史与动力堆的发展历史密切相关。动力堆的发展最初是出于军事需要。1954 年，原苏联建成世界上第一座装机容量为 5 兆瓦（电）的核电站。英国、美国等国也相继建成各种类型的核电站。到 1960 年，有 5 个国家建成 20 座核电站，装机容量 1279 兆瓦（电）。由于核浓缩技术的发展，到 1966 年，核能发电的成本已低于火力发电的成本，核能发电真正迈入实用阶段。1978 年全世界 22 个国家和地区正在运行的 30 兆瓦（电）以上的核电站反应堆已达 200 多座，总装机容量已达 107776 兆瓦（电）。20 世纪 80 年代因化石能源短缺日益突出，核能发电的进展更快。到 1991 年，全世界近 30 个国家和地区建成的核电机组有 423 套，总容量为 3.275 亿千瓦，其发电量占全世界总发电量的约 16%。我国的核电起步较晚，80 年代才动工兴建核电站，中国自行设计建造的 30 万千瓦（电）秦山核电站在 1991 年底投入运行，大亚湾核电站于 1987 年开工，于 1994 年全部并网发电。

核电站只需消耗很少的核燃料，就可以产生大量的电能，每千瓦时电能的成本比火电站要低 20％以上。核电站还可以大大减少燃料的运输量。例如，一座 100 万千瓦的火电站每年耗煤三四百万吨，而相同功率的核电站每年仅需铀燃料三四十吨。核电的另一个优势是干净、无污染，几乎是零排放，对于发展迅速、环境压力较大的中国来说，再合适不过。

中国目前建成和在建的核电站总装机容量为 870 万千瓦，预计到 2020 年中国核电装机容量约为 4000 万千瓦。到 2050 年，根据不同部门的估算，中国核电装机容量可以分为高中低三种方案：高方案为 3.6 亿千瓦（约占中国电力总装机容量的 30％），中方案为 2.4 亿千瓦（约占中国电力总装机容量的 20％），低方案为 1.2 亿千瓦（约占中国电力总装机容量的 10％）。

从核电发展总趋势来看，中国核电发展的技术路线和战略路线早已明确并正在执行，当前发展压水堆，中期发展快中子堆，远期发展聚变堆。具体地说就是，近期发展热中子反应堆核电站；为了充分利用铀资源，采用铀钚循环的技术路线，中期发展快中子增殖反应堆核电站；远期发展聚变堆核电站，从而基本上"永远"解决能源需求的矛盾。

（6）其他新能源

① 波能 即海洋波浪能。这是一种取之不尽，用之不竭的无污染可再生能源。据推测，地球上海洋波浪蕴藏的电能高达 9×10^{16} 瓦。近年来，在各国的新能源开发计划中，波能的利用已占有一席之地，尽管波能发电成本较高，需要进一步完善，但目前的进展已表明了这种新能源潜在的商业价值。日本的一座海洋波能发电厂已运行 8 年，电厂的发电成本虽高于其他发电方式，但对于边远岛屿来说，可节省电力传输等投资费用。目前，美国、英国、印度等国家已建成几十座波能发电站，且均运行良好。

② 二甲醚 又称甲醚，简称 DME。由于石油资源短缺、煤炭资源丰富及人们环保意识的增强，二甲醚作为从煤转化成的清洁燃料而日益受到重视，成为近年来国内外竞相开发的性能优越的碳化工产品。作为液化石油气和石油类的替代燃料，二甲醚是具有与液化石油气的物理性质相类似的化学品，在燃烧时不会产生破坏环境的气体，能便宜而大量地生产。与甲烷一样，被期望成为 21 世纪的能源之一。

③ 煤层气 煤在形成过程中由于温度及压力增加，在产生变质作用的同时也释放出可燃性气体。从泥炭到褐煤，每吨煤可产生 68 立方米气；从泥炭到肥煤，每吨煤可产生 130 立方米气；从泥炭到无烟煤每吨煤可产生 400 立方米气。科学家估计，地球上煤层气可达 2×10^{15} 立方米。

④ 可燃冰 这是一种甲烷与水结合在一起的固体化合物，它的外形与冰相似，故称"可燃冰"。可燃冰在低温高压下呈稳定状态，冰融化所释放的可燃气体相当于原来固体化合物体积的 100 倍。据测算，可燃冰的蕴藏量比地球上的煤、石油和天然气的总和还多。

⑤ 微生物 世界上有不少国家盛产甘蔗、甜菜、木薯等，利用微生物发酵，可制成酒精，酒精具有燃烧完全、效率高、无污染等特点，用其稀释汽油可得到"乙醇汽油"，而且制作酒精的原料丰富、成本低廉。据报道，巴西已改装"乙醇汽油"或酒精为燃料的汽车达几十万辆，减轻了大气污染。此外，利用微生物可制取氢气，以开辟能源的新途径。

⑥ 第四代核能源 当今，世界科学家已研制出利用正反物质的核聚变，来制造出无任何污染的新型核能源。正反物质的原子在相遇的瞬间，灰飞烟灭，此时会产生高当量的冲击波以及光辐射，这种强大的光辐射能可转化为热能，如果能够控制正反物质的核反应强度，来作为人类的新型能源，那将是人类能源史上的一场伟大的能源革命。

1.1.3　我国的能源发展情况

（1）我国能源发展取得的成就　　能源是人类生存和发展的重要物质基础，是关系一个国家经济发展、国家安全和民族根本利益的重大战略问题。新中国成立以来，尤其是改革开放30余年来，在党中央、国务院的正确领导下，在各地区、各部门长期的、共同的努力下，我国的能源发展取得了举世瞩目的成就。

第一，能源供给能力逐步增强。新中国成立前，我国一次能源生产能力很低，1949年仅为0.237亿吨标准煤，2005年一次能源生产总量达到20.6亿吨标准煤，是1949年的87倍，是改革开放初的3.29倍，约占全球能源总产量的13.6%，成为仅次于美国的世界第二大能源生产国。煤炭，产量已多年位居世界第一，2005年达到21.9亿吨，是新中国成立初的68倍、改革开放初的3.5倍。石油和天然气，2005年，原油产量达到1.81亿吨，是新中国成立初的1508倍、改革开放初的1.74倍，居世界第6位；天然气产量达500亿立方米，是新中国成立初的5000倍、改革开放初的3.64倍。电力，2005年底发电装机容量突破5亿千瓦，年发电量达到24747亿千瓦时，分别为1949年的275倍和576倍，1996年起稳居世界第二。可再生能源，近年来发展迅速。目前，小水电的装机容量达3800万千瓦；太阳能热水器总集热面积8000万平方米，占世界的一半以上；核电从无到有，发电装机近700万千瓦；年产沼气约80亿立方米，已拥有户用沼气池1700多万口。

第二，能源消费结构有所优化。改革开放后，随着经济社会快速发展，我国能源消费迅速增长，2005年，能源消费总量达22.25亿吨标准煤，是世界第二大能源消费国。近年来，通过积极调整能源消费结构，出现了两个趋势：一方面，煤炭消费的比重趋于下降，由1990年的76.2%降到2005年的68.7%；另一方面，优质清洁能源消费的比重逐步上升，1990～2005年，油气消费比重由18.7%提高到24%，水电及核电由5.1%提高到7.3%。

第三，能源技术进步不断加快。新中国成立初期，我国能源工业技术装备基础极其薄弱。以石油勘探开发为例，当时全国只有8台浅井钻机、40多名技术人员。经过半个多世纪的努力，石油天然气工业，从勘探开发、工程设计、施工建设到生产加工，形成了比较完整的技术体系，复杂段块勘探开发、提高油田采收率等技术达到国际领先水平。煤炭工业，已具备设计、建设、装备及管理千万吨级露天煤矿和大中型矿区的能力，综合机械化采煤等现代化成套设备广泛使用，国有重点煤矿采煤机械化程度1990年为65%，目前已超过80%。电力工业，火电单机容量从1978年的5万千瓦和10万千瓦级，发展到目前主力为30万千瓦和60万千瓦级机组，百万千瓦超临界、超超临界及核电机组正在成为新一代主力机组。三峡左岸最后一台机组国产化水平达到85%。从电网看，500千伏直流输电设备实现了国产化，750千伏示范工程建成投运，电网发展进入了大规模跨省跨区送电和全国互联的新阶段。

第四，节能环保取得进展。在"能源开发与节约并举，把节约放在首位"方针的指导下，我国节能提效工作取得积极成效。单位GDP能耗总体下降，按不变价格计算，目前万元GDP能耗比1980年下降了64%。主要用能产品单位能耗逐步降低，20世纪80年代初到现在，乙烯综合能耗下降65%，粗钢综合能耗下降37%，火电供电煤耗下降16%。能源加工、转换、储运和终端利用综合效率有所提高，目前达到33%，比1980年提高了8个百分点。同时，能源领域污染治理得到加强。新建火电厂配套建设了脱硫装置，已有火电厂加大了脱硫改造力度，电厂水资源循环利用率逐步提高，东北等地采煤沉陷区治理工程加快建设。

第五，体制改革稳步推进。电力体制改革率先取得重要突破，2002年出台了电力体制改革方案，确定了改革的总体目标，目前已实现了政企分开、厂网分开。煤炭生产和销售已基本实现市场化，煤炭价格主要取决于市场供求状况。中石油、中石化、中海油等大型国有石油企业基本实现了上下游、内外贸一体化。能源需求侧管理取得积极成效，推广完善了峰谷电价、丰枯电价、差别电价办法，引导电力、冶金、建材等重点行业的大型企业制定了节电改造、优化用电方案，这对近两年顺利完成迎峰度夏工作发挥了重要作用。

第六，能源立法明显加强。近年来，相继出台了《中华人民共和国电力法》（以下简称《电力法》）、《中华人民共和国煤炭法》（以下简称《煤炭法》）、《中华人民共和国节约能源法》和《中华人民共和国可再生能源法》，制定和完善了《电力监管条例》、《煤矿安全监察条例》、《石油天然气管道保护条例》等一系列法规。这些法律法规的颁布实施，标志着能源法制建设迈出了重要步伐，能源开发利用正在走向依法管理的轨道。

（2）我国能源发展面临的挑战　虽然我国能源发展取得很大成绩，但也要看到，随着经济社会快速发展，尤其是GDP每年以8％以上的速度增长，能源消耗急剧增加，环境、生态日益恶化，多年积累的矛盾和问题进一步凸显，能源发展面临极大的挑战。

第一，资源约束明显，供需矛盾突出。我国能源资源总量虽然比较大，化石类能源探明储量约7500亿吨标准煤，但人均拥有量远低于世界平均水平，煤炭、石油、天然气人均剩余可采储量分别只有世界平均水平的58.6％、7.69％和7.05％。新能源和可再生能源虽然开发利用潜力较大，但面临的制约因素也较多。比如，水电剩余资源主要集中在西部和中部，受自然条件和移民因素影响，开发难度越来越大。核电由于投资密集、建设周期长，新的核电能力短期内难以迅速增加。与资源约束形成明显对比的是能源消费的快速增长。从近几年的能源供需形势看，能源消费总量越来越大，快速增长的能源供应仍赶不上更快增长的能源需求。能源消费弹性系数出现反弹，"十一五"期间平均为1.05，为改革开放以来的最高值。目前我国人均消费水平还较低，且处于工业化、城镇化进程加快的时期。国际经验表明，这一阶段正是能源消耗"倒U"形的上升阶段。随着经济规模进一步扩大，能源供求矛盾将长期存在，特别是油气供求矛盾十分突出。

第二，能源技术依然落后，能源效率明显偏低。我国能源技术虽然已经取得很大进步，但与发展的要求和国际先进水平相比，还有很大差距。大型煤矿综合采掘装备、煤炭液化技术核心装备需要引进，瓦斯抽取和利用技术落后，矿井生产系统装备水平低。重大石油开采加工设备、特高压输电设备、先进的核电装备还不能自主设计制造。氢能及燃料电池、分布式能源等技术研究开发不够，可再生能源、清洁能源、替代能源等技术的开发相对滞后，节能降耗、污染治理等技术的应用还不广泛。技术的落后，制约了效率的提高。从总的能源效率看，按现行汇率计算，我国单位GDP能源消耗比世界平均水平高2.2倍左右，比美国、欧盟、日本和印度分别高2.4倍、4.6倍、8倍和0.3倍。尤其是这几年，高耗能产业发展较快，经济增长方式粗放，能源消耗量不断增加，能源产出效率大大低于国际先进水平。从能源开发过程看，资源浪费惊人。比如煤矿的综合回采率，国际上一般为45％～60％，我国平均只有30％，小煤矿有的仅为10％～15％。改革开放以来，我国小煤矿产量由1978年的9500多万吨增加到2005年的8.5亿吨，在此期间，累计生产煤炭120亿吨左右，消耗资源储量约800亿吨。按照正规开采方法计算，800亿吨资源储量可产出煤炭400亿吨左右，这意味着用同样的资源量，少产了近300亿吨的煤炭，相当于改革开放以来全国煤炭的总产量。我国煤矸石综合利用率也只有 40％，全国累计堆放的煤矸石总量约 38 亿吨，占地约 11 万亩，而且每年仍以约 2 亿吨的速度增加。每年还产生近亿吨的粉煤灰，历年积存量已有 30 多亿吨，目前的综合利用仅限于生产水泥、墙体材料或者铺路、建坝等，大量物质没有得到开发利用。

第三，能源结构尚不合理，环境承载压力较大。我国富煤、缺油、少气的能源结构难以改变。与世界能源消费结构相比较，我国一次能源消费呈现出迥然不同的结构特点：煤炭消费比重基本上与世界石油、天然气消费比重相当，占 60％～70％；而石油、天然气消费比重与世界煤炭消费比重持平，只占 20％～30％。尽管我国能源结构将不断优化，煤炭比重会有所下降，但煤炭的主导地位在一定时期内难以改变。到 2020 年，我国能源消费结构中煤炭的比重仍可能超过 55％。相比油气，煤炭对环境的影响大。煤矿地表沉陷、煤田自燃火灾、矸石山自燃等所引发的植被破坏、地下水位下降、水体污染等现象比较严重，加之我国煤炭清洁利用水平低，原煤洗选率仅 30％左右，比美国、澳大利亚等发达国家低 60 个百分点，带来的污染更为严重。在全国烟尘和二氧化硫的排放量中，由煤炭燃烧产生的分别占 70％和 90％。目前我国已是二氧化硫排放量最大的国家，导致区域性的环境酸化，酸雨区已超过国土面积的 40％。此外，煤炭燃烧生成的二氧化碳还会加重温室效应。

第四，国际环境复杂多变，利用境外油气资源难度加大。我国石油天然气资源相对不足，国内生产能力增长有限，需要更多地利用境外资源，但面临的国际环境非常复杂。有关资料显示，全球剩余可开采的煤炭储量为 9845 亿吨，石油 1427 亿吨，天然气 156 万亿立方米。即使维持现有消费水平不变，化石能源总储量也只能维持人类消费 100 年左右。在全球能源产量中，国际贸易量不到 50％。目前开发环境和条件好的油气资源大部分已被西方发达国家开发利用并控制，国际自由贸易量的比例更低，我国能源进口需求不可能无限制地得到满足。我国石油进口运输方式大多是远距离、大运量，每年进口的石油约 80％经过马六甲海峡，现有远洋船队超大型油轮严重不足，约 95％的进口石油依靠海外公司运输。同时，能源资源是战略资源，我国作为一个大国，过于依赖进口，不仅涉及供求格局和价格变化等问题，还涉及如何打破现有垄断格局、运输线路安全保障等极其复杂的国际经济、政治、外交和军事问题，处理不好或出现难以控制的动荡，会危及我国的国家安全。

第五，石油储备体系不健全，安全生产存在隐患。石油储备在能源供应安全中占有重要地位。20 世纪 70 年代第一次石油危机后，国际能源署要求包括西方七国在内的成员国，必须承担相当于 90 天的石油净进口量的石油储备义务。欧盟也要求其成员国承担石油储备义务。这些国家已经先后建立了比较完善的石油储备制度，而且已经发挥了重要作用。我国石油储备刚刚起步，目前项目建设进展较为顺利，但还有大量工作要做，石油储备要达到储备目标还需若干年，形成国家石油储备体系和应急机制还任重道远。能源特别是煤炭安全生产形势较为严峻。近年，市场需求旺盛，拉动煤炭产量快速增加，但有近 1/3 的产量缺乏安全保障条件，煤矿瓦斯爆炸等重特大事故未能得到有效遏制。油气生产和管网仍存在潜在的事故风险。近年来，电力建设高速发展，在设备制造安装、工程建设等方面潜存诸多隐患，可能带来一些安全问题。

第六，能源体制改革尚未到位，法律法规有待完善。煤炭企业机制转换滞后，社会负担沉重，企业竞争力不强，企业跨区经营的体制环境没有完全形成，煤炭流通体制尚不完善，铁路运输体制改革、煤炭交易市场建设等配套改革滞后。建设适应 WTO 要求的原油、成品油和天然气市场体系，以及完善政府宏观调控与监管体系等方面还有大量需要解决的问题。

电力体制改革方案中确定的各项改革措施也有待进一步落实。同时，我国能源法律法规还不能适应能源发展与改革的需要，突出表现在：体现我国能源战略、维护能源安全、衔接能源政策的基本法律尚不完备；能源安全和石油储备等方面至今还缺乏相应的法律依据；《电力法》、《煤炭法》等一些法律法规及政策性文件已不适应发展需要，有待进一步协调、修改或废止。

（3）我国能源可持续发展之路　我国能源资源尚有较大的潜力，随着科学技术不断进步，资源可利用程度加深，以及非常规能源的补充作用进一步增强，有能力、有办法解决经济社会发展中的能源支撑问题。但是，也应进一步增强忧患意识和危机感，要清醒地认识到，我国能源人均占有量比较低，保障程度不高；近期供求矛盾已经很大，未来资源瓶颈更为突出；千方百计缓解能源瓶颈约束，事关全局，刻不容缓。我们要从顺利实现全面建设小康社会宏伟目标，保障中华民族长远发展和子孙福祉的高度，充分认识做好能源工作的极端重要性，树立低碳经济发展意识，切实采取有效措施，积极化解我国能源发展中面临的突出矛盾和问题，走可持续发展之路。

首先，加快调整能源结构步伐，核电、风能等新能源领跑。当前，全国范围内能源生产和消费增速明显回落，能源供需总体平衡，有些地区已经出现供大于求，正是加快转变能源发展方式、推进能源产业结构调整、深化体制与机制改革的有利时机。面对金融危机，中国需要把危机变成机遇，加大能源结构调整力度，淘汰落后生产能力，加大能源企业的整合重组，建设现代、高效、稳定的能源工业体系。

其次，抓住战略机遇淘汰传统能源落后产能，打造能源航母。国家将继续对传统煤电项目实施"上大压小"计划。其中，电力方面将继续关停小火电机组；对于占全国产量 40％以上的小煤矿，国家将继续以资源整合为主要手段，引导大型企业实施兼并重组，乃至跨行业重组，同时鼓励煤、电、陆、港、化工、电解铝等相关产业联营和一体化发展，提高国家对能源的控制力和影响力。

再次，继续推进节能减排工作。高能耗和高污染已经让中国付出了沉重的代价，虽然石油和煤炭等能源价格会有所波动，但是提高能源效率对缓解资源和环境压力、提高能源安全、实现可持续发展意义重大，节能毫无疑问应是中国经济转型的题中之意。

最后，能源体制改革要继续推进。能源体制改革将来要在以下方面深入开展：完善能源市场准入；建立合理的能源价格形成机制；构建新的能源监管体制。实现中国能源的可持续发展，要坚持正确处理各种能源之间的关系，充分利用国际国内两个市场、两种资源来发展自己；不仅要通过对能源的开发利用来增加社会财富，而且还要强调能源的结构调整和优化来实现能源的有效配置和充分利用；正确预测未来世界能源发展趋势，正确认识和评价中国能源状况，从中国能源的国情出发来制定正确的中国能源发展战略，通过能源体制改革来保证中国能源可持续发展的实施。

1.2　热能的利用

1.2.1　热能利用的形式

人类社会的发展离不开对能源的需求，回顾人类利用能源的各个时期和世界各国的能源构成中，可利用的主要能源有：水力能、风能、地热能、太阳能、燃料的化学能和原子核能等。在这些能源中，除水力能和风能是机械能外，其余都是直接或间接向人类提供热能形式的能量，例如，太阳能和地热能是直接的热能；燃料的化学能，包括固态的煤、液态的石油或气态的天然气，都是通过燃烧将化学能释放变为热能供人类利用；核能利用则是将原子核能转变为热能。据统计，人类能源供应的 80% 以上直接或间接来自于热能。因此从某种意义上讲，能源的开发和利用主要就是热能的开发和利用。

人类对热能的利用，概括地说主要有热能的直接利用和热能的间接利用两种形式。前者是把热能直接当作加热的能源来利用。例如，在供热通风与空调工程中，寒冷地区冬季室内的采暖就是使用产生于锅炉的热水或蒸汽，通过散热器把热量传给室内空气，来补充空气通过房屋墙壁、屋顶、地面、门、窗等围护结构的热损失，以保持或提高室内较高而又适宜的温度。热能的间接利用则是通过热机，如汽轮机、蒸汽机和内燃机等将热能转变为机械能或电能后实现的。例如，在火力发电厂，通过锅炉中燃烧的煤，放出热量，使锅炉内的水受热汽化成为高温高压的蒸汽。蒸汽通过汽轮机，推动汽轮机转轴旋转，将热能转变成机械能，汽轮机转轴带动发电机旋转，又将机械能转化成电能。

1.2.2　热能利用及热工课程发展史

古代人类早就学会了取火和用火，不过后来才注意探究热、冷现象的实质。但直到 17 世纪末，人们还不能正确区分温度和热量这两个基本概念的本质。在当时流行的"热质说"统治下，人们误认为物体的温度高是由于储存的"热质"数量多。1709～1714 年华氏温标和 1742～1745 年摄氏温标的建立，才使测温有了公认的标准。随后又发展了量热技术，为科学地观测热现象提供了测试手段，使热能利用走上了近代实验科学的道路。

瓦特蒸汽机的出现和第一次工业大革命，推动了热工理论的研究。为了提高各种动力机能量利用的经济性，人们对热的本质、热能和机械能之间转换的基本规律及各种工质热力性质进行了不懈的深入研究和探讨，从而导致涉及热能间接利用的"工程热力学"的出现、发展和完善。对"工程热力学"创立和发展做出过突出贡献的有：法国工程师卡诺、德国科学家迈耶尔、英国科学家焦耳、德国科学家克劳修斯、英国科学家开尔文以及范德瓦尔、朗肯、喀喇提奥多利和凯南等其他一些科学家。

在人们探讨提高热机功率和效率的研究中，发现传热过程引起的热损失或传热效果不良是阻碍提高热机效率和功率的原因之一。在工程技术的其他领域，也广泛存在着热量传递引起的问题：有些需要增强传热，有些需要削弱传热，有些则需要对热量传递和温度进行某种控制。例如，为保证大规模集成电路的安全、可靠，电子器件需要有效的冷却；金属材料热处理过程中不同阶段的温度及传热量需要有效的控制等。因此，无论在热能的间接利用中，还是热能的直接利用以及工程中各种设备或设备元件的热设计和热控制问题中，都迫切需要对热量传递的基本规律进行深入研究，以便有效利用热能和提高设备的经济性、可靠性。这样导致了"传热学"的出现和发展。在"传热学"的创立和发展过程中，许多科学家都做出了卓越的贡献，其中著名的有傅里叶（法国）、牛顿（英国）、雷诺（英国）、努谢尔特（德国）、普朗特（德国）和施密特（德国）等。

无论是热力学还是传热学，其发展都经历了从"科学"到"工程"的过程，即从初期作为物理学一部分的热学演变、发展成为密切结合工程实际的"工程热力学"与"工程传热学"。以传热学为例，在 19 世纪的物理学中，热量传递方式只有导热与辐射，其基本定律均已经得到解决。然而，大量的工程问题中还遇到流体与固体间的热交换，虽然牛顿早在 1701 年提出了对流换热的初期思想，但并没有真正解决计算问题 。一直到 20 世纪初，经过一批德国、苏联科学家的努力，传热学开始由"科学"演变成为"工程"。到 20 世纪 80 年代，"工程热力学"与"传热学"已经成为各个国家能源、动力、机械、建筑设备类等专业的必修课，有的学校还设为工科学生基础课程。

　　由上可见，热力学、传热学虽然形成于 18 世纪英国产业革命时期，但直至今日仍然是自然科学和技术科学领域中十分活跃的学科，它的基本知识与规律大量地、不同程度地应用于几乎是各个工程领域（且不说热力学中熵的概念在经济与社会科学中的推广应用），为了有效合理地使用我国的能源资源，作为面向 21 世纪的每一个工科学生，应当具备一定的热科学的知识。

　　近年来，为适应不同类型专业的需要，很多专业开设出一些综合性的、新的热工类课程。因为，无论是能量转换、热量传递还是质量传输，都有个如何提高转换效率、传递效率和节约能源的问题，这其中的关键是要减少过程的熵产（或不可逆损失）以及强化传递过程，这是它们共同的最重要的东西。基于此，本书将热力学、传热学的基本理论结合热工设备、热工测试技术、建筑节能等知识优化整合为一门课程，以期满足高职院校建筑类专业教学的需要。

思考题及习题

- 1-1　简述自然界中新能源的种类。
- 1-2　怎样合理利用太阳能？
- 1-3　我国在风能利用中出现了哪些问题？如何解决？
- 1-4　你对地热能的应用前景如何评价？
- 1-5　简述我国的能源可持续发展之路。
- 1-6　简述热能利用及热工课程发展史。

第 2 章　热工基本参数

在热力设备中，能量的相互转换和转移，需要通过工质的吸热和放热、膨胀和压缩等变化来完成，即能量交换的根本原因在于工质的热力状况存在差异。例如，锅炉中燃料燃烧生成的高温烟气能将锅筒中的水加热成为高温热水，就是由于高温烟气与水之间存在温度差异而完成了热量转移；又如，汽轮机中能量的转换，也是由于高温、高压的水蒸气与外界环境的温度、压力有很大差异而产生的。在这些过程中，工质温度、压力等物理特性的数值发生了变化，也就是说，工质的客观物理状态发生了变化。人们把工质在某瞬间表现的热力性质的总状况，称为热力状态，或简称为状态；描述工质热力状态的各物理量，称为工质的状态参数，或简称为状态参数。状态参数的全部或一部分发生变化，即表明物质所处的状态发生了变化。工质的状态变化也必然由参数的变化标志出来。状态参数一旦完全确定，工质的状态也就确定了。

在热工学中，为了研究需要而采用的状态参数有温度（T）、压力（p）、比体积（v）或密度（ρ）、内能（U）、焓（H）、熵（S）等。其中只有压力、温度、比体积可以用仪器、仪表直接或间接测量出来，且这三个参数的物理意义都比较易于理解，因此，称之为基本状态参数。其他一些状态参数只能由基本状态参数间接计算获得，因此称之为导出状态参数，以后将陆续予以介绍。

2.1　温　　度

2.1.1　温度的涵义

不同物体的冷热程度，可以通过相互接触进行比较。若 A、B 两物体接触后，物体 A 由热变冷，物体 B 由冷变热，则说明两物体原来的冷热程度不同，即物体 A 的温度高，物体 B 的温度低。若不受其他物体影响，经过相当长的时间后，两物体的状态不再变化，这说明两者达到了冷热程度相同的状态，这种状态称为热平衡，也称温度相同。实践证明，若两个物体分别与第三个物体处于热平衡，则它们彼此之间也必然处于热平衡。这个结论称为热力学第零定律。从这一定律可知，相互处于热平衡的物体，必然具有一个数值上相等的热力学参数来描述这一热平衡特性，这一热力学参数就是温度。根据这一原理，温度的测量可使用温度计。将温度计分别和各被测量物体接触，则在达到热平衡时，由温度计的示数即可知各被测物体的温度。可以说，温度是描述物体冷热程度的物理量。

2.1.2　温标

温度数值的表示方法叫做"温标"。为了定量地确定温度，对物体或系统温度给以具体的数量标志，各种各样温度计的数值都是由温标决定的。为量度物体或系统温度的高低对温度的零点和分度法所做的一种规定，是温度的单位制。

建立一种温标，首先选取某种物质的某一随温度变化的属性，并规定测温属性随温度变化的关系；其次是选固定点，规定其温度数值；最后规定一种分度的方法。最早建立的温标是华氏温标、摄氏温标，这些温标统称为经验温标。它们的缺陷是温度读数与测温物质及测温属性有关，测同一热力学系统的温度，若使用摄氏温标标定的不同测温属性的温度计，其读数除固定点外，并不严格一致。为了统一温度的测量，温度的计量工作中有的采用理想气体温标为标准温标，规定温度与测温属性成正比关系，选水的三相点为固定点；在气体液化点以下及高温下理想气体温标不适用，由于氦的液化温度最低，因此氦温度计有它一定的优越性。国际单位制中采用的温标，是热力学温标，它的单位是开尔文，中文代号是开，国际代号是 K。

(1) 摄氏温标 摄氏温标是经验温标之一，亦称"百分温标"。温度符号为 t，单位是摄氏度，国际代号是"℃"。摄氏温标是以在一大气压下，纯水的冰点定为 0℃；在一大气压下，沸点作为 100℃，两个标准点之间分为 100 等分，每等分代表 1℃。在温度计上刻 100℃的基准点时，并不是把温度计的水银泡（或其他液体）插在沸腾的水里，而是将温度计悬在蒸汽里。实验表明只有纯净的水在正常情况下沸腾时，沸水的温度才同上面蒸汽温度一样。若水中有了杂质，溶解了别的物质，沸点即将升高，也就是说，要在比纯净水的沸点更高的温度下才会沸腾。如水中含有杂质，当水沸腾时，悬挂在蒸汽里的温度计上凝结的却是纯净的水，因此它的水银柱的指示跟纯净水的沸点相同。在给温度计定沸点时，避免水不纯的影响，应用悬挂温度计的方法。为了统一摄氏温标和热力学温标，1960 年国际计量大会对摄氏温标予以新的定义，规定它应由热力学温标导出，即：

$$t = T - 273.15$$

用摄氏度表示的温度差，也可用"开"表示，但应注意，由上式所定义的摄氏温标的零点与纯水的冰点并不严格相等，沸点也不严格等于 100℃。

(2) 华氏温标 华氏温标也是经验温标之一，在英美国家采用这种温标。它规定在一大气压下水的冰点为 32℉，沸点为 212℉，两个标准点之间分为 180 等分，每等分代表 1℉。华氏温度用字母℉表示，它的冰点为 32℉，沸点是 212℉，与摄氏温标两标准点相对应关系是 $\frac{100}{180} = \frac{5}{9}$，摄氏温度 ($C$) 与华氏温度 ($F$) 之间的换算关系为：

$$F = \frac{9}{5}C + 32 \quad \text{或} \quad C = \frac{5}{9}(F - 32)$$

摄氏温标与华氏温标的各种温度计，在玻璃管中根据不同的用途，装有不同的液体（如煤油、酒精或水银），由于液体膨胀与温度之间并不严格遵守线性关系，而且不同的液体和温度的非线性关系彼此也不一样，由于测温物质而影响温标的准确性，为此这些经验温标应用范围受限。

(3) 热力学温标 热力学温标亦称"开尔文温标"、"绝对温标"，它是建立在热力学第二定律基础上的一种和测温物质无关的理想温标，它完全不依赖测温物质的性质。1927 年第七届国际计量大会曾采用为基本的温标，1960 年第十一届国际计量大会规定热力学温度以开尔文为单位，简称"开"，用 K 表示。根据定义，1K 等于水的三相点的热力学温度的 1/273.16，由于水的三相点在摄氏温标上为 0.01℃，所以 0℃ = 273.15K。热力学温标的零

点，即绝对零度，记为"0K"。热力学温标与通常习惯使用的摄氏温度分度值相同，只是差一个常数

$$T = 273.15 + t \ (\text{℃})$$

（4）兰氏温标　该温标是美国工程界使用的一种温标。开氏温标以水的三相点为273.16K，兰氏温标则以 273.16K 作为 491.688°R，它们都是从绝对零度起算。华氏温度 t_F 与兰氏温度 t_R 的关系是 $t_F = t_R - 459.67$。

（5）理想气体温标　即用任何一种气体，无论定容还是定压所建立的一种温标，在气体压强趋于零时的极限温标称为"理想气体温标"。定义式为 $T = \lim T(p) = \lim T(V)$。为统一温度的测量，在温度的计量工作中采用理想气体温标来实现热力学温标，测温属性是理想气体的压强或体积。规定温度与测温属性成正比关系，$T(p) = ap$，或 $T(V) = aV$。选水的三相点为固定点，规定水的三相点温度为 273.16K，饱和蒸气压为 610.5Pa，因此可以得到测温泡中气柱在水的三相点时的压强和体积。理想气体温标用气体温度计来实现，但读数与气体的个性无关。受气体共性限制，在气体液化点以下及高温下，理想气体温标不适用。

2.2 压　　力

2.2.1 压力的涵义

气体分子运动论指出，气体的压力是气体分子作不规则运动时撞击容器壁的结果。通常，用垂直作用于容器壁单位面积上的力来表示压力（也称压强）的大小，这种压力称为气体的绝对压力。

由于气体分子的撞击极为频繁，人们不可能分辨出气体单个分子的撞击作用，只能观察到大量分子撞击的平均结果。因此，压力的大小不仅与分子的动能有关，还与分子的浓度有关。显然，对于单个分子来谈论压力是没有意义的。

压力的宏观定义式为：

$$p = \frac{F}{f}$$

式中　F——整个容器受到的力，N；

$\quad\quad f$——容器壁的总面积，m^2。

2.2.2 压力的单位及换算

国际单位制中规定，压力的单位为帕斯卡（Pa），即

$$1\text{Pa}(\text{帕斯卡}) = 1\text{N/m}^2(\text{牛顿/平方米})$$

由于帕斯卡的单位较小，在工程上，常将其扩大千倍或百万倍，即

$$10^3\text{Pa} = 1\text{kPa}$$

$$10^6\text{Pa} = 1\text{MPa}$$

工程上还经常采用其他的压力单位，如巴（bar）、标准大气压（atm）、工程大气压（at）、毫米水柱（mmH_2O）、毫米汞柱（mmHg）等。各种压力单位的换算关系见表 2-1。

表 2-1　常用压力单位换算

单位	帕斯卡 （Pa）	工程大气压 （at,kgf/cm²）	巴 （bar）	标准大气压 （atm）	毫米水柱 （mmH₂O）	毫米水银柱 （mmHg）	磅力/英寸² （lbf/in²,psi）
帕斯卡(Pa)	1	10.1972×10^{-6}	1×10^{-5}	0.986923×10^{-5}	0.101972	7.50062×10^{-3}	145.038×10^{-6}
工程大气压 （at,kgf/cm²）	98.0665×10^{3}	1	0.980665	0.967841	10×10^{3}	735.559	14.2233
巴（bar）	1×10^{5}	1.01972	1	0.986923	10.1972×10^{3}	750.061	14.5038
标准大气压 （atm）	1.01325×10^{5}	1.03323	1.01325	1	10.3323×10^{3}	760	14.6959
毫米水柱 （mmH₂O）	9.80665	1×10^{-4}	9.80665×10^{-5}	9.67841×10^{-5}	1	73.5559×10^{-3}	1.42233×10^{-3}
毫米汞柱 （mmHg）	133.322	0.00135951	0.00133322	0.00131579	13.5951	1	0.0193368
磅力/英寸² （lbf/in,psi）	6.89476×10^{3}	0.0703072	0.0689476	0.0680462	703.072	51.7151	1

2.2.3　压力的测量及应用

压力的大小是由各种压力测量仪表测得的。这些仪表的结构原理是建立在力的平衡原理上的，即利用液柱的重力、各类型弹簧的弹力以及活塞上的载重去平衡工质的压力。它们所测得的气体的压力值是气体的绝对压力与外界大气压力的差值，称之为相对压力。如图 2-1 所示的 U 形压力计，U 形管内盛有用来测量压力的液体，通常是水银或水。因压力计本身处在大气压力作用下，因此这种压力计指示的压力就是工质的真实压力与外界大气压力的差值。

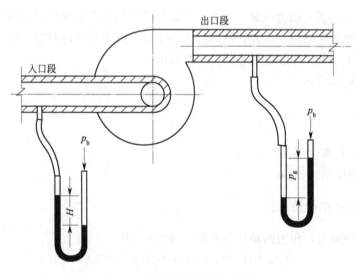

图 2-1　U 形压力计测压示意图

绝对压力是工质真实的压力，它是一个定值；而相对压力要随大气压力的变化而变化。因此，绝对压力才是工质的状态参数。在本书中为注明的压力均指绝对压力。

图 2-1 中，风机入口段气体的绝对压力 p 小于外界环境的大气压力 p_b，其相对压力为负压，称这一负压值为真空度 H。三者之间存在如下关系：

$$H = p_b - p$$

风机出口段气体的绝对压力 p 大于外界压力 p_b，相对压力为正压，称这一压力为表压力 p_g。三者之间存在如下关系：

$$p = p_b + p_g$$

绝对压力与相对压力和大气压力之间关系如图2-2所示。

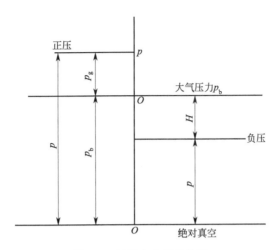

图2-2　各压力之间的关系

【例2-1】　某蒸汽锅炉压力表读数 $p_g = 3.23\text{MPa}$，凝气器真空表读数 $H = 95\text{kPa}$。若大气压力 $p_b = 101.325\text{kPa}$，试求锅炉及凝气器中蒸汽的绝对压力。

解　锅炉中蒸汽的绝对压力为：

$$p = p_b + p_g = 101.325 + 3.23 \times 10^3 = 3331.325 \text{ （kPa）}$$

凝气器中蒸汽绝对压力为：

$$p = p_b - H = 101.325 - 95 = 6.325 \text{ （kPa）}$$

2.3　密度及比体积

单位质量的工质所占有的容积称为比体积，用符号 v 表示，单位为 m^3/kg。若工质的质量为 $m\text{kg}$，所占有的容积为 $V\text{m}^3$，则

$$v = \frac{V}{m}$$

单位容积的工质所具有的质量称为密度，用符号 ρ 表示，单位为 kg/m^3。即

$$\rho = \frac{m}{V}$$

显然，工质的比体积与密度互为倒数，即

$$\rho v = 1$$

由上式可知，对于同一种工质，比体积与密度不是两个独立的状态参数。如二者知一个，则另一个也就确定了。

———————————— **思考题及习题** ————————————

● 2-1 表压力、真空度与绝对压力之间的关系如何？为何表压力和真空度不能作为状态参数来进行热力计算？

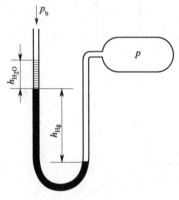

2-2 由于水银蒸汽对人体有害，所以在 U 形管测压计的水银液面上注入一些水，如图所示。若测压力时，水银柱高度 $h_{Hg} = 450mm$，水柱高度 $h_{H_2O} = 100mm$，当地大气压力 $p_b = 740mmHg$。试求容器内气体绝对压力 p 为多少 Pa？

2-3 用具有倾斜管子的微压计来测定烟道的真空度，如图所示。管子的倾斜角 $\varphi = 30°$，管内水柱长度 $l = 160mm$，当地大气压力 $p_b = 740mmHg$。求烟道的真空度和绝对压力各为多少 Pa？

题 2-2 图

2-4 用 U 形管压力计测量容器的压力 p，如图所示。玻璃管末端盛以空气，弯曲部分为水银。已知在 $t_0 = 15℃$、$p_0 = 0.1MPa$ 时，两边管子的水银面高度相等。若空气部分温度 $t = 30℃$，水银面高度差 $h_1 = 300mm$，水银面上水柱高度 $h_2 = 1000mm$，空气部分玻璃管高度 $h_3 = 400mm$。求容器的压力 p。

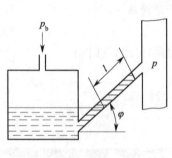

题 2-3 图

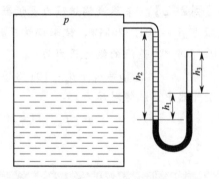

题 2-4 图

第3章 热学基本理论

3.1 分子热运动理论

分子热运动是构成物质的大量分子、原子等所进行的不规则运动。

证明液体、气体分子做杂乱无章运动的最著名的实验，是英国植物学家布朗发现的布朗运动。1827 年，布朗把藤黄粉放入水中，然后取出一滴这种悬浮液放在显微镜下观察，他奇怪地发现，藤黄的小颗粒在水中像着了魔似的不停运动，而且每个颗粒的运动方向和速度大小都改变得很快，好像在跳一种乱七八糟的舞蹈。就是把藤黄粉的悬浮液密闭起来，不管白天黑夜、夏天冬天，随时都可以看到布朗运动，无论观察多长时间，这种运动也不会停止。在空气中同样可以观察到布朗运动，悬浮在空气里的微粒（如尘埃），也在跳着一种杂乱无章的舞蹈。

发生布朗运动的原因是组成液体或者气体的分子本性好动。比如在常温常压下，空气分子的平均速度是 500m/s，在 1 秒里，每个分子要和其他分子相撞 500 亿次。好动又毫无规律的分子从四面八方撞击着悬浮的小颗粒，综合起来，有时这个方向大些，有时那个方向大些，结果小颗粒就被迫做起忽前忽后、时左时右的无规则运动来了。布朗运动是通过花粉在水中的无规则运动的现象表现了水分子的无规则运动，即分子的热运动。而不是花粉的热运动。

分子热运动的典型现象是分子扩散。最常见的是日常生活中气味的扩散。组成气体的分子都十分好动。比如种的茉莉花，一旦开了花，全家甚至邻居都可以闻到扑鼻香气；鱼、肉腐烂了，会弄得周围臭气熏天。组成液体的分子也很好动。你在一杯清水里滴入一滴墨水，墨水就会慢慢散开，和水完全混合。这表明一种液体的分子进入到另一种液体里去了。或者说液体分子在不停地运动。固体分子也不很安分守己。比如把表面非常光滑洁净的铅板紧紧压在金板上面，几个月以后就可以发现，铅分子跑到了金板里，金分子也跑到了铅板里，有些地方甚至进入 1 毫米深处。如放 5 年，金和铅就会连在一起，它们的分子互相进入大约 1 厘米。又如长期存放煤的墙角和地面，有相当厚的一层都变成了黑色，就是煤分子进入的结果。

倒一杯热水和一杯冷水，然后向每个杯里滴进一滴红墨水，热水杯里的红墨水要比冷水杯里的扩散得快些。这说明温度高、分子运动的速度大，并且随着物体温度的增高而增大，因此分子的运动也做热运动。热传导是固体中热传递的主要方式。在气体或液体中，热传导过程往往和对流同时发生。各种物质都能够传导热，但是不同物质的传热本领不同。善于传热的物质叫做热的良导体，不善于传热的物质叫做热的不良导体。各种金属都是热的良导体，其中最善于传热的是银，其次是铜和铝。瓷、纸、木头、玻璃、皮革都是热的不良导体。最不善于传热的是羊毛、羽毛、毛皮、棉花、石棉、软木和其他松软的物质。液体中，除了水银以外，都不善于传热，气体比液体更不善于传热。

3.2　气体状态方程

3.2.1　理想气体的概念

气体与液体、固体一样，都是由大量的、不停运动着的分子组成的。气体分子本身具有一定的体积，而且分子之间存在着引力。由于气体的性质极其复杂，所以很难找出分子的运动规律。为了便于分析、简化计算，人们提出了理想气体这一概念。

理想气体是一种实际上不存在的假想气体，它必须符合两个假定条件：一是气体分子本身不占有体积；二是气体分子间没有相互作用力。根据这两个假定条件，可使气体分子的运动规律得以简化，不但可以定性地分析气体的热力学现象，而且可以定量地得出状态参数之间的简单函数关系式，从而从理论上推导气体工质的普遍规律。

在实际应用中，实际存在的气体不可能完全符合理想气体的假定条件。但当气体温度不太低、压力不太高时，气体的比体积较大，使得气体分子本身的体积与整个气体的容积比较起来显得微不足道；而且气体分子间的平均距离相当大，以至于分子之间的引力小到可以忽略不计。这时的气体便基本符合理想气体模型，可以将其视为理想气体。例如氧气、氢气、氮气、一氧化碳、二氧化碳以及由这些气体组成的混合气体——空气、烟气等，均可视为理想气体。实践证明，按理想气体去研究这些气体所产生的偏差不大。

当气体处于很高的压力或很低的温度时，气体接近于液态，使得分子本身的体积及分子间的相互作用力都不能忽略。这时的气体就不能视为理想气体，这种气体称为实际气体。例如饱和水蒸气、制冷剂蒸气、石油气等，都属于实际气体。但空气及烟气中的水蒸气因其含量少、压力低、比体积大，又可视为理想气体。由此可见，理想气体与实际气体没有明显界限。气体能否被视为理想气体，要根据其所处的状态及工程计算所需要的误差范围而定。

3.2.2　理想气体状态方程式

理想气体状态方程式最早是由实验方法得到的，后来随着分子运动论的发展，人们又从理论上证明了它的正确性。

根据分子运动论，有如下关系式：

$$pv = RT \tag{3-1}$$

式中　p——绝对压力，Pa；

　　　v——比体积，m^3/kg；

　　　T——热力学温度，K；

　　　R——气体常数，与气体的种类有关，而与气体的状态无关，$J/(kg \cdot K)$。

上式表明理想气体在任一平衡状态时 p、v、T 之间的关系，称为理想气体的状态方程。它表明气体只有两个状态参数是独立的，可以根据任意已知状态参数确定另一个参数。

使用状态方程时应注意各量的单位。

对于 1kmol 气体，则

$$Mpv = MRT$$

或

$$pV_M = R_0 T$$

式中 M ——气体的千摩尔质量，kg/kmol；

  V_M ——气体的千摩尔体积，$m^3/kmol$，$V_M = Mv$；

  R_0 ——通用气体常数，与气体的种类及状态均无关 $[J/(kmol \cdot K)]$，$R_0 = MR$。

$$V_M = \frac{R_0 T}{p}$$

上式表明，在相同压力和相同温度下，1kmol 的各种气体占有相同的容积。这一规律称为阿伏加德罗定律。

实验证明，在 $p_0 = 101.325kPa$、$t_0 = 0℃$ 的标准状态下，1kmol 任何气体占有的容积都等于 $22.4m^3$。由此，可计算出通用气体常数：

$$R_0 = \frac{p_0 V_{M0}}{T_0} = \frac{101325 \times 22.4}{273.15} \approx 8314 \ [J/(kmol \cdot K)]$$

已知通用气体常数及气体的相对分子质量，即可求得气体常数：

$$R = \frac{R_0}{M} = \frac{8314}{M}$$

表 3-1 列出了几种常见气体的气体常数。

表 3-1 几种常见气体的气体常数

物质名称	化学式	相对分子质量	$R/[J/(kg \cdot K)]$	物质名称	化学式	相对分子质量	$R/[J/(kg \cdot K)]$
氢	H_2	2.016	4124.0	氮	N_2	28.013	296.8
氦	He	4.003	2077.0	一氧化碳	CO	28.011	296.8
甲烷	CH_4	16.043	518.2	二氧化碳	CO_2	44.010	188.9
氨	NH_3	17.031	488.2	氧	O_2	32.0	259.8
水蒸气	H_2O	18.015	461.5	空气	—	28.97	287.0

【例 3-1】   有一充满气体的容器，容积 $V = 4.5m^3$，容器上压力表的读数为 $p_g = 245.2kPa$，温度计的读数为 $t = 40℃$。问在标准状态下气体的容积为多少？设大气压力 $p_b = 100kPa$。

解 气体的绝对压力为：

$$p = p_b + p_g = 100 + 245.2 = 345.2 \ (kPa)$$

根据理想气体状态方程，可得：

$$pV = mRT$$
$$p_0 V_0 = mRT_0$$

由于气体质量保持不变，故：

$$\frac{pV}{T} = \frac{p_0 V_0}{T_0}$$

$$V_0 = V \frac{p}{p_0} \frac{T_0}{T} = 4.5 \times \frac{325.2}{101.325} \times \frac{273}{273 + 40} = 13.37 \ (m^3)$$

3.2.3 理想气体的比热容

比热容是理想气体的重要热力学性质之一。在热工计算中，利用比热容可以计算系统与外界交换的热量、工质的内能、焓的变化等。

（1）比热容的定义　单位物量的气体，温度升高或降低 1K 所吸收或放出的热量，称为该气体的比热容，用符号 C 表示。其定义式为

$$C = \frac{\delta q}{\mathrm{d}T} \tag{3-2}$$

选取不同的物量单位有不同的比热容。以质量 1kg 作为物量单位，称为质量比热容，用符号 C 表示，单位为 kJ/(kg·K)；以标准状态下的容积 1m³ 为物量单位，称为容积比热容，用符号 C' 表示，单位为 kJ/(m³·K)；以物质的量 1kmol 为物量单位，称为摩尔比热容，用符号 C_m 表示，单位为 kJ/(kmol·K)。

三种比热容的换算关系为：

$$C' = \frac{C_m}{22.4} = c\rho_0$$

式中　ρ_0——气体在标准状态下的密度，kg/m³。

热量是与过程特性有关的量，即使过程的初、终态相同，如果途径不同，气体吸入或放出的热量也不同。故比热也是与过程特性有关的量，不同的热力过程比热值是不相同的。

（2）比定容热容　在定容情况下，单位物量的气体温度升高或降低 1K 所吸收或放出的热量，称为该气体的比定容热容，用符号 C_v 表示。其表达式为：

$$C_v = \frac{\delta q_v}{\mathrm{d}T}$$

选取不同的物量单位，相应的有比定容质量热容 C_v、比定容容积热容 C'_v 和比定容摩尔热容 $C_{m,v}$。

（3）比定压热容　在定压情况下，单位物量的气体温度升高或降低 1K 所吸收或放出的热量，称为该气体的比定压热容，用符号 C_p 表示。其表达式为：

$$C_p = \frac{\delta q_p}{\mathrm{d}T}$$

选取不同的物量单位，相应的有比定压质量热容 C_p、比定压容积热容 C'_p 和比定压摩尔热容 $C_{m,p}$。

（4）比定压热容与比定容热容的关系　理论和实践证明，比定压热容始终大于比定容热容，二者之间的关系为：

$$C_p - C_v = R \tag{3-3}$$

或

$$C_{m,p} - C_{m,v} = R_m = R_0$$

上式称为梅耶公式。

（5）比热容比　比定压热容与比定容热容的比值称为比热容比（又称等熵指数、绝热指数），用符号 k 表示。其定义式为：

$$k = \frac{C_p}{C_v}$$

将梅耶公式两边同除以 C_v，可得：

$$C_p = \frac{kR}{k-1}$$

3.2.4　实际气体

热动力设备中，蒸汽轮机和蒸汽机以水蒸气作为工质。制冷设备则多以氨、氟里昂等物

质的蒸气作为工质。这些蒸气都不能作为理想气体进行计算，不能应用理想气体状态方程、比热值以及理想气体的各种特性关系。为了对水蒸气等这些实际气体的过程和循环进行准确的分析，就必须深入研究实际气体的性质，研究其状态参数之间的关系及变化规律。对实际气体的研究也是热力学理论研究的一个重要方面。

对于简单可压缩物质，包括理想气体和实际气体，经验表明，两个独立的参数可以确定状态，也就可以确定一切热力学函数。还必须注意到，实际气体的比热已经不单纯是温度的函数。由于比热在热力计算中的重要性，对实际气体比热关系的研究，也是研究实际气体性质的重要内容之一。

经分析可得以下结论。

① 理想气体状态方程用于实际气体时，会产生不同程度的偏差，产生偏差的原因是由于实际气体的微观结构与理想气体所假设的简化模型不一致造成的。

② 实际气体是否能当作理想气体处理，不仅取决于实际气体的种类，而且取决于气体所在的状态。例如，在通常状态下可以作为理想气体处理的 H_2、O_2、N_2 等气体，在其液化点附近时，就不能看成是理想气体。同样，在通常的温度和压力下，氨、氟里昂等工质的性质和理想气体相差甚远，但在高温低压状态下，其性质和理想气体相近。

③ 由于理想气体状态方程 $pv=RT$ 不能准确反映实际气体各状态之间的关系，为了精确分析和计算实际气体的热力过程和循环，就必须对理想气体状态方程进行修正和改进。

描写实际气体各状态参数之间关系的一个很简捷的方法就是引入系数 z，对理想气体状态方程式直接进行校正，补偿产生的偏差：

$$pv=zRT$$
$$z=\frac{pv}{RT}$$

$$(3\text{-}4)$$

z 数值的大小，反映了实际气体偏离理想气体的程度。通常认为 z 在 $0.95\sim1.05$ 范围内。引入 z 值后，实际气体可作为理想气体处理。已知压缩因子 z 的数值后，就可利用 $pv=zRT$ 对实际气体各状态参数进行计算。

各种气体工质的临界压缩因子 z_c 的实验数值为 $0.23\sim0.33$。由于大多数烃类气体的 z_c 在 0.27 左右，因此通常按 $z_c=0.27$ 绘制成通用压缩因子图，又称 $z\text{-}p_r$ 图，如图 3-1 所示。通用压缩因子图对于各种工质有一定通用性，在热力计算中很有价值，使用也较方便。特别是可以用来计算一些没有详细物性资料的气体。只要从气体临界参数算得气体的对比参数 p_r、T_r，就可以在通用压缩因子图中查取 z 的数值，然后再根据 $pv=zRT$ 求得其他的状态参数。

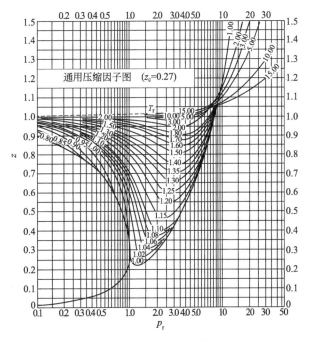

图 3-1　通用压缩因子图

3.3 混 合 气 体

3.3.1 混合气体的概念

热力工程上所应用的气体，往往不是单一成分的气体，而是有几种不同性质的气体组成的混合物。例如，空气是由氧气、氮气等组成的；燃料燃烧生成的烟气是由二氧化碳、水蒸气、一氧化碳、氧气、氮气等组成的。这些混合气体的各组成气体之间不发生化学反应，因此，混合气体是一种均匀混合物。若各组成气体都是理想气体，则它们的混合物也是理想气体，这种混合气体称为理想混合气体，或简称为混合气体。理想混合气体必然遵循理想气体的有关规律及关系式。

3.3.2 混合气体的温度

由于混合气体中各组成气体均匀地混合在一起，所以混合气体的温度等于各组成气体温度，即

$$T = T_1 = T_2 = T_3 = \cdots = T_n \tag{3-5}$$

3.3.3 混合气体的分压力、分容积

当混合气体的组成气体在与混合气体温度相同的条件下单独占据混合气体的容积时，所呈现的压力称为该组成气体的分压力，用符号 p_i 表示，如图 3-2(b)、(c) 所示。

道尔顿分压力定律指出：理想混合气体的总压力等于各组成气体的分压力之和，即

$$p = p_1 + p_2 + p_3 + \cdots + p_n = \sum_{i=1}^{n} p_i \tag{3-6}$$

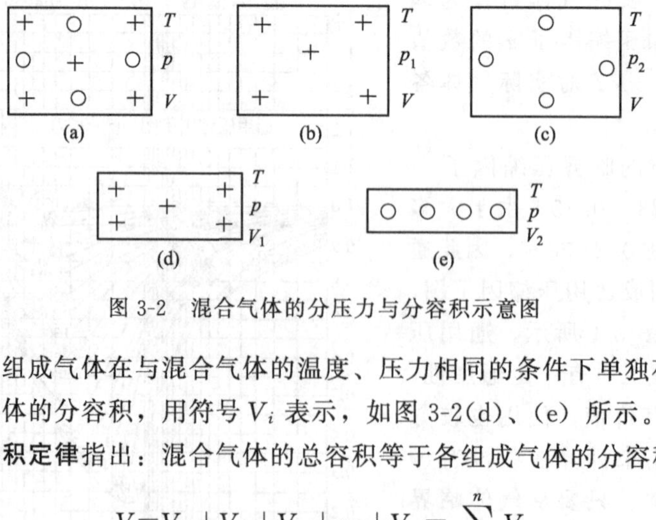

图 3-2　混合气体的分压力与分容积示意图

当混合气体的组成气体在与混合气体的温度、压力相同的条件下单独存在时，所占有的容积称为该组成气体的分容积，用符号 V_i 表示，如图 3-2(d)、(e) 所示。

阿密盖特分容积定律指出：混合气体的总容积等于各组成气体的分容积之和，即

$$V = V_1 + V_2 + V_3 + \cdots + V_n = \sum_{i=1}^{n} V_i \tag{3-7}$$

3.3.4 混合气体成分的表示方法

混合气体的性质不仅与各组成气体的性质有关，而且与各组成气体所占数量有关。为

此，需要研究混合气体的成分。混合气体的成分是指各组成气体在混合气体中所占数量的比率。根据物量单位不同，混合气体的成分有质量成分、容积成分、摩尔成分三种表示方法。

(1) 质量成分　混合气体中某组成气体的质量 m_i 与混合气体的总质量 m 的比值称为该组成气体的质量成分，用符号 g_i 表示，即：

$$g_i = \frac{m_i}{m} \tag{3-8}$$

由于混合气体的总质量 m 等于各组成气体的质量 m_i 的总和，即：

$$m = m_1 + m_2 + m_3 + \cdots + m_n = \sum_{i=1}^{n} m_i$$

故

$$g_1 + g_2 + g_3 + \cdots + g_n = \sum_{i=1}^{n} g_i = 1 \tag{3-9}$$

(2) 容积成分　混合气体中某组成气体的分容积 V_i 与混合气体的总容积 V 的比值称为该组成气体的容积成分，用符号 r_i 表示，即：

$$r_i = \frac{V_i}{V} \tag{3-10}$$

根据分容积定律可知，混合气体的总容积 V 等于各组成气体的分容积 V_i 的总和，即：

$$V = V_1 + V_2 + V_3 + \cdots + V_n = \sum_{i=1}^{n} V_i$$

故

$$r_1 + r_2 + r_3 + \cdots + r_n = \sum_{i=1}^{n} r_i = 1 \tag{3-11}$$

(3) 摩尔成分　混合气体中某组成气体的物质的量 n_i 与混合气体的总物质的量 n 的比值称为该组成气体的摩尔成分，用符号 x_i 表示，即：

$$x_i = \frac{n_i}{n} \tag{3-12}$$

由于混合气体的总物质的量 n 等于各组成气体的物质的量 n_i 的总和，即：

$$n = n_1 + n_2 + n_3 + \cdots + n_n = \sum_{i=1}^{n} n_i$$

故

$$x_1 + x_2 + x_3 + \cdots + x_n = \sum_{i=1}^{n} x_i = 1 \tag{3-13}$$

(4) 三种成分之间的换算关系

① 容积成分与摩尔成分的换算

$$r_i = \frac{V_i}{V} = \frac{n_i V_{mi}}{n V_m} \tag{3-14}$$

式中　V_{mi}——某组成气体的摩尔容积；

　　　V_m——混合气体的摩尔容积。

根据阿伏加德罗定律，在同温同压下，各种气体的摩尔容积相等，即：

$$V_{mi} = V_m$$

故

$$r_i = \frac{n_i}{n} = x_i \tag{3-15}$$

上式表明，各组成气体的容积成分与其摩尔成分在数值上相等。

② 质量成分与容积成分的换算

$$g_i = \frac{m_i}{m} = \frac{n_i M_i}{nM} = x_i \frac{M_i}{M} = r_i \frac{M_i}{M} = r_i \frac{R}{R_i} \tag{3-16}$$

式中　M_i——某组成气体的摩尔质量；

　　　　M——混合气体的摩尔质量。

根据阿伏加德罗定律，在同温同压下，气体的密度与气体分子量成正比，可得：

$$g_i = r_i \frac{M_i}{M} = r_i \frac{\rho_i}{\rho} = r_i \frac{v}{v_i} \tag{3-17}$$

3.3.5　混合气体的平均分子量和气体常数

由于混合气体不是单一气体，所以混合气体没有确定的化学式和分子量。但可以假定混合气体是某种单一气体，该单一气体的总质量和总物质的量与混合气体的总质量和总物质的量分别相等，则混合气体的总质量与总物质的量之比就是混合气体的平均分子量或折合分子量。它取决于组成气体的种类和成分。

当已知各组成气体的容积成分时，

$$M = \frac{m}{n} = \frac{\sum\limits_{i=1}^{n} n_i M_i}{n} = \sum\limits_{i=1}^{n} x_i M_i = \sum\limits_{i=1}^{n} r_i M_i \tag{3-18}$$

$$R = \frac{R_0}{M} = \frac{R_0}{\sum\limits_{i=1}^{n} r_i M_i} = \frac{1}{\sum\limits_{i=1}^{n} \dfrac{r_i}{R_i}} \tag{3-19}$$

当已知各组成气体的质量成分时，

$$M = \frac{m}{n} = \frac{m}{\sum\limits_{i=1}^{n} n_i} = \frac{m}{\sum\limits_{i=1}^{n} \dfrac{m_i}{M_i}} = \frac{1}{\sum\limits_{i=1}^{n} \dfrac{g_i}{M_i}} \tag{3-20}$$

$$R = \frac{R_0}{M} = R_0 \sum\limits_{i=1}^{n} \frac{g_i}{M_i} = \sum\limits_{i=1}^{n} g_i R_i \tag{3-21}$$

3.3.6　混合气体分压力的确定

根据某组成气体的分压力与分容积，分别列出该气体的状态方程式：

$$p_i V = m_i R_i T$$
$$p V_i = m_i R_i T$$

则

$$p_i = \frac{V_i}{V} p = r_i p \tag{3-22}$$

根据各种成分之间的关系式，分压力还可以表示为其他形式。如：

$$p_i = g_i \frac{\rho}{\rho_i} p = g_i \frac{M}{M_i} p = g_i \frac{R_i}{R} p \tag{3-23}$$

———————————————— 思考题及习题 ————————————————

● 3-1　某容器内的理想气体经过放气过程放出一部分气体。若放气前后均为平衡状态，是否符合下列关系式：

(1) $\dfrac{p_1 v_1}{T_1} = \dfrac{p_2 v_2}{T_2}$;

(2) $\dfrac{p_1 V_1}{T_1} = \dfrac{p_2 V_2}{T_2}$。

3-2　活塞式压气机每分钟将温度为 15℃、压力为 0.1MPa 的空气 1m³ 压缩后冲入容积为 6m³ 的贮气筒内。已知充气前筒内温度为 15℃、压力为 0.15MPa。设充气后筒内温度升到 45℃。试问经过多少分钟才能将贮气筒压力提高至 0.8MPa?

3-3　压力为 13.7MPa、温度为 27℃ 的氮气被贮存在 0.05m³ 的钢瓶中。钢瓶被一易熔塞保护防止超压。问：（1）钢瓶中容纳多少千克氮？（2）当瓶中压力超过最高压力 16.5MPa 时，易熔塞将熔化，此时的熔化温度为多少？

3-4　鼓风机每小时向锅炉炉膛输送 $t = 300℃$、$p = 15.2\text{kPa}$ 的空气 $1.02 \times 10^5 \text{m}^3$。锅炉房大气压力 $p_b = 101\text{kPa}$。求鼓风机每小时输送的标准状态风量。

3-5　试用压缩因子图法计算 573K 和 20265kPa 下甲醇的摩尔体积。已知甲醇的临界常数为：$T_c = 513\text{K}$，$p_c = 7974.3\text{kPa}$。

3-6　50kg 废气和 75kg 的空气混合，废气中各组成气体的质量分数为：CO_2 14%；O_2 6%；H_2O 5%；N_2 75%。空气中的 O_2 和 N_2 的质量分数为：O_2 23.2%，N_2 76.8%。混合后气体压力 $p = 0.3\text{MPa}$，求：（1）质量分数；（2）平均气体常数；（3）平均折合摩尔质量；（4）摩尔分数；（5）各组成体分压力。

第②单元

工程热力学基本理论

第4章 热力学第一定律

4.1 热能转换的基本概念

4.1.1 热力学基本概念

(1) 物系与环境　物系是指所研究的对象（物质或空间），也称系统。环境是指物系之外与物系密切相关的部分（物质或空间）。物系和环境之间可以存在着真实的界面，也可以是虚构的界面。

根据物系与环境间是否有物质交换与能量传递，可将物系分类如下。

① 开口系统　物系与环境之间既有物质交换又有能量交换的系统，称为开口系统（也称开放系统）。取系统时只需把所研究的空间范围用边界与外界分隔开来，故又称开口系统为控制体积，简称控制体，其界面为控制界面。

② 闭口系统　物系与环境之间没有物质交换只有能量交换的系统，称为闭口系统（也称密闭系统）。闭口系统质量守恒，热力学中的研究对象多数是密闭系统。

③ 绝热系统　物系与环境之间不发生任何热量交换的系统，称为绝热系统。当系统用绝热壁与外界隔开时就成为绝热系统，该系统中的热力过程即是绝热过程。绝热系统是热力学中为使讨论的问题简化而引入的一个概念，实际上并不存在真正的绝热系统。

④ 孤立系统　物系与环境之间既没有物质交换也没有能量交换的系统，称为孤立系统（也称隔离系统）。自然界中绝对的孤立系统是不存在的，只有在适当的条件下近似地把某些体系看作孤立系统。

(2) 热力过程和途径　系统的状态发生变化的经过称为热力过程。变化的具体步骤称为途径。根据过程进行的条件不同，可将热力过程分为以下几种。

① 等温过程　系统和环境的温度相等且恒定不变的过程，即 $T_1 = T_2 = T =$ 定值。如纯水在 100℃、101.325kPa 下的沸腾。

② 等压过程　系统和环境的压力相等且恒定不变的过程，即 $p_1 = p_2 = p =$ 定值。如在敞开的窑炉中进行的煅烧过程。

③ 等容过程　系统的体积始终不变的过程，即 $V_1 = V_2 = V =$ 定值。如在密封的容器中进行的过程。

④ 绝热过程　系统和环境间没有热交换的过程。如绝热箱中进行的过程。

⑤ 循环过程　也称热力循环，是指系统由某一状态出发，经过一系列中间状态又回到原来状态的过程。在循环过程中，所有状态函数的改变量均为零。

⑥ 可逆过程　这是一种在无限接近平衡的条件下进行的过程。这是一种理想的极限

过程。

当然，这些条件也可以是两种或两种以上同时存在，如等温等压过程、等温等容过程、绝热可逆过程等。系统从某一始态变到另一终态所经历的不同方式，称为途径。

（3）**热和功**　热和功是体系和环境间进行能量交换的两种形式。热和功的共同点是：它们不是体系的状态函数，是传递中的能量，也称为过程函数。

① **热**　由于体系和环境之间存在温差而引起的能量传递形式称为热，通常用"Q"表示，其单位为 J（焦耳）或 kJ（千焦）。

热力学规定：系统从环境吸热，Q 为正（$Q>0$）；系统向环境放热，Q 为负（$Q<0$）。在热力学中讨论的热主要有三种：系统不发生化学变化或相变化，仅发生因温度变化而吸收或放出的热称为显热；系统发生相变化时吸收或放出的热，称为潜热或相变热；系统发生化学反应时吸收或放出的热，称为化学反应热。

② **功**　除了热以外的系统和环境之间其他形式交换的能量称为功。用符号"W"表示，单位为 J 或 kJ。

功的种类很多，除体积功（W）以外，其他各种形式的功统称为非体积功（W'）。系统所作的总功为 $W_{总}=W+W'$。热力学规定：体系对环境做功（膨胀过程），$W>0$；环境对系统作功（压缩过程），$W<0$。无限小改变的功用 δW 表示，因为功不是状态函数。

体积功的基本公式为：$\delta W=p\mathrm{d}V$ 则 $W=\displaystyle\int_{V_1}^{V_2} p\mathrm{d}V$

（4）**内能**　系统的能量由三部分组成：系统整体运动的动能、系统在外力场作用下的位能、体系内部的总能量（即内能）。系统内部所有微观粒子的各种能量的总和称为内能，通常用符号"U"表示，单位为 J（焦耳）或 kJ（千焦）。

闭口系统的内能由三部分组成。

① **分子的动能（E_K）**　包括分子的平动能、转动能、振动能。分子的动能是温度的函数，$E_K=f(T)$。

② **分子间相互作用的位能（E_P）**　其数值取决于分子间的作用力和分子间的距离，与宏观上物质的体积有关，$E_P=f(V)$。

③ **分子内部的能量（E_M）**　是分子内部各种微粒间相互作用所产生的能量之和（如键能、核能）。在没有化学变化的情况下，E_M 为定值。

由此可知，内能就是上述三部分能量的总和：

$$U=E_K+E_P+E_M$$

在闭口系统中，内能是温度和体积的函数，即 $U=f(T,V)$。

（5）**热力学平衡**　在没有外界影响的条件下，如果系统中所有状态函数均不随时间而变化，则该系统所处的状态称为热力学平衡状态（简称平衡态）。热力学平衡状态应同时达到四种平衡。

① **热平衡**　系统内各部分以及体系与环境间温度相同，即没有温度差。

② **力平衡**　系统内各部分，以及系统与环境之间没有不平衡的力存在。

③ **化学平衡**　系统中各物质间发生化学反应时，必达到化学平衡，即系统的各部分组成不随时间而改变。

④ **相平衡**　各相的组成和数量不随时间而改变。

一般说系统处于某种状态，即指系统处于热力学平衡状态。

4.1.2　能量守恒与转换定律

人们在大量的生产实践和科学实验中得出一条重要结论：能量既不可能被创生，也不可能被消灭，它只能从一种形式转换成另一种形式，或者从一个（一些）物体转移到另一个（一些）物体，而在转换转移过程中，能量的总和保持不变。这就是能量守恒和转换定律，它是一切自然现象所必须遵守的普遍规律。

4.1.3　热力学第一定律

热力学第一定律是能量守恒和转换定律在热力学中的应用。在工程热力学中，热力学第一定律主要说明热能与机械能在转换过程中的能量守恒。

热力学第一定律确定了能量转换中的数量关系，是进行热工分析和热工计算的主要依据，它对热力学理论的建立和发展有十分重要的意义。

热能与机械能的相互转换或热能的转移必须通过系统的状态变化来实现。把系统中工质从某一状态过渡到另一状态所经历的全部状态变化称为热力过程，或简称为过程。

4.1.4　热力学第一定律的基本表达式

输入系统的能量－系统输出的能量＝系统储存能的变化量

4.2　闭口系统热力学第一定律

热力学第一定律解析式是热力系统在状态变化过程中的能量平衡方程式，也是分析热力系统状态变化过程的基本方程式。由于不同的系统能量交换形式不同，所以能量方程有不同的表达形式，但它们的实质是一样的。

闭口系统与外界没有物质的交换，只有热量和功量的交换。如图 4-1 所示，取气缸内的工质为系统，在热力过程中，系统从外界热源吸取热量 Q，对外界做膨胀功 W。根据热力学第一定律，系统总储存能的变化应等于进入系统的能量与离开系统的能量差，即

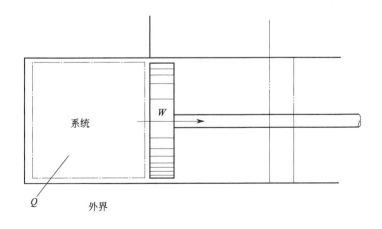

图 4-1　闭口系统的能量转换

$$E_1 - E_2 = Q - W$$

式中　E_1——系统初状态的储存能；

　　　E_2——系统终状态的储存能。

对于闭口系统涉及的许多热力过程而言，系统储存能中的宏观动能 E_k 和重力位能 E_p 均不发生变化，因此热力过程中系统储存能的变化等于系统内能的变化，即

$$E_1 - E_2 = \Delta U = U_2 - U_1$$

故　　　　　　　　　　　　$U_2 - U_1 = Q - W$

或　　　　　　　　　　　　$Q = \Delta U + W$　　　　　　　　　　　　(4-1)

对于 1kg 工质：

$$q = \Delta u + w \tag{4-2}$$

以上各式均为闭口系统能量方程。它表明，加给系统一定的热量，一部分用于改变系统的内能，一部分用于对外作膨胀功。闭口系统能量方程反映了热功转换的实质，是热力学第一定律的基本方程。虽然该方程是由闭口系统推导而得，但因热量、内能和膨胀功三者之间的关系不受过程性质限制（可逆或不可逆），所以它同样适用于开口系统。

【例 4-1】 5kg 气体在热力过程中吸热 70kJ，对外膨胀作功 50kJ。该过程中内能如何变化？每千克气体内能的变化为多少？

解 根据式 $Q = \Delta U + W$，可得：

$$\Delta U = Q - W = 70 - 50 = 20 \text{（kJ）}$$

由于 $\Delta U = 20 \text{kJ} > 0$，所以系统内能增加。

每千克气体内能的变化为：

$$\Delta u = \frac{\Delta U}{m} = \frac{20}{5} = 4 \text{（kJ/kg）}$$

4.3 开口系统热力学第一定律

4.3.1 开口系统与边界的能量传递

对于开口系统，通常选取控制体进行研究。所谓控制体，就是在空间中用假想的包围面划出的一定的空间体积，通过它的边界有物质的流入和流出，也有能量的流入和流出。开口系统与外界传递能量有以下特点。

① 所传递能量的形式（热量和功量）虽然与闭口系统相同，但由于所选取的控制体界面是固定的，所以开口系统与外界交换的功量形式不是容积功而是轴功。

② 由于有物质流入和流出界面，系统与外界之间又产生两种另外的能量传递方式。

a. 流动工质本身所具有的储存能随工质流入或流出控制体而带入或带出控制体。这种能量转移既不是能量，也不是功量，而是系统与外界之间直接的能量交换。

$$E = U + \frac{1}{2}mc^2 + mgz$$

或

$$e = u + \frac{1}{2}c^2 + gz$$

b. 当工质流入和流出控制体界面时，后面的流体推开前面的流体而前进，这样，后面

的流体必须对前面的流体作功，从而系统与外界就会发生功量交换，这种功称为推动功或流动功。

如图 4-2 所示，设有质量为 m、容积为 V 的工质将要进入控制体。若控制体界面处工质的压力为 p、比体积为 v、流动截面积为 f，工质克服来自前方的抵抗力，移动距离 s 而进入控制体。这样，工质对系统所作的流动功为：

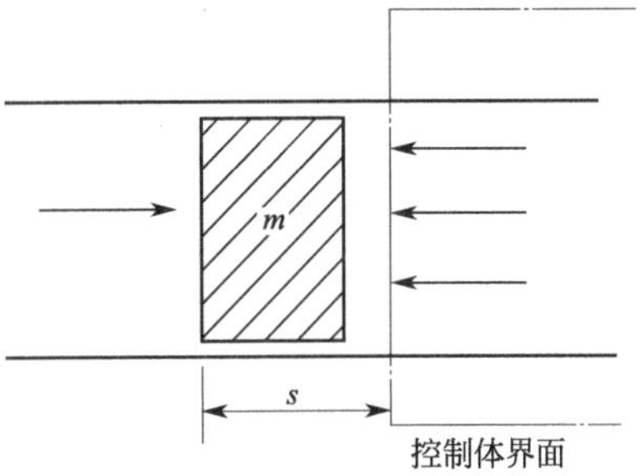

$$W_f = Fs = fps = pV$$

或

$$w_f = \frac{W_f}{m} = pv$$

图 4-2　流动功

由上式可知，流动功的大小由工质的状态参数所决定。推动 1kg 工质进入控制体内所需要的流动功可以按照入口界面处的状态参数 $p_1 v_1$ 来计算；推动 1kg 工质离开控制体所需要的流动功就可以按照出口界面处的状态参数 $p_2 v_2$ 来计算。则 1kg 工质流入和流出控制体的净功为：

$$\Delta w_f = p_2 v_2 - p_1 v_1$$

流动功是一种特殊的功，其数值取决于控制体进、出口界面上工质的热力状态。

4.3.2　稳定流动能量方程的解析式

图 4-3 所示为一个典型的开口系统，取界面框内空间为控制体来进行分析。通过控制体的界面有热和功（轴功）的交换，还有物质的交换。同时，由于物质的交换，又引起了控制体与外界之间能量的直接交换和流动功的交换。

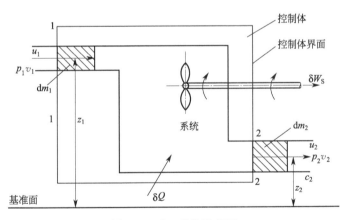

图 4-3　开口系统示意图

系统经历某一热力过程时，由于系统与外界的质量交换和能量交换并非都是恒定的，有时是随时间发生变化的。所以控制体内既有能量的变化，也有质量的变化，一般来说，能量变化往往是因质量变化而引起的。因此，在分析时，必须把控制体内的质量变化和能量变化同时考虑。根据质量守恒原理，控制体内质量的增减必等于进、出控制体的质量的差值，即

进入控制体的质量－离开控制体的质量＝控制体内质量的变化

根据能量守恒原理，控制体内能量的增减必等于进、出控制体的能量的差值，即

进入控制体的能量－离开控制体的能量＝控制体内能量的变化

设控制体在某一瞬时进行了一个微元热力过程。在这段时间内,有 dm_1 和 dm_2 的工质分别流入和流出控制体,伴随单位质量的工质分别有能量 e_1 和 e_2 流入和流出控制体;同时还有微元热量 δQ 进入控制体,有微元轴功 δW_S 传出控制体,以及伴随单位质量的工质分别有流动功 $p_1 v_1$ 和 $p_2 v_2$ 流入和流出控制体,则可以整理出:

$$dm_1\left(u_1+p_1 v_1+\frac{1}{2}c_1^2+gz_1\right)-dm_2\left(u_2+p_2 v_2+\frac{1}{2}c_2^2+gz_2\right)+\delta Q-\delta W_S=d\left[m\left(u+\frac{1}{2}c^2+gz\right)\right]_{sys}$$

$$(4\text{-}3)$$

令
$$h=u+pv$$

由于 u、p 和 v 都是状态参数,所以,h 必定也是状态参数,称其为焓,单位为 kJ/kg。对于 $m(kg)$ 工质的焓,用符号 H 表示,单位为 kJ。

$$H=mh=U+pV$$

由此,式(4-3) 可以写成:

$$dm_1\left(h_1+\frac{1}{2}c_1^2+gz_1\right)-dm_2\left(h_2+\frac{1}{2}c_2^2+gz_2\right)+\delta Q-\delta W_S=d\left[m\left(u+\frac{1}{2}c^2+gz\right)\right]_{sys}$$

$$(4\text{-}4)$$

式(4-3)、式(4-4) 均为开口系统能量方程。由于它是在最普遍情况下得出的,所以对于稳定与不稳定流动、可逆与不可逆过程、开口系统与闭口系统都适用。

工程上常见的热工设备,如锅炉、换热器、风机等,当它们正常运行时,系统内任何一点的热力状态和流动情况均不随时间而变化,系统与外界交换的功量和热量也不随时间变化。这样工质以恒定的流量连续不断地进出系统,系统内工质的质量和能量既不会越来越多,也不会越来越少,也将不随时间变化。这种工况称为稳定稳流,或称为稳定流动。

根据稳定流动工况特征可知:

① 物质流过系统任何断面截面上的质量均相等,且为定值,即

$$dm_1=dm_2=\cdots=dm=const$$

② 系统的能量不随时间而变化,即

$$dE_{sys}=d\left[m\left(u+\frac{1}{2}c^2+gz\right)\right]_{sys}=0$$

则式(4-4) 可写为

$$\delta Q=dm\left[(h_2-h_1)+\frac{1}{2}(c_2^2-c_1^2)+g(z_2-z_1)\right]+\delta W_S$$

对于 1kg 工质:

$$q=(h_2-h_1)+\frac{1}{2}(c_2^2-c_1^2)+g(z_2-z_1)+w_S=\Delta h+\frac{1}{2}\Delta c^2+g\Delta z+w_S \qquad (4\text{-}5)$$

对于 $m(g)$ 工质:

$$Q=\Delta H+\frac{1}{2}m\Delta c^2+mg\Delta z+W_S \qquad (4\text{-}6)$$

式(4-5)、式(4-6) 均为稳定流动能量方程的表达式,它们适用于稳态稳流的可逆与不可逆过程。

稳定流动能量方程中的动能变化 $\frac{1}{2}\Delta c^2$、位能变化 $g\Delta z$ 及轴功 w_S 都属于机械能,是热力过程中可被直接利用来作功的能量,统称为技术功,用符号 w_t 表示,即

$$w_t = \frac{1}{2}\Delta c^2 + g\Delta z + w_S$$

则稳定能量方程又可写为：

$$q = \Delta h + w_t \tag{4-7}$$

由式（4-7），可得

$$w_t = q - \Delta h = (\Delta u + w) - (\Delta u + p_2 v_2 - p_1 v_1) = w + p_1 v_1 - p_2 v_2 \tag{4-8}$$

上式表明，技术功等于膨胀功与流动功的代数和。

对于稳定流动的可逆过程：

$$\delta w_t = \delta q - dh = (du + pdv) - d(u + pv) = du + pdv - du - pdv - vdp$$

即

$$\delta w_t = -vdp$$

对于可逆过程 1-2：

$$w_t = -\int_1^2 vdp$$

可以看出，在 p-v 图上，技术功 w_t 的值为过程曲线向纵坐标轴投影所得的面积 1234。技术功、膨胀功与流动功之间的关系，由式（4-8）及图 4-4 可知：

$$w_t = w + p_1 v_1 - p_2 v_2 = 12561\ \text{面积} + 41604\ \text{面积} - 23052\ \text{面积}$$

显然，技术功也是过程量，其值取决于初、终状态及过程特性。

在一般的工程设备中，往往可以不考虑工质动能和位能的变化，则技术功就等于轴功，即

$$w_t = w_S = w + p_1 v_1 - p_2 v_2$$

以上各式也是热力学第一定律能量方程的形式，在使用时，应注意其使用条件。

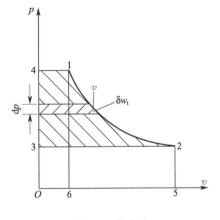

图 4-4 技术功

4.3.3 稳定流动能量方程的应用

许多热力设备在不变的工况下工作时，工质的流动可视为稳定流动，此类问题可以应用稳定流动能量方程来分析其流动过程中能量的转换。对于一些具体的设备在不同条件下，稳定流动能量方程可简化为不同形式。下面列举几种工程应用实例。

（1）动力机　利用工质的膨胀而获得机械功的设备称为动力机。例如汽轮机、燃气涡轮等。

根据稳定流动能量方程：

$$q = \Delta h + \frac{1}{2}\Delta c^2 + g\Delta z + w_S$$

如图 4-5 所示，当工质流过汽轮机时，由于进出口的速度变化不大，进出口的高度差一般很小，又由于工质很快流过汽轮机，系统与外界来不及进行热量交换，即散热很小，故可认为：

$$\frac{1}{2}\Delta c^2 \approx 0$$

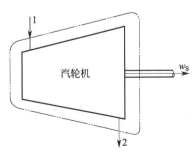

图 4-5 动力机

$$g\Delta z \approx 0$$

$$q \approx 0$$

则

$$w_S = -\Delta h = h_1 - h_2$$

上式表明，在汽轮机等动力机中，系统所作的轴功等于工质焓的减少。

（2）**热交换设备** 以热量交换为主要工作方式的设备称为热交换设备。例如锅炉、空气加热器、蒸发器、冷凝器等。如图 4-6 所示，当工质流过热交换设备时，系统与外界没有功量交换，且动能、位能的变化很小，故可认为：

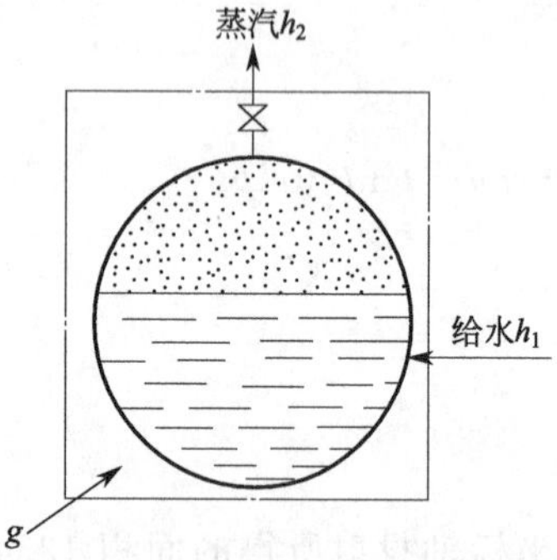

$$w_S = 0$$

$$g\Delta z \approx 0$$

$$\frac{1}{2}c^2 \approx 0$$

则

$$q = \Delta h = h_2 - h_1$$

图 4-6 锅炉

上式表明，在锅炉等热交换设备中，工质所吸收的热量等于焓的增加。

（3）**压气机** 消耗机械功而获得高压气体的设备称为压气机。这类设备类似于动力机的反方向作用。当工质流过压气机时，同动力机一样，可认为：

$$\frac{1}{2}\Delta c^2 \approx 0$$

$$g\Delta z \approx 0$$

$$q \approx 0$$

则

$$-w_S = \Delta h = h_2 - h_1$$

上式表明，压气机绝热压缩所消耗的轴功等于工质焓的增加。

（4）**喷管** 用以使气流加速的一种短管称为喷管。如图 4-7 所示，工质流过喷管时，与外界没有功量交换，且工质流过喷管的时间短，系统与外界来不及交换热量，位能的变化也很小，故可认为：

$$w_S = 0$$

$$g\Delta z = 0$$

$$q \approx 0$$

则

$$\frac{1}{2}(c_2^2 - c_1^2) = h_1 - h_2$$

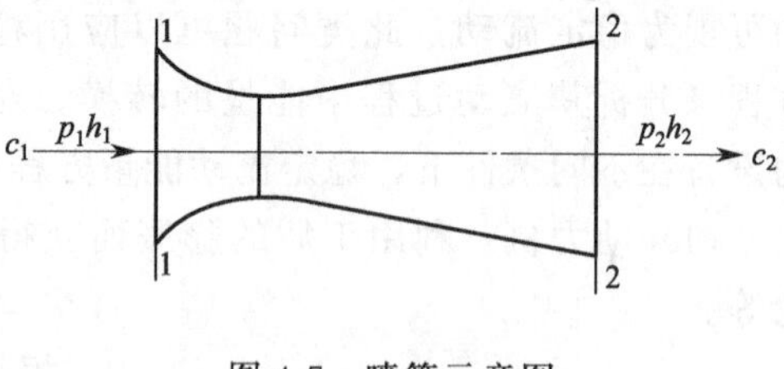

图 4-7 喷管示意图

上式表明，在喷管中，工质动能的增加等于其焓的减少。

【**例 4-2**】   工质以 $c_1 = 3\text{m/s}$ 的速度通过截面 $f_1 = 45\text{cm}^2$ 的管道进入动力机。已知，进入口处 $p_1 = 689.48\text{kPa}$，$v_1 = 0.3373\text{m}^3/\text{kg}$，$u_1 = 2326\text{kJ/kg}$，出口处 $h_2 = 1395.6\text{kJ/kg}$。若忽略工质的动能及位能的变化，且不考虑散热。求该动力机的功率。

解   工质的质量流量为：

$$\dot{m} = \frac{c_1 f_1}{v_1} = \frac{3 \times 45 \times 10^{-4}}{0.3373} = 0.0400 \ (\text{kg/s})$$

进出口焓值为：

$$h_1 = u_1 + p_1 v_1 = 2326 + 689.48 \times 0.3373 = 2558.6 \ (kJ/kg)$$

动力机的功率为：

$$P = \dot{m}(h_1 - h_2) = 0.04 \times (2558.6 - 1395.6) = 46.5 \ (kW)$$

4.3.4 理想气体内能和焓的计算

（1）内能的计算　根据闭口系统能量方程

$$\delta q = du + \delta w$$

对于定容过程，$\delta w_v = 0$，$\delta q_v = C_v dT$，则闭口系统能量方程为：

$$\delta q_v = du_v$$

故

$$du_v = \delta q_v = C_v dT$$

对于理想气体，由于内能是温度的单值函数，故

$$du = C_v dT \tag{4-9}$$

对于有限过程 1-2，

$$\Delta u = \int_1^2 C_v dT$$

若取定值比热容，则

$$\Delta u = C_v (T_2 - T_1) \tag{4-10}$$

虽然式(4-9)、式(4-10)是通过定容过程推导得出的，但由于理想气体内能仅是温度 T 的单质函数，所以只要过程中温度的变化相同，内能的变化也就相同。因此，以上两式适用于理想气体的一切过程。

（2）焓的计算　对于理想气体，由于 $u = f(T)$ 及 $pv = RT$，故

$$h = u + pv = f(T) + RT = f'(T)$$

由上式可知，理想气体的焓和内能一样，也仅是温度的单值函数。

根据闭口系统能量方程　　　　$\delta q = du + \delta w$

由于 $\delta w = pdv$，故

$$\delta q = du + pdv$$

对于定压过程，$dp = 0$ 或 $vdp = 0$，则闭口系统能量方程可写为：

$$\delta q_p = du + pdv + vdp = d(u + pv)_p = dh_p$$

由于 $\delta q_p = C_p dT$，故

$$dh_p = C_p dT \tag{4-11}$$

对于理想气体，由于焓是温度的单值函数，故

$$dh = C_p dT$$

对于有限过程 1-2，

$$\Delta h = \int_1^2 C_p dT$$

若取定值比热容，则

$$\Delta h = C_p (T_2 - T_1) \tag{4-12}$$

虽然式(4-11)、式(4-12)是通过定压过程导出的，但由于理想气体的焓是温度的单值函数，所以只要过程中温度的变化相同，焓的变化也就相同。因此，以上两式适用于理想气体的一切过程。

在研究机械能与热能相互转换或热能转移过程中，需要确定的是焓或内能在过程中的变

化量 Δh 或 Δu，并不注重在某种状态下焓或内能的实际值。为此，在热工计算中常常取某状态为基准状态，令该状态下的焓或内能的值为零，而其余状态下的焓或内能，则是相应于各自基准状态下的焓或内能的差值而已。

------------------------------- **思考题及习题** -------------------------------

4-1   说明下列各式适用于何种条件？

$$\delta q = du + \delta w$$
$$\delta q = du + p dv$$
$$\delta q = dh$$

4-2   下面的论断是否正确？为什么？

（1）气体吸热后一定膨胀，内能一定增加；

（2）气体膨胀时一定对外作功；

（3）气体压缩时一定消耗外功；

（4）气体放热，其内能一定减小。

4-3   膨胀功、流动功、轴功和技术功有何区别和联系？试在 $p\text{-}v$ 图上表示它们。

4-4   "任何没有容积变化的过程就一定不对外作功"，这种说法对吗？为什么？

4-5   气体在某一过程中吸热 12kJ，同时内能增加 20kJ。问此过程是膨胀过程还是压缩过程？对外所作的功为多少？

4-6   2kg 气体在压力 0.5MPa 下定压膨胀，体积增大了 0.12m³，同时吸热 65kJ。求气体比内能的变化。

4-7   1kg 空气在可逆多变过程中吸热 40kJ，其容积增大为 $v_2 = 10v_1$，压力降低为 $p_2 = p_1/8$。设比热容为定值。求过程中内能的变化、焓的变化及膨胀功。

4-8   质量为 5kg 的氧气，在 30℃ 的温度下等温压缩，容积由 3m³ 变为 0.6m³，问该过程中工质吸收或放出多少热量？输入或输出了多少功？内能、焓的变化各为多少？

4-9   已知空气的初态为 $p_1 = 0.6$MPa、$v_1 = 0.236$m³/kg，经过一个多变过程后状态变化为 $p_2 = 0.12$MPa、$v_2 = 0.815$m³/kg。试求该过程的多变指数、每千克气体所作的功、所吸收的热量以及内能、焓的变化。

第5章 热力学第二定律

5.1 热力学第二定律的表述

实践证明，仅仅用热力学第一定律来分析热过程是不够的，第一定律只能说明能量和转换或传递过程中数量守恒关系，而不能说明能量转换或传递过程进行的方向、条件和限度。例如，温度不同的两个物体之间进行热量传递时，热力学第一定律只能说明由一个物体传出的热量必等于另一个物体所得到的热量，而不能说明热量是从高温物体传向低温物体，还是从低温物体传向高温物体，而且也不能说明在什么条件下才能进行传热以及传热进行到何时为止。

然而在生产实践中，不仅需要分析热力过程中能量的数量关系，而且往往首先需要判断过程能否进行，即存在着方向与条件问题。阐明热力过程进行的方向、条件和限度的定律就是热力学第二定律。它和热力学第一定律一起组成了热力学的主要理论基础。

5.1.1 循环

通过工质的热力状态过程，可以将热能转化成机械能而作功。当然，作功必须通过工质的膨胀过程，但是任何一个热力膨胀过程都不可能一直进行下去，而且连续不断地作功。为使连续作功成为可能，工质在膨胀作功后还必须经历某些压缩过程。这种使工质经过一系列的状态变化，重新回复到原来状态的全部过程，就叫做一个循环。在状态参数的平面坐标图上，循环的全部过程一定构成一个闭合曲线，整个循环可看作一个闭合过程，所以也称循环过程，简称循环。

根据循环效果及进行方向的不同，循环分为正循环和逆循环，如图 5-1 所示。图中按顺时针方向进行的循环过程称为正循环，工作物质作正循环的机器可以吸收热量对外作功，称为热机，它是把热能不断转变成机械能的机器；图中按逆时针方向进行的循行过程称为逆循

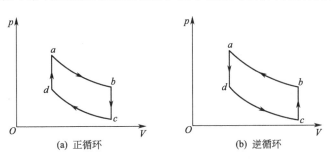

(a) 正循环　　　　　　　　　(b) 逆循环

图 5-1　循环过程的 p-V 图

环，工作物质作逆循环的机器与外界对系统作功将热量不断地从低温处向高温处传递，称为制冷机。

（1）正循环　在图 5-1(a) 中，正循环过程沿顺时针方向进行，系统对外界作功。在一次循环中，设系统从高温热源吸收的热量的总和为 Q_1，向低温热原放出的热量的总和为 Q_2，其差值 $A = Q_1 - Q_2$ 等于系统对外所作的功，在数值上等于闭合曲线所包围的面积。则循环效率定义为

$$\eta = \frac{A}{Q_1} = \frac{Q_1 - Q_2}{Q_1} = 1 - \frac{Q_2}{Q_1} \tag{5-1}$$

循环效率是热机效能的重要指标之一。它反映了工质从高温热源吸收的热量有多少转化为有用功。效率的大小由循环的具体结构、性质而定。

（2）逆循环　在图 5-1(b) 中，逆循环过程沿逆时针方向进行，外界对系统作功。在一次逆循环中，设系统从低温热源吸收的热量为 Q_2，向高温热源放出的热量为 Q_1，其差值 $A = Q_1 - Q_2$ 等于外界对系统所作的功。则制冷系数定义为

$$\varepsilon_1 = \frac{Q_2}{A} = \frac{Q_2}{Q_1 - Q_2} \tag{5-2}$$

制冷系数表示制冷机功效的物理量，ε_1 越大，这说明从低温热源吸取相同的热量（即 Q_2 相同）传递到高温热源时所消耗的功就越小，制冷机的功效越高。

逆循环也可以用来供热，该类机器称为热泵。热泵的功效用供热系数 ε_2 来表示，其定义为：

$$\varepsilon_2 = \frac{Q_1}{A} = \frac{Q_1}{Q_1 - Q_2} \tag{5-3}$$

5.1.2　自发过程与非自发过程

将可以无条件进行的过程称为自发过程，将不能无条件进行的过程称为非自发过程。自发过程都是不可逆过程。但必须指出，自发过程的不可逆性并不是说自发过程的逆过程不能进行。自发过程的逆过程是可能实现的，但必须有另外的补偿过程同时进行。例如，要使热量由低温物体传向高温物体，可以通过制冷机消耗一定的机械能来实现，这一消耗机械能的过程就是补偿过程。所消耗的机械能转变为热能，这是一个自发过程。又如，热能转变为机械能也是一个非自发过程，但可通过热机来实现，热机使一部分热量转变为功，另一部分热量从热源流向冷源，后者是自发过程，它使前者得到了补偿。由此可知，非自发过程进行的必要条件是要有一个自发过程进行补偿。

5.1.3　热力学第二定律的表述

针对各种具体过程，热力学第二定律可有不同的表述形式。由于各种表述方式所阐明的是同一个客观规律，所以它们是彼此等效的。这里只介绍两种经典说法。

（1）克劳修斯表述　不可能把热量从低温物体传向高温物体而不引起其他变化。

这种说法指出了传热过程的方向性，是从热量传递过程来表述热力学第二定律的。它说明，热量从低温物体传至高温物体是一个非自发过程，要使之实现，必须花费一定的代价，即需要通过制冷剂或热泵装置消耗功量进行补偿来实现。

（2）开尔文-普朗克表述　不可能制造只从一个热源取得热量使之完全变为机械功而不引起其他变化的循环发动机。这种说法也可以简化为"第二类永动机是不能制成的"。

这种说法是从热功转换过程来表述热力学第二定律的。它说明，从热源取得的热量不能全部变成机械能，因为这是非自发过程。但若伴随以自发过程作为补偿，那么热能变成机械能的过程就能实现。

上述两种说法是根据不同类型的过程所做出的特殊表述，热力学第二定律还有很多不同的说法，通过论证，可以证明其实质都是一致的。

5.2　卡诺循环和卡诺定理

热力学第二定律指出，工质从热源中吸取的热量，不能完全转变为机械能，必须有一部分排放到冷源中去，因此，循环的热效率总是小于1。那么，在给定冷、热源温度的条件下，热效率可能达到的最高极限是多少呢？卡诺循环解决了这一问题。

5.2.1　卡诺循环

卡诺循环是一个理想的热力循环，它由两个可逆的定温过程和两个可逆的绝热过程组成。将卡诺循环表示在 p-v 图（a）和 T-s 图（b）上，如图5-2所示。工质先经过等温过程 a-b，在热源温度 T_1 下膨胀，从热源吸取热量 q_1；又经过绝热过程 b-c，工质继续膨胀，温度降低；再经过等温过程 c-d，工质在冷源温度 T_2 下被压缩，向冷源放出热量 q_2；最后经过绝热过程 d-a，工质继续被压缩，温度升高，回到初态，完成循环。

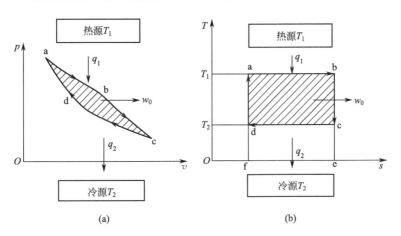

图 5-2　卡诺循环示意图

从 T-s 图上，工质从热源吸取的热量 q_1 为面积 abefa，即

$$q_1 = T_1(s_b - s_a)$$

工质向冷源放出的热量 q_2 为面积 dcefd，即

$$q_2 = T_2(s_c - s_d)$$

则卡诺循环热效率为：

$$\eta_{t,c} = 1 - \frac{q_2}{q_1} = 1 - \frac{T_2(s_c - s_d)}{T_1(s_b - s_a)}$$

由于过程 b-c、d-a 为绝热（定熵）过程，故 $s_b - s_a = s_c - s_d$，

则
$$\eta_{t,c}=1-\frac{T_2}{T_1}\qquad\qquad(5\text{-}4)$$

由上式可得到下列结论：

① 卡诺循环热效率仅取决于热源温度 T_1 和冷源温度 T_2，而与工质的性质无关，且随热源温度 T_1 的提高或冷源温度 T_2 的降低而增大；

② 卡诺循环热效率永远小于 1。这是因为 $T_1=\infty$ 或 $T_2=0$ 是不可能达到的；

③ 当 $T_1=T_2$ 时，卡诺循环热效率为零，即只有单一热源存在时，不可能将热能转变为机械能。

5.2.2　逆卡诺循环

逆向进行的卡诺循环称为逆卡诺循环。将其表示在 $p\text{-}v$ 图(a) 和 $T\text{-}s$ 图(b) 上，如图 5-3 所示。

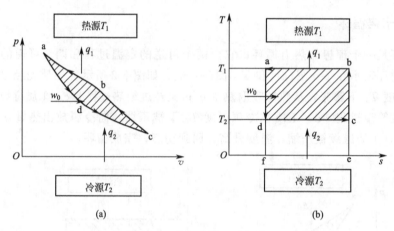

图 5-3　逆卡诺循环示意图

工质先经过等温过程 d-c，在冷源温度 T_2 下膨胀，从冷源吸收热量 q_2；又经过绝热过程 c-b，工质被压缩，温度升高；再经过等温过程 b-a，工质在热源温度 T_1 下继续被压缩，向热源放出热量 q_1；最后经过绝热过程 a-d，工质膨胀，温度降低，回到初态，完成循环。在 $T\text{-}s$ 图上，工质从冷源吸取的热量 q_2 为面积 dcefd，即

$$q_2=T_2(s_c-s_d)$$

工质向热源放出的热量 q_1 为面积 abefa，故

$$q_1=T_1(s_b-s_a)$$

则逆卡诺循环的制冷系数为：

$$\varepsilon_{1,c}=\frac{q_2}{q_1-q_2}=\frac{T_2(s_c-s_d)}{T_1(s_b-s_a)-T_2(s_c-s_d)}$$

逆卡诺循环的制热系数为：

$$\varepsilon_{2,c}=\frac{q_1}{q_1-q_2}=\frac{T_1(s_b-s_a)}{T_1(s_b-s_a)-T_2(s_c-s_d)}$$

由于过程 a-d、c-b 为等熵过程，故 $s_b-s_a=s_c-s_d$

则
$$\varepsilon_{1,c}=\frac{T_2}{T_1-T_2}\qquad\qquad(5\text{-}5)$$

$$\varepsilon_{2,c} = \frac{T_1}{T_1 - T_2} \tag{5-6}$$

由式(5-4) 和式(5-5) 可得到下列结论：

① 逆卡诺循环的制冷系数和制热系数只取决于热源温度 T_1 和冷源温度 T_2，且随热源温度 T_1 的降低和冷源温度 T_2 的提高而增大；

② 逆卡诺循环的制热系数总是大于1，而其制冷系数可以大于1、等于1或小于1。在一般情况下，由于 $T_2 > (T_1 - T_2)$，所以制冷系数也是大于1的。

5.2.3　卡诺定理

卡诺定理可表述为：

① 在同温热源和同温冷源之间工作的一切热机，可逆热机的热效率最高。

② 在同温热源和同温冷源之间工作的一切可逆热机，不论采用什么工质，其热效率均相等。

卡诺循环与卡诺定理在热力学的研究中具有重要的理论和实际意义。它们解决了热机热效率的极限值问题，并从理论上指出了提高热效率的途径。虽然卡诺循环实际上无法实现，但它给实际热机的循环提供了改进方向和比较标准。

【例5-1】　利用以逆卡诺循环工作的热泵为一住宅的采暖设备。已知室外环境温度为 $-10℃$，为使住宅内保持 $20℃$，每小时需供给 $10^5\,kJ$ 的热量。试求：（1）该热泵每小时从室外吸取的热量；（2）热泵所需功率；（3）若直接用电炉取暖，电炉的功率应为多少？

解　（1）该热泵的制热系数为：

$$\varepsilon_{2,c} = \frac{T_1}{T_1 - T_2} = \frac{273 + 20}{(273 + 20) - (273 - 10)} = 9.77$$

又由于

$$\varepsilon_{2,c} = \frac{Q_1}{Q_1 - Q_2}$$

故从室外吸取的热量为：

$$Q_2 = Q_1 - \frac{Q_1}{\varepsilon_{2,c}} = 10^5 - \frac{10^5}{9.77} = 89765 \ (kJ/h)$$

（2）热泵所需功率为：

$$P = Q_1 - Q_2 = 10^5 - 89765 = 10235 kJ/h = 2.84 \ (kW)$$

（3）电路采暖所需功率为：

$$P_1 = Q_1 = 10^5\,kJ/h = 27.78 \ (kW)$$

5.3　熵

5.3.1　熵的导出

对于卡诺循环

$$\eta_{t,c} = 1 - \frac{q_2}{q_1} = 1 - \frac{T_2}{T_1}$$

故

$$\frac{q_2}{q_1}=\frac{T_2}{T_1}$$

或

$$\frac{q_2}{T_2}=\frac{q_1}{T_1}$$

即

$$\frac{q_1}{T_1}-\frac{q_2}{T_2}=0$$

式中，吸热量 q_1 及放热量 q_2 均取绝对值。若取代数值，则

$$\frac{q_1}{T_1}+\frac{q_2}{T_2}=0$$

即

$$\sum\frac{q}{T}=0$$

上式表明，在卡诺循环中，以传热量除以传热时的热力学温度所得的商的代数和等于零。

不难证明，上述结论也适用于任意的可逆循环。图 5-4 所示为一任意的可逆循环

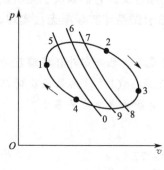

图 5-4　可逆循环

12341。现用一系列无限接近的可逆绝热过程线去分割该循环，如 5-0、6-9、7-8 等。可逆循环 12341 被分成无限多个微小循环，如 56905、67896 等。这些微小循环都是由两个可逆绝热过程及两个微小的传热过程组成。由于可逆绝热过程线无限接近，所以微小的传热过程可看作是微小的定温过程。这样，这些微小循环均可看作是微小卡诺循环。

对于每一微小卡诺循环：

$$\frac{\delta q_1}{T_1}+\frac{\delta q_2}{T_2}=0$$

对于全部微小卡诺循环：

$$\int_{123}\frac{\delta q_1}{T_1}+\int_{341}\frac{\delta q_2}{T_2}=0$$

或

$$\oint\frac{\delta q}{T}=0 \tag{5-7}$$

上式表明，对于任意的可逆循环，以无限小传热量除以传热时的热力学温度所得商的代数和等于零。

根据状态参数的特征可知，式(5-7) 中的 $\frac{\delta q}{T}$ 是一个状态参数的全微分，令该状态参数为熵，用符号 s 表示，即

$$ds=\frac{\delta q}{T} \tag{5-8}$$

式(5-8) 是从任意的可逆循环推导出来的，因此，仅适用于可逆过程。该式也是熵的定义式，它是以微分形式给出来的。

对于有限可逆过程 1-2：

$$\Delta s=s_2-s_1=\int_1^2\frac{\delta q}{T}$$

由上式可知，熵的变化只取决于初、终状态，而与所经历的过程无关。

熵是热力学中常见且极为有用的一个状态参数。它与内能、焓等状态参数一样，具有质量可加性，即 $S=ms$。在热工计算中，只需求两个状态之间熵的变化。因此，熵的真实值在实际问题中无关紧要，可任意规定某一基准的熵为零。

5.3.2 熵增加原理

对于孤立系统或绝热系统，$dQ=0$，所以有 $ds \geqslant 0$。

上式表明：对于孤立系统或绝热系统所发生的过程，系统的熵永不减少。这个结论称为熵增加原理。这也是热力学第二定律的另一种表述。

-------- 思考题及习题 --------

5-1 下列有关热力学第二定律的说法能否成立？

(1) 功量可以转换热量，但热量不能转换功量。

(2) 自发过程是不可逆的，但非自发过程是可逆的。

(3) 从任何具有一定温度的热源取热，都能进行热变功的循环。

5-2 循环的热效率越高，则循环净功越多；反过来，循环的净功越多，则循环的热效率也越高。这种说法对吗？为什么？

5-3 任何热力循环的热效率均可用公式 $\eta = 1 - \dfrac{q_2}{q_1} = 1 - \dfrac{T_2}{T_1}$ 来表达。这种说法对吗？为什么？

5-4 某热机从热源 $T_1 = 2000K$ 得到热量 Q_1，并将热量 Q_2 排向冷源 $T_2 = 300K$。在下列条件下确定该热机是可逆、不可逆或无法实现？

(1) $Q_1 = 1000kJ$，$W_0 = 900kJ$；

(2) $Q_1 = 2000kJ$，$Q_2 = 300kJ$；

(3) $Q_2 = 500kJ$，$W_0 = 1500kJ$。

5-5 闭口系统从热源吸热 1000kJ，熵增加了 4kJ/K，若系统吸热时温度为 300K。问该吸热过程是可逆、不可逆还是无法实现？

5-6 卡诺循环工作于 600℃ 及 40℃ 两个热源之间。设卡诺循环每秒钟从高温热源吸热 100kJ。求：(1) 卡诺循环的热效率；(2) 卡诺循环产生的功率；(3) 每秒钟排向冷源的热量。

5-7 一循环发动机工作于温度为 $T_1 = 1000K$ 的热源及 $T_2 = 400K$ 的冷源之间。若从热源吸热 1000kJ 而对外作功 700kJ。问该循环发动机能否实现？

第3单元

传热学基本理论

第6章 导热

从本章开始将讨论三种热量传递方式的基本规律。导热是在温度差作用下依靠物质微粒（分子、原子和自由电子等）的运动进行的能量传递，因此导热与物体内的温度场密切相关。

在这一章中针对热传导系统利用能量守恒定律和傅里叶定律建立起相应的导热微分方程，然后以简单的导热问题为例确立其微分方程和初、边值条件，从而分析求解其温度分布和热流量，以达到掌握分析简单传热问题的方法。

6.1 导热基本定律

6.1.1 温度场

温度场是指某一瞬间，空间（或物体内）所有各点温度分布的总称。求解导热问题的关键之一是得到所讨论对象的温度场，由温度场进而可以得到某一点的温度梯度和导热量。

温度场是个数量场，可以用一个数量函数来表示。一般来说，温度场是空间坐标和时间的函数，在直角坐标系中，温度场可表示为：

$$t = f(x, y, z, \tau)$$

依照温度分布是否随时间而变，可将温度场分为稳态温度场和非稳态温度场。稳态温度场指稳态情况下的温度场，这时物体中各点温度不随时间改变，温度分布只与空间坐标有关：

$$t = f(x, y, z)$$

稳态温度场中的导热称为稳态导热，其温度场不随时间而变化，即 $\frac{\partial t}{\partial \tau} = 0$。非稳态温度场是指变动工作条件下的温度场，这时物体中各点温度分布随时间改变。非稳态温度场中的导热称为非稳态导热，其温度对时间的偏导数不为零。显然，非稳态导热的计算比稳态导热的计算更加复杂。

依照温度在空间三个坐标方向的变化情况，又可将温度场分为一维温度场、二维温度场和三维温度场。

同一瞬间温度场中温度相同的点连成的线或面称为等温线或等温面。在三维情况下可以画出物体中的等温面，而等温面上的任何一条线都是等温线。在二维情况下等温面则变为等温曲线。

选择一系列不同且特定的温度值，就可以得到一系列不同的等温线或等温面，它们可以用来表示物体的温度场图（图 6-1）。

6.1.2　温度梯度

自等温面的某点出发，沿不同路径达另一等温面时，发现单位距离的温度变化 $\Delta t/\Delta s$ 不同，如图 6-2 所示。自等温面上某点到另一等温面，以该点法线方向的距离最短，故沿等温面法线方向的温度变化率最大。以该点法线方向为方向，数值也正好等于这个最大温度变化率的向量称为温度梯度，用 $\mathrm{grad}t$ 表示：

$$\mathrm{grad}t = \vec{n} \lim_{\Delta n \to 0} \frac{\Delta t}{\Delta n} = \vec{n} \frac{\partial t}{\partial n} \tag{6-1}$$

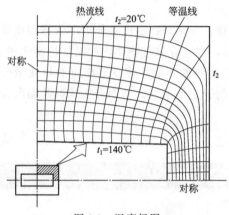

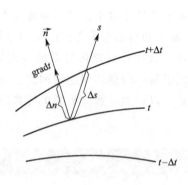

图 6-1　温度场图　　　　　　　　　　　　　图 6-2　温度梯度

温度梯度是一个向量，它的方向指向温度增加的方向。式中 $\vec{n}$ 为等温面某点处的法线方向的单位向量。$\Delta t/\Delta n$ 为温度沿等温面法线方向的导数，它是一个标量。

温度梯度在直角坐标系中的分量等于其相应的方向导数，即

$$\mathrm{grad}t = \frac{\partial t}{\partial x}\vec{i} + \frac{\partial t}{\partial y}\vec{j} + \frac{\partial t}{\partial z}\vec{k} \tag{6-2}$$

式中　　$\vec{i}$，$\vec{j}$，$\vec{k}$——三个坐标轴方向的单位向量。

6.1.3　热流密度

单位时间单位面积上所传递的热量称为热流通量，或称为热流密度。在不同方向上，热流通量的大小是不同的。等温面上某点，以通过该点最大热流通量的方向为方向，数值上也正好等于该方向热流通量的向量称为热流向量。其他方向的热流通量都是热流向量在该方向的分量。热流向量在直角坐标系中的三个分量可以表示为：

$$\vec{q} = q_x\vec{i} + q_y\vec{j} + q_z\vec{k} \tag{6-3}$$

6.1.4　傅里叶定律

当物体内部存在温度梯度时，能量就会通过热传导从温度高的区域传递到温度低的区域。在传热学中，普遍使用热流量和热流密度这两个概念来定量描述热传递过程。热流密度定义为单位时间通过单位面积的热流量，用 q 来表示，单位为 $\mathrm{W/m^2}$。经验发现，热流密度和垂直传热截面方向的温度变化率成正比。热流密度也是矢量，其方向指向温度降低的方向，因而和温度梯度的方向相反。

傅里叶定律为导热基本定律，是由法国数学物理学家傅里叶于 1822 年提出的。傅里叶在

实验的基础上，对均匀的各向同性的物体中发生的导热现象作了科学的总结，用一个简单的数学式子把物体内温度场某点处温度梯度和热流密度两向量联系起来。傅里叶定律的一般形式为：

$$\vec{q} = -\lambda \mathrm{grad} t = -\lambda \frac{\partial t}{\partial x} \vec{n} \tag{6-4}$$

该式称为导热基本定律，或傅里叶定律的数学表达式，其定律内容的表述为温度场中任一点的导热热流密度向量$\vec{q}$与该点的温度降度成正比，比例常数λ为材料热导率。

傅里叶定律是导热理论的基础，要掌握傅里叶定律的如下几个要点：①该定律的数学表达式，对稳态和非稳态导热同样适用；②导热现象依物体内的温度梯度而存在，若 $\mathrm{grad} t = 0$，则 $q = 0$；③在该定律中的负号绝不能丢掉，因负号是表示热流密度的方向与温度梯度方向相反。若丢掉负号，则热流密度方向与温度梯度方向一致，这就违背了热力学第二定律。

6.1.5 热导率

热导率（即导热系数）是出现在傅里叶定律中的比例常数，它表示物质导热能力的大小，是重要的热物性参数。热导率的定义式为：

$$\lambda = -\frac{q}{\mathrm{grad} t}$$

由此可知，热导率在数值上等于温度梯度的绝对值为 1K/m 时的热流密度值，单位为 W/(m·K)。

从微观角度看，气体、固体和液体的导热在机理上是不同的。按照热力学的观点，温度是物体微观粒子平均动能大小的标志，温度愈高，微观粒子的平均动能愈大。当物体内部或相互接触的物体表面之间存在温差时，高温处的微观粒子就会通过运动（位移、振动）或碰撞将热量传向低温处。例如气体中分子、原子的不规则热运动或碰撞，金属中自由电子的运动，非金属中晶格的振动等。所以，气体导热是分子不规则热运动时相互碰撞的结果。固体导热可分为导电固体和非导电固体两种情况。对导电固体，自由电子在晶格之间像气体分子那样运动而传递能量。对于非导电固体，能量的传递依赖于晶格结构的振动，即原子、分子在平衡位置附近的振动。液体的导热机理在定性上类似于气体，但比气体的情况要复杂得多，这时分子的距离更近，分子力场对碰撞引起的能量传递有强烈的影响。也有的观点认为液体导热的机理类似于非导电固体。本书只讨论热量传递的宏观规律，而不讨论导热的微观机理。

热导率是物质的固有特性之一。影响热导率的因素主要有物质的种类，物质所处的温度和压力，与材料的几何形状没有关系。在一般工程应用的压力范围内，也可以认为热导率与压力无关。

一般说来，金属材料的热导率比非金属的热导率要大得多。导电性能好的金属，其导热性能也好，如银是最好的导电体，也是最好的导热体。纯金属的热导率大于其合金的热导率。这主要是由于合金中的杂质（或其他金属）破坏了晶格的结构，并且阻碍自由电子的运动；例如，纯铜在20℃温度下的热导率为 398W/(m·K)，而铜合金-黄铜的热导率只有 109W/(m·K)。对于同一种物质的三态，固态的热导率值最大，气态的热导率值最小，例如同样是在温度为 0℃ 条件下，冰的热导率为 2.22W/(m·K)，水的热导率为 0.551W/(m·K)，而水蒸气的热导率为 0.0183W/(m·K)。所以，气体的热导率一般都很小。热导率最大的气体是氢气，常用来作为冷却介质。

图 6-3 所示是一些物质的热导率随温度的变化情况。大多数材料的热导率对温度的依变

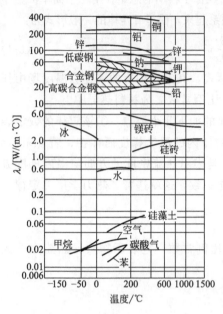

图 6-3   一些物质的热导率
随温度的变化

关系可近似采用线性关系计算：

$$\lambda = \lambda_0 (1 + bt)$$

式中 λ_0——材料在 0℃下的热导率；

　　　　b——由实验确定的温度常数，1/℃，其数值
　　　　　　与物质的种类有关。

若讨论的问题温差不是很大，可取所考虑温度范围内热导率的平均值，并作为常数计算。

热导率小于某一界定值的材料称为保温材料或绝热材料或隔热材料。国家标准 GB 4272—92 中规定，将平均温度不高于 350℃时热导率小于 0.12W/(m·K) 的材料定为保温材料。像膨胀塑料、膨胀珍珠岩、矿渣棉等都是很好的保温材料。常温下空气的热导率为 0.0257W/(m·K)，也是很好的保温材料。保温材料的界定值的大小反映了一个国家保温材料的生产及节能的水平。20 世纪 50 年代我国沿用前苏联标准，界定值为 0.23W/(m·K)；到 20 世纪 80 年代，GB 4272—84《设备及管道保温准则》规定为 0.14W/(m·K)。

6.2   导热微分方程及定解条件

6.2.1   导热微分方程

由前面的分析可知，若知道了温度梯度，就可以由傅里叶定律求出热流密度。故获得温度场是求解导热问题的关键。导热微分方程是用数学方法描述导热温度场的一般性规律的方程，很多问题都可以通过求解微分方程而得到有效的解决。

将热力学基本定律——能量守恒定律和导热基本定律——傅里叶定律应用于微元控制体，可建立导热微分方程。

为了使分析简化，可作下列假设：①所研究的物体是各向同性的连续介质；②物体内部具有内热源，内热源强度（即单位时间、单位体积的生成热）记作 Φ，单位为 W/m³。

参考图 6-4 所示的微元平行六面体，能量守恒可以表示为：

$$\mathrm{d}\Phi_{in} + \mathrm{d}Q = \mathrm{d}\Phi_{out} + \mathrm{d}U \qquad (6\text{-}5)$$

式中 $\mathrm{d}\Phi_{in}$——导入微元体的总热流量；

　　　　$\mathrm{d}Q$——微元体内热源的生成热；

　　　　$\mathrm{d}\Phi_{out}$——导出微元体的总热流量；

　　　　$\mathrm{d}U$——微元体热力学能（即内能）的增量。

导入微元体的热量为：

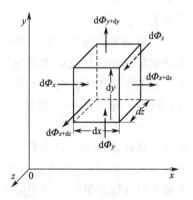

图 6-4   微元平行六面体的导热分析

$$\mathrm{d}\Phi_{\mathrm{in}} = \mathrm{d}Q_x + \mathrm{d}Q_y + \mathrm{d}Q_z \tag{6-6}$$

导出微元体的热量：

$$\mathrm{d}\Phi_{\mathrm{out}} = \mathrm{d}Q_{x+\mathrm{d}x} + \mathrm{d}Q_{y+\mathrm{d}y} + \mathrm{d}Q_{z+\mathrm{d}z} \tag{6-7}$$

由傅里叶定律，导入微元体的热流量可表示为：

$$\mathrm{d}Q_x = -\lambda \frac{\partial t}{\partial x} \mathrm{d}y \mathrm{d}z \tag{6-8a}$$

$$\mathrm{d}Q_y = -\lambda \frac{\partial t}{\partial y} \mathrm{d}x \mathrm{d}z \tag{6-8b}$$

$$\mathrm{d}Q_z = -\lambda \frac{\partial t}{\partial z} \mathrm{d}x \mathrm{d}y \tag{6-8c}$$

在所研究的范围内，热流密度函数 q 是连续的，所以可以展开成泰勒级数的形式，并忽略高价项，则有：

$$\mathrm{d}\Phi_{x+\mathrm{d}x} = q_{x+\mathrm{d}x} \mathrm{d}y \mathrm{d}z + \frac{\partial q}{\partial x} \mathrm{d}x \mathrm{d}y \mathrm{d}z = \mathrm{d}\Phi_x + \frac{\partial}{\partial x} \left(-\lambda \frac{\partial t}{\partial x} \right) \mathrm{d}y \mathrm{d}z \mathrm{d}x$$

这样导出微元体的热流量可表示为：

$$\mathrm{d}\Phi_{x+\mathrm{d}x} = \mathrm{d}\Phi_x + \frac{\partial}{\partial x} \left(-\lambda \frac{\partial t}{\partial x} \right) \mathrm{d}y \mathrm{d}z \mathrm{d}x \tag{6-9a}$$

$$\mathrm{d}\Phi_{y+\mathrm{d}y} = \mathrm{d}\Phi_y + \frac{\partial}{\partial y} \left(-\lambda \frac{\partial t}{\partial y} \right) \mathrm{d}x \mathrm{d}z \mathrm{d}y \tag{6-9b}$$

$$\mathrm{d}\Phi_{z+\mathrm{d}z} = \mathrm{d}\Phi_z + \frac{\partial}{\partial z} \left(-\lambda \frac{\partial t}{\partial z} \right) \mathrm{d}y \mathrm{d}x \mathrm{d}z \tag{6-9c}$$

微元体热力学能的增量可表示为：

$$\mathrm{d}U = \rho C \frac{\partial t}{\partial \tau} \mathrm{d}x \mathrm{d}y \mathrm{d}z \tag{6-10}$$

式中　τ——时间；

ρ，C——微元体的密度和比热容。

微元体内热源的生成热为：

$$\mathrm{d}Q = \Phi \mathrm{d}x \mathrm{d}y \mathrm{d}z \tag{6-11}$$

将以上各式代入式(6-9)可得能量平衡为：

$$\rho C \frac{\partial t}{\partial \tau} = \frac{\partial}{\partial x} \left(\lambda \frac{\partial t}{\partial x} \right) + \frac{\partial}{\partial y} \left(\lambda \frac{\partial t}{\partial y} \right) + \frac{\partial}{\partial z} \left(\lambda \frac{\partial t}{\partial z} \right) + \Phi \tag{6-12}$$

这是导热微分方程的一般形式。等号左边是单位时间内微元体热力学能的增量，通常称为非稳态项；右边的前三项是扩散项，是由导热引起，最后一项是源项。在下列情况下导热微分方程可以得到简化。

① 热导率为常数，这时式(6-12)为：

$$\frac{\partial t}{\partial \tau} = a \left(\frac{\partial^2 t}{\partial x^2} + \frac{\partial^2 t}{\partial y^2} + \frac{\partial^2 t}{\partial z^2} \right) + \frac{\Phi}{\rho C} \tag{6-13}$$

式中　a——热扩散率，又叫导温系数，$a = \frac{\lambda}{\rho C}$。

从热扩散率 a 的定义可知，较大的 a 值可由较大的 λ 值或较小的 ρC 值得到。λ 越大，单位温度梯度导入的热量就越多。而 ρC 是单位体积的物体升高 1℃ 所需的热量。若 ρC 的值越小，意味着温度升高 1℃ 所需的热量越小，可以剩下更多的热量向内部传递。由此可知，a 越大，温度变化传播越迅速。

② 无内热源，热导率为常数，这时式(6-12)为：

$$\frac{\partial t}{\partial \tau} = a\left(\frac{\partial^2 t}{\partial x^2} + \frac{\partial^2 t}{\partial y^2} + \frac{\partial^2 t}{\partial z^2}\right) \tag{6-14}$$

这是常物性、无内热源的三维非稳态导热微分方程。

③ 常物性、稳态，式(6-12)变为：

$$a\left(\frac{\partial^2 t}{\partial x^2} + \frac{\partial^2 t}{\partial y^2} + \frac{\partial^2 t}{\partial z^2}\right) + \frac{\Phi}{\rho C} = 0 \tag{6-15}$$

在数学上，式(6-15)称为泊桑（Poisson）方程。这是常物性、稳态且有内热源的三维导热微分方程。

④ 常物性、稳态、无内热源，式(6-12)变为：

$$\frac{\partial^2 t}{\partial x^2} + \frac{\partial^2 t}{\partial y^2} + \frac{\partial^2 t}{\partial z^2} = 0 \tag{6-16}$$

上式又叫拉普拉斯（Laplace）方程。

⑤ 圆柱坐标系和球坐标系　当所研究的对象是圆柱状（圆柱、圆筒壁等）物体时，采用圆柱坐标系 (r,φ,z) 比较方便，如图 6-5 所示。采用和直角坐标系相同的方法，分析圆柱坐标系中微元体在导热过程中的热平衡，可推导出圆柱坐标系中的导热微分方程，结果如下：

$$\rho C \frac{\partial t}{\partial \tau} = \frac{1}{r}\frac{\partial}{\partial r}\left(\lambda r \frac{\partial t}{\partial r}\right) + \frac{1}{r^2}\frac{\partial}{\partial \varphi}\left(\lambda r \frac{\partial t}{\partial \varphi}\right) + \frac{\partial}{\partial z}\left(\lambda r \frac{\partial t}{\partial z}\right) + \Phi \tag{6-17}$$

当 λ 为常数时，上式可简化为：

$$\frac{\partial t}{\partial \tau} = \frac{\partial^2 t}{\partial r^2} + \frac{1}{r}\frac{\partial t}{\partial r} + \frac{1}{r^2}\frac{\partial^2 t}{\partial \varphi^2} + \frac{\partial^2 t}{\partial z^2} + \frac{\Phi}{\rho C} \tag{6-18}$$

当所研究的对象是球状物体时，采用图 6-6 所示的球坐标系 (r,θ,ϕ) 比较方便，球坐标系中的导热微分方程如下。

当 λ 为常数时，上式可简化为：

$$\frac{1}{a}\frac{\partial t}{\partial \tau} = \frac{1}{r}\frac{\partial^2 (rt)}{\partial r^2} + \frac{1}{r^2 \sin\theta}\frac{\partial}{\partial \theta}\left(\sin\theta \frac{\partial t}{\partial \theta}\right) + \frac{1}{r^2 \sin^2\theta}\frac{\partial^2 t}{\partial \phi^2} + \frac{\Phi}{\lambda} \tag{6-19}$$

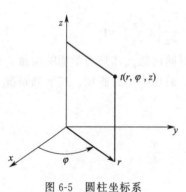

图 6-5　圆柱坐标系

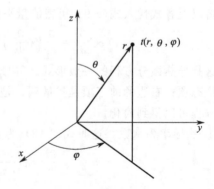

图 6-6　球坐标系

6.2.2　定解条件

上面导出的导热微分方程是描述物体的温度随空间坐标及时间变化的一般性关系式，它是在一定的假设条件下根据微元体在导热过程中的能量守恒和傅里叶定律建立起来的，在推导过程中没有涉及导热过程的具体特点，所以它适用于无穷多个的导热过程，有无穷多个解。

要完整地描写某个具体的导热过程，除了导热微分方程之外，还必须说明导热过程的具体特点，即给出导热微分方程的单值性条件或定解条件，使导热微分方程具有唯一解。如必须给出所讨论对象的几何形状和尺寸，物性参数等条件。更重要的是，定解条件必须给出时间条件和边界条件。导热微分方程与定解条件一起构成了具体导热过程的数学描述。

时间条件用来说明导热过程进行的时间上的特点，例如是稳态导热还是非稳态导热。对于非稳态导热过程，必须给出过程开始时物体内部的温度分布规律，称为非稳态导热过程的初始条件，一般形式

$$t|_{\tau=0}=f(x,y,z)$$

如果过程开始时物体内部的温度分布均匀，则初始条件简化为：

$$t|_{\tau=0}=t_0=\text{const}$$

边界条件用来说明导热物体边界上的热状态以及与周围环境之间的相互作用，例如，边界上的温度、热流密度分布以及物体通过边界与周围环境之间的热量传递情况等。边界条件可分为下面三类。

① 第一类边界条件　给出物体边界上的温度分布及其随时间的变化规律，一般形式为：

$$t_{\text{w}}=f(x,y,z,\tau)$$

如果在整个导热过程中物体边界上的温度为定值，则上式简化为

$$t_{\text{w}}=\text{const}$$

② 第二类边界条件　第二类边界条件给出物体边界上的热流密度分布及其随时间的变化规律，一般形式为：

$$q_{\text{w}}=f(x,y,z,\tau)$$

由傅里叶定律上式可变为：

$$-\lambda\left(\frac{\partial t}{\partial n}\right)_{\text{w}}=f(x,y,z,\tau) \tag{6-20}$$

所以第二类边界条件给出了边界面法线方向的温度变化率，但边界温度 t_{w} 未知。若物体边界处表面绝热，则成为特殊的第二类边界条件：

$$q_{\text{w}}=0$$

③ 第三类边界条件　给出了边界上物体表面与周围流体间的表面传热系数 h 及流体的温度 t_{f}。根据边界面的热平衡，由物体内部导向边界面的热流密度应该等于从边界面传给周围流体的热流密度，于是由傅里叶定律和牛顿冷却公式可得第三类边界条件的一般形式为：

$$-\lambda\left(\frac{\partial t}{\partial n}\right)_{\text{w}}=h(t_{\text{w}}-t_{\text{f}}) \tag{6-21}$$

该式建立了物体内部温度在边界处的变化率与边界处表面对流传热之间的关系，所以第三类边界条件也称为对流边界条件。

从第三类边界条件表达式可以看出，在一定的情况下，第三类边界条件将转化为第一类边界条件或第二类边界条件：当 h 非常大时，边界温度近似等于已知的流体温度，$t_{\text{w}}\approx t_{\text{f}}$，这时第三类边界条件转化为第一类边界条件；当 h 非常小时，$h\approx0$，$q_{\text{w}}=0$，这相当于第二类边界条件。

综上所述，对一个具体导热过程完整的数学描述，应该包括导热微分方程和定解条件两

个方面。在建立数学模型的过程中，应该根据导热过程的特点，进行合理的简化，力求能够比较真实地描述所研究的导热问题。对数学模型进行求解，就可以得到物体的温度场，进而根据傅里叶定律就可以确定相应的热流分布。

【例 6-1】　有一无限大平板，其厚度为 δ，热导率为 λ（常数），平板内无内热源。在平板 $x=0$ 的一侧是绝热的，在 $x=\delta$ 的一侧与温度为 t_f 的流体直接接触进行对流换热，对流换热系数 α 是已知的。试写出这一稳态导热过程的完整的数学描写。

解　表达无内热源的无限大平板的稳态导热微分方程：

$$\frac{\partial^2 t}{\partial x^2}=0$$

对于稳态导热问题没有初始条件，边界条件在 $x=0$ 的一侧，给定的是第二类边界条件，可写成：

$$\frac{\mathrm{d}t}{\mathrm{d}x}\Big|_{x=0}=0$$

在 $x=\delta$ 的一侧，给定的是第三类边界条件，可写成：

$$-\lambda\frac{\mathrm{d}t}{\mathrm{d}x}\Big|_{x=\delta}=\alpha(t|_{x=\delta}-t_f)$$

6.3　一维稳态导热

6.3.1　通过平壁的导热

现在讨论第一类边界条件下通过大平壁的导热问题。当平壁的边长比厚度大很多时，平壁的导热可以近似地作为一维稳态导热处理。已知平壁的壁厚为 δ，平壁的两个表面温度分别维持均匀而恒定的温度 t_1 和 t_2，无内热源，见图 6-7。来求解平壁的温度分布和通过平壁的热流密度。假设热导率 λ 为常数，则问题的数学描述为：

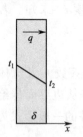

图 6-7　平壁导热分析

微分方程　　　　　　　$$\frac{\mathrm{d}^2 t}{\mathrm{d}x^2}=0$$

边界条件　　　　$x=0,\ t=t_1;\ x=\delta,\ t=t_2$

对微分方程积分两次可得：

$$\frac{\mathrm{d}t}{\mathrm{d}x}=c_1,\ t=c_1 x+c_2$$

由边界条件可得：

$$c_1=\frac{t_2-t_1}{\delta},\ c_2=t_1$$

这样平壁的温度分布为：

$$t=\frac{t_2-t_1}{\delta}x+t_1$$

由此可知，平壁中的温度分布是线性的，温度梯度为常数，表明热流密度不随 x 变化。由傅里叶定律：

$$q=-\lambda\frac{\mathrm{d}t}{\mathrm{d}x}$$

可以很容易由温度分布求得通过平壁的热流密度：

$$q = \lambda \frac{t_1 - t_2}{\delta} \tag{6-22}$$

或

$$q = \frac{\lambda}{\delta} \Delta t \tag{6-23}$$

设垂直于热流方向上平壁的截面积为 A，则通过平壁的总热流量为：

$$\Phi = \frac{\lambda A}{\delta} \Delta t \tag{6-24}$$

若由上式得到的热流密度为正值，则表明热流密度指向 x 方向。式中 q，λ，δ，$\Delta t = t_1 - t_2$ 只要任意知道三个就可以求出第四个。由此可设计稳态法测量热导率的实验。在稳态情况下采用平壁法测量热导率时，对于已知截面积 A 和厚度 δ 的平壁，需要使平壁两侧维持一恒定温差，测量这一温差 Δt 和通过平壁的热流量 Φ，由式（6-24）可得出材料的热导率为：

$$\lambda = \frac{\Phi \delta}{A \Delta t} \tag{6-25}$$

式（6-24）可以写成热阻的形式：

$$\Phi = \frac{\Delta t}{R}$$

式中 R 是导热热阻：

$$R = \frac{\delta}{\lambda A}$$

对单位面积的面积热阻为：

$$R = \frac{\delta}{\lambda}$$

在日常生活与工程上，经常遇到由几层不同材料组成的多层平壁，例如，房屋的墙壁，一般由白灰内层、水泥沙浆层和红砖（或青砖）主体层构成，高级的楼房还有一层水泥沙砾或瓷砖修饰层；再如锅炉的炉墙，一般由耐火砖砌成的内层、用于隔热的夹气层或保温层以及普通砖砌的外墙构成，大型锅炉还外包一层钢板。当这种多层平壁的表面温度均匀不变时，其导热也是一维稳态导热。有了热阻概念，就可以很方便地计算多层平壁的导热，每一层可当作一个热阻，若忽略接触热阻，则导热的总热阻由各个热阻串联而成。

参看图 6-8，由三层不同材料组成的复合平壁，各层的厚度分别为 δ_1、δ_2 和 δ_3，热导率分别为 λ_1、λ_2 和 λ_3；若复合平壁两侧维持恒定的温度 t_1 和 t_4，通过各层的热流密度均为 q，则每层的面积热阻为：

$$R_1 = \frac{\delta_1}{\lambda_1} = \frac{t_1 - t_2}{q}$$

$$R_2 = \frac{\delta_2}{\lambda_2} = \frac{t_2 - t_3}{q}$$

$$R_3 = \frac{\delta_3}{\lambda_3} = \frac{t_3 - t_4}{q}$$

总热阻　　$$R = R_1 + R_2 + R_3 = \frac{\delta_1}{\lambda_1} + \frac{\delta_2}{\lambda_2} + \frac{\delta_3}{\lambda_3}$$

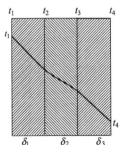

图 6-8　多层平壁导热

热流密度

$$q = \frac{\Delta t}{R} = \frac{t_1 - t_4}{\frac{\delta_1}{\lambda_1} + \frac{\delta_2}{\lambda_2} + \frac{\delta_3}{\lambda_3}} \qquad (6\text{-}26)$$

对于 n 层平壁：

$$q = \frac{t_1 - t_{n+1}}{\sum\limits_{i=1}^{i=n} \frac{\delta_i}{\lambda_i}} \qquad (6\text{-}27)$$

若知道了热流密度，各层界面上的未知温度可由式(6-27)依次求出。如第一层界面 2 的温度为：

$$t_2 = t_1 - q \frac{\delta_1}{\lambda_1}$$

【例6-2】　一双层玻璃窗，高 2m，宽 1m，玻璃厚 3mm，玻璃的热导率为 $\lambda = 0.5\mathrm{W}/(\mathrm{m} \cdot \mathrm{K})$，双层玻璃间的空气夹层厚度为 5mm，夹层中的空气完全静止，空气的热导率为 $\lambda = 0.025\mathrm{W}/(\mathrm{m} \cdot \mathrm{K})$。如果测得冬季室内外玻璃表面温度分别为 15℃ 和 5℃，试求玻璃窗的散热损失，并比较玻璃与空气夹层的导热热阻。

解　这是一个三层平壁的稳态导热问题。根据式(6-26)散热损失为：

$$\begin{aligned}
\varPhi &= \frac{t_{w1} - t_{w4}}{\frac{\delta_1}{A\lambda_1} + \frac{\delta_2}{A\lambda_2} + \frac{\delta_3}{A\lambda_3}} \\
&= \frac{15 - 5}{\frac{0.003}{2 \times 0.5} + \frac{0.005}{2 \times 0.025} + \frac{0.003}{2 \times 0.5}} = 94.3 \ (\mathrm{W})
\end{aligned}$$

可见，单层玻璃的导热热阻为 0.003K/W，而空气夹层的导热热阻为 0.1K/W，是玻璃的 33.3 倍。如果采用单层玻璃窗，则散热损失为是双层玻璃窗散热损失的 35 倍，可见采用双层玻璃窗可以大大减少散热损失，节约能源。

6.3.2　通过圆筒壁的导热

现在讨论第一类边界条件下通过圆筒壁的导热问题。当圆筒的长度比半径大很多时，圆筒壁的导热也可以近似地作为沿半径方向一维稳态导热处理。参看图 6-9，已知圆筒壁的长度为 l，内外径分别为 r_1 和 r_2，两个壁面温度分别维持均匀而恒定的温度 t_1 和 t_2，无内热源。下面来求解圆筒壁的温度分布和通过圆筒壁的热流密度。采用圆柱坐标系，假设热导率 λ 为常数，由式(6-18)稳态、常物性、无内热源时圆柱坐标系下的导热微分方程为：

$$\frac{\mathrm{d}}{\mathrm{d}r}\left(r \frac{\mathrm{d}t}{\mathrm{d}r} \right) = 0$$

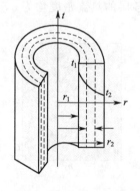

图 6-9　圆筒壁导热分析

边界条件为：

$$r = r_1, \ t = t_2$$
$$r = r_2, \ t = t_2$$

对微分方程积分两次可得：

$$t = c_1 \ln r + c_2$$

代入边界条件后得：

$$c_1 = \frac{t_2 - t_1}{\ln \dfrac{r_2}{r_1}}, \ c_2 = t_1 - \frac{t_2 - t_1}{\ln \dfrac{r_2}{r_1}} \ln r_1$$

故圆筒壁温度分布为：

$$t = t_1 - \frac{t_1 - t_2}{\ln \dfrac{r_2}{r_1}} \ln \frac{r}{r_1}$$

可见圆筒壁的温度分布不是直线，而是对数曲线，斜率为：

$$\frac{\mathrm{d}t}{\mathrm{d}t} = -\frac{t_1 - t_2}{r \ln \dfrac{r_2}{r_1}}$$

由傅里叶定律得到流过圆筒壁的热流密度为：

$$q = \frac{\lambda}{r} \frac{t_1 - t_2}{\ln \dfrac{r_2}{r_1}} \tag{6-28}$$

由于不同半径处圆筒有不同的截面积，从而通过圆筒壁的热流密度在不同半径处也不相同，热流密度 q 与半径 r 成反比。当然，流过整个圆筒壁的总热流量 $\Phi = 2\pi r l q$ 与半径无关：

$$\Phi = \frac{t_1 - t_2}{\dfrac{1}{2\pi\lambda l} \ln \dfrac{r_2}{r_1}} \tag{6-29}$$

对于单位管长的圆筒壁的导热热流密度为：

$$q_l = \frac{t_1 - t_2}{\dfrac{1}{2\pi\lambda} \ln \dfrac{r_2}{r_1}} \tag{6-30}$$

令式中 $R_l = \dfrac{1}{2\pi\lambda l} \ln \dfrac{r_2}{r_1}$（℃/W）为长度为 l 的圆筒壁导热热阻；

$R_{l=1} = \dfrac{1}{2\pi\lambda} \ln \dfrac{r_2}{r_1}$（℃/W）为单位管长的圆筒壁导热热阻。

式中的 r_1、r_2 分别为圆筒壁的内径和外径，其比值 $r_1/r_2 \leqslant 2$ 时，可认为该圆筒壁为薄形的，称为薄圆筒。圆筒的曲率对导热热阻的影响可以忽略，可视圆筒壁为平壁。导热热阻为：

$$R_f = \frac{\delta}{\lambda F_m}$$

式中　$\delta = r_1 - r_2$——圆筒壁的厚度；

　　　$F_m = \pi d_m l$——圆筒壁平均导热面积；

　　　$d_m = r_1 + r_2$——圆筒壁的平均直径。

利用圆筒壁简化热阻，计算圆筒壁导热热流量为：

$$Q = \frac{t_{w1} - t_{w2}}{\dfrac{\delta}{\lambda \pi d_m l}} \tag{6-31}$$

通过多层圆筒壁的导热，应用热阻串联时求总热阻的方法，可直接写出：

$$Q = \frac{(t_1 - t_{n+1})}{\displaystyle\sum_{i=1}^{n} \frac{1}{2\pi l \lambda_i} \ln \frac{r_{i+1}}{r_i}} \tag{6-32}$$

或　　　　　$$q_l = \frac{2\pi(t_1 - t_{n+1})}{\displaystyle\sum_{i=1}^{n} \frac{1}{\lambda_i} \ln \frac{r_{i+1}}{r_i}} \tag{6-33}$$

详细过程可自行推导。

【例 6-3】   热电厂中有一直径为 0.2m 的过热蒸汽管道，钢管壁厚为 8mm，钢材的热导率为 $\lambda_1=45W/(m\cdot K)$，管外包有厚度为 $\delta=0.12m$ 的保温层，保温材料的热导率为 $\lambda_2=0.1W/(m\cdot K)$，管内壁面温度为 $t_{w1}=300℃$，保温层外壁面温度为 $t_{w3}=50℃$。试求单位管长的散热损失。

解   这是一个通过两层圆筒壁的稳态导热问题。根据式(6-30)

$$q_l=\frac{t_{w1}-t_{w3}}{\frac{1}{2\pi\lambda_1}\ln\frac{d_2}{d_1}+\frac{1}{2\pi\lambda_2}\ln\frac{d_3}{d_2}}=\frac{300-50}{\frac{1}{2\pi\times45}\times\ln\frac{0.2+2\times0.008}{0.2}+\frac{1}{2\pi\times0.1}\times\ln\frac{0.216+2\times0.12}{0.216}}$$

$$=210.3\ (W/m)$$

从以上计算过程可以看出，钢管壁的导热热阻与保温层的导热热阻相比非常小，可以忽略。

------------------------   **思考题及习题**   ------------------------

6-1   写出傅里叶导热定律表达式的一般形式，说明其适用条件及式中各符号的物理意义。

6-2   为什么导电性能好的金属导热性能也好？

6-3   两根不同直径的蒸汽管道，外表面均敷设厚度相同、材料相同的绝热层。若两管子表面和绝热层外表面的温度相同，试问两管每米管长的热损失是否相同？

6-4   若平壁和圆管壁的材料相同，厚度相同，温度条件也相同，且平壁的表面积等于圆管的内表面积，试问哪种情况导热量大？

6-5   一平面墙厚度为 20mm，热导率为 1.3W/(m·K)，两侧面的温度分别为 1300℃和 30℃。为了使墙的散热不超过 1830W/m²，计划给墙加一保温层，所使用材料的热导率为 0.11W/(m·K)，求保温层的厚度。

6-6   厚度为 50mm 的铜板，一个侧面温度为 260℃，另一侧覆盖一层 25mm 厚的纤维玻璃，热导率为 0.05W/(m·K)，纤维玻璃的外侧维持 38℃ 的温度。若流过复合层的热流量为 44kW，求铜板的截面积。

6-7   一复合壁面由 20mm 厚的铜，30mm 厚石棉 [热导率为 0.166W/(m·K)] 和 60mm 厚的纤维玻璃 [热导率为 0.05W/(m·K)] 组，若复合材料两侧的总温差为 500℃，求流过它的热流密度。

6-8   厚度为 4.0mm，热导率为 16W/(m·K) 的不锈钢板，两侧面覆盖有相同的保温层，保温层两外侧分别和冷热流体进行对流换热。若冷热流体的温差为 60℃，系统的总热阻为 0.008m²·K/W，求不锈钢两侧的温差。

6-9   一蒸汽管道，内径为 50mm，厚度为 5.0mm，热导率为 32W/(m·K)，已知管道的内外壁温度分别为 64℃ 和 42℃，求单位管长的散热损失。

6-10   一内径为 80mm，厚度为 5.5mm，热导率为 45W/(m·K) 的蒸汽管道，内壁温度为 250℃，外壁覆盖有两层保温层，内保温层厚 45mm，热导率为 0.25W/(m·K)，外保温层厚 20mm，热导率为 0.12W/(m·K)。若最外侧的壁面温度为 30℃，求单位管长的散热损失。

6-11 一直径为 30mm、壁温为 100℃ 的管子向温度为 20℃ 的环境散热，热损失率为 100W/m。为把热损失减小到 50W/m，有两种材料可以同时被利用。材料 A 的热导率为 0.5W/(m·K)，可利用度为 3.14×10^{-3} m^3/m；材料 B 的热导率为 0.1W/(m·K)，可利用度为 4.0×10^{-3} m^3/m。试分析如何敷设这两种材料才能达到上述要求。假设敷设这两种材料后，外表面与环境间的表面传热系数与原来一样。

第 7 章 对流换热

对流换热是发生在流体和与之接触的固体壁面之间的热量传递过程，是属于发生在流体中的热量传递过程，有着广泛的工程应用领域。由于在这一过程中流体的运动，热量将主要以热传导和热对流的方式进行。本章简述对流换热过程的基本原理，介绍确定表面传热系数 α 的方法。

7.1 对流换热概述

7.1.1 对流换热过程

对流换热发生在流体和固体壁面之间，是宏观的热对流与微观的热传导的综合传热过程。由于涉及流体的运动使热量的传递过程变得较为复杂，分析处理较为困难。因此，在对流换热过程的研究和应用上，实验和数值分析的处理方法是常常采用的。下面以简单的对流换热过程为例，对对流换热过程的特征进行粗略的分析。

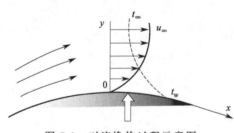

图 7-1 对流换热过程示意图

图 7-1 给出了一个简单的对流换热过程。它表示了流体以来流速度 u_∞ 和来流温度 t_∞ 流过一个温度为 t_w 的固体壁面的流动换热问题。这里选取流体沿壁面流动的方向为 x 坐标、垂直壁面方向为 y 坐标。

由于固体壁面对流体分子的吸附作用，使得壁面上的流体是处于不流动或不滑移的状态（此论点对于极为稀薄的流体是不适用的）。又由于流体分子相互之间的穿插扩散和（或）相互之间的吸引造成流体之间的相互牵制。这种相互的牵制作用就是流体的黏性力，在其作用下会使流体的速度在垂直于壁面的方向上发生改变。由于流体的分子在固体壁面上被吸附而处于不流动的状态，因而使流体速度从壁面上的零速度值逐步变化到来流的速度值。同时，通过固体壁面的热流也会在流体分子的作用下向流体扩散（热传导），并不断地被流体的流动而带到下游（热对流），因而也导致紧靠壁面处的流体温度逐步从壁面温度变化到来流温度。这里，把流体在壁面附近的速度和温度分布也示意性地表示在图 7-1 中。

7.1.2 对流换热过程的分类

由于对流换热是发生在流体和固体界面上的热交换过程，流体的流动和固体壁面的几何形状以及相互接触的方式都会不同程度影响对流热交换的效果，由此也构成了许许多多复杂的对流换热过程。因此，为了研究问题的条理性和系统性，以及更便于把握对流换热过程的实质，可按不同的方式将对流换热过程进行分类。然后再分门别类地进行分析处理。

在传热学中对流换热过程的习惯性分类方式是：

按流体运动是否与时间相关可分为非稳态对流换热和稳态对流换热；

按流体运动的起因可分为自然对流换热和强制对流换热；

按流体与固体壁面的接触方式可分为内部流动换热和外部流动换热；

按流体的运动状态可分为层流流动换热和紊流流动换热；

按流体在换热中是否发生相变或存在多相的情况可分为单相流体对流换热和多相流体对流换热。

对于实际的对流换热过程，按照上述的分类，总是可以将其归入相应的类型之中。例如，在外力推动下流体的管内流动换热是属于强制内部流动换热，可以为层流亦可为紊流，也可以有相变发生，使之从单相流动变为多相流动；再如，竖直的热平板在空气中冷却过程是属于外部自然对流换热（或称大空间自然对流换热），可以为层流亦可为紊流，在空气中冷却不可能有相变，应为单相流体换热；但是如果是在饱和水中则会发生沸腾换热，这就是带有相变的多相换热过程。

7.1.3 表面传热系数和对流换热微分方程

对流换热的热流密度可以按照牛顿冷却公式来计算，即 $q_c = \alpha(t_w - t_\infty)$ 式中的 α 称表面传热系数（亦称对流换热系数），其单位是 $W/(m^2 \cdot K)$。采用这样的书写形式是为了使热流的方向与流体温度的降落方向一致。如果 $t_w > t_\infty$ 热流方向从固体壁面指向流体，如果 $t_w < t_\infty$，则相反。仔细分析一下这个公式，就不难看出该式只不过是定义了一个表面传热系数而已，并不能直接去解决对流换热问题。但是，利用这个定义的直接好处是，把研究复杂对流换热问题集中到研究和确定表面传热系数上，使复杂问题从形式上得到简化；同时，由于表面传热系数是表示单位时间单位换热面积在单位温度差下的换热量，因而可以用来衡量各种对流换热过程换热性能的差异，这也就是表面传热系数这个定义沿用至今的道理。

表面传热系数如何确定呢？分析一下流体在壁面上的特征也许会有帮助。前面已经提到，壁面上的流体分子层由于受到固体壁面的吸附是处于不滑移的状态，其流速应为零，那么通过它的热流量只能依靠导热的方式传递。由傅里叶定律传导的热流密度为 $q_w = -\lambda \dfrac{\partial t}{\partial y}\Big|_{y=0}$，而从过程的热平衡可知，这些通过壁面流体层传导的热流量最终是以对流换热的方式传递到流体中去的，因而有 $q_w = q_c$。于是得到如下关系：

$$q_c = \alpha(t_w - t_\infty) \quad q_w = -\lambda \frac{\partial t}{\partial y}\Big|_{y=0} \quad \text{或} \quad \alpha = -\frac{\lambda}{\Delta t}\frac{\partial t}{\partial y}\Big|_{y=0} \tag{7-1}$$

式中，$\Delta t = t_w - t_\infty$。

式(7-1) 称为对流换热微分方程，它给出了计算对流换热壁面上热流密度的公式，也确定了表面传热系数与流体温度场之间的关系。

它清楚地表明：要求解一个对流换热问题，获得该问题的表面传热系数或交换的热流量，就必须首先获得流场的温度分布，即温度场，然后确定壁面上的温度梯度，最后计算出在参考温差下的表面传热系数。因此，对流换热问题犹如导热问题一样，寻找流体系统的温度场的支配方程，并力图求解方程而获得温度场是处理对流换热问题的主要工作。由于流体系统中流体的运动影响着流场的温度分布，因而流体系统的速度分布（速度场）也是要同时确定的，这也就是说，速度场的场方程也必须找出，并加以求解。不幸的是，对于较为复杂的对流换热问题，在建立了流场方程之后，分析求解几乎是不可能的。此时，实验求解和数值求解是常常被采用的。尽管如此，实验关系式的形式及准则的确定还是建立在场方程的基础上的，数值求解的代数方程组也是从场方程或守恒定律推导得出的。

7.2 对流换热过程的相似理论

由于对流换热是复杂的热量交换过程，所涉及的变量参数比较多，常常给分析求解和实验研究带来困难。为此，人们常采用相似原则对换热过程的参数进行归类处理，将物性量、几何量和过程量按物理过程的特征组合成无量纲的数，它们常被称为无量纲准则。这样做的结果不仅减少了所研究问题的变量数目，而且给求解对流换热问题（包括分析求解、实验求解及数值求解）带来了较大的方便。下面将具体讨论对流换热过程的相似分析方法。

7.2.1 相似的概念

（1）几何相似 "相似"的概念源于几何学。如图 7-2 所示，它们的相似要求是图形中对应边成比例，即：

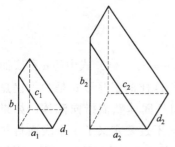

图 7-2 几何相似

$$\frac{a_1}{a_2}=\frac{b_1}{b_2}=\frac{c_1}{c_2}=\frac{d_1}{d_2}=c_l \tag{7-2}$$

式中 c_l——比例常数，或叫相似倍数。

由式(7-2)，若取同一图形对应边比，则

$$\frac{b_1}{a_1}=\frac{b_2}{a_2};\frac{a_1}{c_1}=\frac{a_2}{c_2};\frac{c_1}{d_1}=\frac{c_2}{d_2} \tag{7-3}$$

式(7-3)进一步表述了楔形体相似的一个重要性质：若楔形体相似，则它们的同名边比值 $\frac{b}{a}$、$\frac{a}{c}$、$\frac{c}{d}$ 必定相等。更值得注意的是，若两楔形体具备式(7-3)的条件，则可证明这两个楔形体必定相似。因此，式(7-3)表达了楔形体相似的充分和必要条件。由于式(7-3)是无量纲的，它就是几何相似的准则。

（2）物理想象相似 几何相似的概念可以推广到物理想象中去，但是物理想象相似要较几何相似复杂得多。物理想象相似的条件如下。

① 相似的物理想象必须是同类想象。物理想象类型很多，只有属于同一类型的物理想象才有相似的可能性。所谓同类想象不仅想象的性质相同，而且能用相同形式和内容的数学方程式所描述。例如，电场与温度场，描述它们的微分方程虽相仿，但内容不同，不属同类想象；又如，强迫对流换热和自然对流换热，内容虽都是对流换热想象，但描述它们的微分方程的形式有差别，也不能建立相似的关系。

② 描述想象性质的一切物理量均相似。

所谓物理量相似是指物理量在对应时间、对应空间点上物理量场的相似，成比例。例如，图 7-3 为两个稳定流动流体在管内对应 x 界面上的速度场，在满足下列关系的对应点

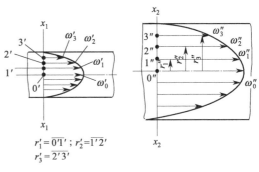

$$\frac{r'_1}{r''_1} = \frac{r'_2}{r''_2} = \frac{r'_3}{r''_3} = \cdots = C_l$$

上的速度成同比例 C_ω，即：

$$\frac{\omega'_1}{\omega''_1} = \frac{\omega'_2}{\omega''_2} = \frac{\omega'_3}{\omega''_3} = \cdots = C_\omega$$

$$r'_1 = \overline{0'1'} ; \ r'_2 = \overline{1'2'}$$
$$r'_3 = \overline{2'3'}$$

图 7-3　速度场相似

则这两流体在管中的流速相似。C_ω 称为速度相似倍数。若这两流体为非稳定流动，流速相似还要求在对应的每一个时间上速度空间场相似。

几何体的形状是由它的各组成边来决定，物理想象的性质则是通过它相关的各物理量来描述，因此描述现象性质的一切物理量均相似的条件，相当于几何体各组成对应边成比例相似。

③ 各物理量相似的倍数必须满足一定的关系。此条件相当于几何相似的准则——同名边比值相等。例如，判断半径分别为 r' 和 r'' 的两圆管中流体的流态现象是否相似，只需看它们的雷诺准则数 Re' 和 Re'' 是否相等。假如影响流体流态现象的物理参数已分别相似，其中几何相似倍数 $C_l = \frac{r'}{r''} = \frac{l'}{l''} = 1.5$，速度相似倍数 $C_\omega = \frac{\omega'}{\omega''} = 0.5$，两管内的流体运动黏度相似倍数 $C_\nu = \frac{\nu'}{\nu''} = 0.75$，则由于

$$Re' = \frac{\omega'l'}{\nu'} = \frac{0.5\omega'' \times 15l''}{0.75\nu''} = \frac{\omega''l''}{\nu''} = Re''$$

可说两管中流体的流态现象相似。

综上所述，如果两个现象是同类想象，描述两个现象性质的一切物理量又相似，且它们的相似倍数满足一定关系，则这两个现象相似。

7.2.2　相似准则

两个相似的物理想象，涉及现象的各物理量相似倍数之间应有怎样的关系？这可由描述现象的方程式导出。例如，设有 a、b 两个相似的换热现象，根据傅里叶定律和牛顿冷却公式，知

现象 a　　　　　　　　$\alpha_1 \Delta t_1 = -\lambda_1 \dfrac{\mathrm{d}t_1}{\mathrm{d}n_1}$　　　　　　　　　　　(7-4)

现象 b　　　　　　　　$\alpha_2 \Delta t_2 = -\lambda_2 \dfrac{\mathrm{d}t_2}{\mathrm{d}n_2}$　　　　　　　　　　　(7-5)

a、b 相似，描述它们性质的各物理量应分别相似，即

$$\frac{\alpha_1}{\alpha_2} = C_\alpha ; \ \frac{t_1}{t_2} = C_t \tag{7-6a}$$

$$\frac{\lambda_1}{\lambda_2} = C_\lambda ; \frac{n_1}{n_2} = C_n \tag{7-6b}$$

把式(7-6a)、式(7-6b) 带入式(7-4)，整理后得：

$$\frac{C_a C_l}{C_\lambda} \alpha_2 \Delta t_2 = -\lambda_2 \frac{dt_2}{dn_2} \tag{7-7}$$

比较式(7-7) 和式(7-5)，可知相似倍数之间必有如下关系：

$$\frac{C_a C_l}{C_\lambda} = 1 \tag{7-8}$$

式(7-2) 表达了两对流换热想象相似时，相似倍数间的限制条件。由此式可得到如下的等同条件：

$$\frac{\alpha_1 l_1}{\lambda_1} = \frac{\alpha_2 l_2}{\lambda_2} = \frac{\alpha l}{\lambda} = 定值 \tag{7-9}$$

定值 $\frac{\alpha l}{\lambda}$ 就是用来说明流体对流换热特性相似的努谢尔特（Nusselt）准则，它是一个无量纲数，用符号 Nu 表示，即 $Nu = \frac{\alpha l}{\lambda}$。

Nu 准则数越大，对流换热系数 α 越大，换热就越强烈。

在传热学中除用到 Nu 和 Re 准则外，还常用到普朗特准则 Pr 和格拉晓夫准则 Gr 等。

普朗特准则 $Pr = \frac{v}{a}$，是用来说明工作流体的物性对换热影响的准则，Pr 越大，表示流体的运动黏度 v 越大，而热扩散率 a 下降。前者说明运动引起的传热量将下降，后者说明流体对温度变化的传递能力下降，导热降低。故对流换热量是随 Pr 准则数的上升而下降。

格拉晓夫准则 $Gr = \frac{g\beta\Delta t l^3}{v^2}$ 是反映流体自然流动时浮升力与黏滞力相对大小的准则。流体自由流动状态是浮升力与黏滞力相互矛盾和作用的结果，Gr 增大，浮升力将引起换热量的增大。

7.2.3 相似理论在对流换热中的应用

相似理论的基本应用主要有以下三个方面。

（1）物理现象相似性质的应用 物理现象相似的性质：凡是彼此相似的现象，它们的同名相似准则必定相等。例如，两个流体的流态相似，则它们的雷诺准则 Re 相等；若两个换热现象相似，则它们努谢尔特准则 Nu 相等。

根据这个相似性质，可解决在实验中测量什么量的问题。即在实验中只要测量与现象有关的各种相似准则中所包含的物理量，从而避免实验测量的盲目性。

（2）相似准则间关系的应用 物理现象中的物理量不是单个起作用的，而是由其组成的准则起作用。这就是说描述物理现象的任何方程均可表述为各相似准则之间的函数关系式。例如，在对流换热中，换热影响不是流体的运动黏度 v、速度 ω、壁温 t_w、流体温度 t_f、热导率 λ、比热容 C、密度 ρ、体积膨胀系数 β 等单个起作用，而是换热的影响准则 Re、Gr、Pr 等。因此描述对流换热现象的方程式，原则上只能是这些准则组成的函数关系，称之为准则方程式。对于稳态无相变的对流换热的准则方程，可描述为：

$$Nu = f(Re, Gr, Pr) \tag{7-10}$$

方程式的具体形式由实验确定。对于强迫紊流的对流换热，由于 Gr 对换热的影响可以不计，可写成 $Nu = f(Re, Pr)$ 函数，一般整理成如下的幂函数形式：

$$Nu = C \cdot Re^n \cdot Pr^m \tag{7-11}$$

若上述情况的流体为空气时，Pr 可作为常数来处理（取 $Pr \approx 0.7$）于是上式又可简化为 $Nu = f(Re)$，通常写成如下形式：

$$Nu = C \cdot Re^n \tag{7-12}$$

对于自由流动的对流换热，$Re = f(Gr)$，Re 不是一个独立的准则，式(7-4) 可写成如下形式：

$$Nu = f(Gr, Pr) = C(Gr, Pr)^n \tag{7-13}$$

以上各式中的 C，n，m 都是由实验可确定的常数。

相似准则的关系解决了实验数据如何整理的问题。

在对流换热准则方程中，待解量换热系数 α 包含在 Nu 准则中，所以称 Nu 准则为待定准则。对于求解 Nu 的其他准则，由于准则中所含的量都是已知量，故这些准则通称已定准则。已定准则的数值一经确定，待定准则，如 Nu 就可以通过准则方程很方便地求解出来。

（3）相似条件的应用　判别现象是否相似的条件是：单值性条件相似，且同名准则相等。所谓单值性条件，是指包含在想象准则中的各物理量。对于对流换热问题，主要为：

① 几何条件　换热壁面的几何形状、尺寸、壁面粗糙度、管子的进口形状等；

② 物理条件　流体的类别和物性，即必须为同种流体；

③ 边界条件　壁面温度或壁面热流密度及进口温度等；

④ 时间条件　稳定问题不需此条件，非稳定问题中指物理量随时间变化的相似。

相似的条件，确定了实验所用的模型和介质在什么条件下与所研究的想象相似的问题。这一方面解决了实际工程如何进行模型实验的问题，另一方面又解决了实验结果，即得到的关联式，能否应用到所研究的实际工程中去的问题。

7.2.4 定性温度、 定型尺寸和特征速度的确定

（1）定性温度　确定准则中热物性参数数值的温度叫定性温度，由于流体的物性随温度而变，且换热中不同换热面上有不同的温度，这给换热的分析计算带来复杂。为了使问题简化，常经验地按某一特征温度，即定性温度来确定流体的物性，以使物性作常数处理。

如何选取物性的定性温度是一个重要的问题。它主要有以下三种选择：

① 流体平均温度 t_f，简称流体温度；

② 壁表面平均温度 t_w，简称壁温；

③ 流体与壁的算术平均温度 t_m，即 $t_m = \dfrac{t_f + t_w}{2}$，也称边界层平均温度。

（2）定型尺寸　相似准则所包含的几何尺寸，如 Re，Gr，Nu 中的 l，都是定型尺寸。所谓定型尺寸是指反映与对流换热有决定影响的特征尺寸。通常，管内流动换热的定型尺寸取管内径 d，管外流动换热的取外径 D，而非圆管道内换热的则取当量直径 d_e：

$$d_e = \frac{4F}{U}$$

式中　F——通道断面面积，m^2；

　　　　U——断面湿周长，m。

（3）特征速度　它是指 Re 准则中的流体速度 ω。通常管内流体是取管截面上的平均流速，流体外掠单管则取来流速度，外掠管束时取管与管之间最小流通截面的最大流速。

总之，在后面的对流换热计算中，对所给的准则方程式一定要注意它们的定性温度、定型尺寸和特征速度等选定，不然会引起计算上的错误。

7.3 单相流体的对流换热

7.3.1 对流换热的类型

对流换热现象有许多类型，不同的类型有着不同形式的对流换热准则方程式相对应。在进行对流换热计算时，只有弄清对流换热的类型，才能避免准则方程式的选错，找出正确的计算式。总体来讲，对流换热可按下面几个层次来分类。

首先，按对流换热过程是否改变相态，区分出换热是单相流体的对流换热还是变相流体的对流换热。这里的相态是指流体的液态和气态。所谓单相流体的对流换热是指流体在换热过程中相态保持不变，而变相流体的对流换热则是流体在换热过程中发生了相态的变化，如液态流体变成了气态流体的沸腾换热，气态流体变成液态流体的凝结换热。

其次，在单相流体的换热中，按照流体流动的原因，可分成自然对流换热、强迫对流换热和综合对流换热三类。它们可用 Gr 和 Re^2 的比值范围来区分。一般 $Gr/Re^2 > 10$ 时，定为主要以运动浮升力引起的自然换热；$Gr < Re^2 < 0.1$ 时，定为由机械外力引起运动的强迫换热；$0.1 \leqslant Gr/Re^2 \leqslant 10$ 时，则定为既考虑自然换热影响，又考虑强迫换热影响的综合对流换热。

再次，按流体与换热面的换热位置或空间大小又可引起不同情况的换热。如强迫对流换热可分为流体管内的换热和流体外掠管壁的换热；自然对流换热可分为无限大空间的换热和有限空间的换热。这里有限与无限空间的区别是以换热时冷、热流体的自由运动是否相互干扰为界的。一般规定，换热方向的空间厚度 δ 与换热面平行方向的长度 h 的比值 $\dfrac{\delta}{h} \leqslant 0.3$ 时，为有限空间；$\dfrac{\delta}{h} > 0.3$ 时，为无限空间。

此外，上面各类对流换热还可根据流体流动的形态可分为层流（$Re < 2300$）、过渡流（$2300 < Re < 10^4$）和紊流（$Re > 10^4$）三种情况。

7.3.2 单相流体自然流动时的换热

自然对流是流场因温度分布不均匀导致的密度不均匀分布在重力场的作用下产生的流体运动。而在固体壁面与流体之间因温度差而引起的自然对流中发生的热量交换过程就被称为自然对流换热。由于在自然对流换热过程中，流体的流动是由温差引起，因而流体运动与换热是密切相关的。图 7-4 显示了几种自然对流换热的情况，前三种为大空间自然对流换热过程，后两种为受限空间的自然对流换热过程。在自然界、在现实生活中以及在工程上，物体的自然冷却或加热都是以自然对流换热的方式实现的，由于自然对流换热的换热强度比较弱，尤其是在空气环境下，同时还存在着与之数量级相同的辐射换热，而且在温度比较高的情况下，辐射换热的强度还比自然对流换热的强度要强很多。因此，在自然对流换热的实际计算中辐射换热是不可以随意忽略的。

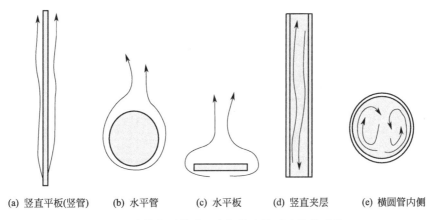

(a) 竖直平板(竖管)   (b) 水平管   (c) 水平板   (d) 竖直夹层   (e) 横圆管内侧

图 7-4   流体与固体壁面之间的自然对流换热过程

（1）大空间自然对流的流动与换热特征   由于自然对流过程中流体的运动是由温度差引起的，因而流体与换热是密不可分的。为了讨论自然对流的流动特征和换热性能，这里以竖直平板在空气中的自然冷却过程为例来进行分析，如图 7-5 所示。竖直平板在空气中冷却，由于空气的黏度很小，因温度差引起的流体流动的范围十分有限。在垂直于壁面的方向上流体的速度从平板壁面处的 $u_w = 0$，逐步增大到最大值 u_{max}，再往后又逐步减小到 $u_\infty = 0$。这种流体速度变化的区域相对于流体沿着平板上升方向（图中的 x 方向）的尺度是很薄的，因而可以称之为自然对流的速度边界层，其厚度 $\delta(x)$ 仍然采用在流体强制对流边界层中的约定方法。它与强制对流的速度边界层很相似，但也有显著的差别，其不同于在强制对流边界层中速度只是从平板壁面处的 $u_w = 0$ 变化到最大值 $u_{max} = u_\infty$，即等于来流速度。与速度边界层同时存在的还有温度发生显著变化的薄层，也就是温度从 T_w 逐步变化到环境温度 T_∞ 的热边界层，其厚度与速度边界层大致相当。应该注意到，自然对流的热边界层与强制对流的热边界层没有明显的差别。热边界层的厚度也是随着流动方向上尺寸（x）的增大而逐渐增大，这也使得竖直平板的换热性能会从平板底部开始随着 x 的增大而逐渐减弱。值得注意的是，在工程上人们常常对整个平板的平均换热性能感兴趣，因而在这一节中，主要在讨论自然对流的流动和换热特征的基础上给出计算平均换热性能的准则关系式。从竖直平板的底部开始发展的自然对流边界层，除边界层厚度逐步增大之外，其边界层中的惯性力相对于黏性力也会逐步增大，从而导致边界层中的流动失去稳定，而由层流流动变化到紊流流动。图 7-5 示意性地显示了这种流动状态的变化。犹如强制对流的边界层从层流变为紊流取决于无量纲准则雷诺数 Re 一样，自然对流边界层从层流变为紊流也取决于另一个无量纲准则格拉晓夫数 Gr。此无量纲准则将从自然对流的微分方程式的无量纲化中产生，这一点将在下面讨论。

（2）无限空间中的自然对流换热计算   根据相似理论，稳定状态下无限空间自然对流换热的准则方程形式为：

$$Nu = C(Gr \cdot Pr)_m^n \tag{7-14}$$

式中的 C 和 n 是根据换热表面的形状、位置及 $Gr \cdot Pr$ 的数值范围由表 7-1 选取。同时，表中还给出了对应换热过程的特征尺寸和适用范围。公式中准则的物性量取值的定性温度为 $t_m = \dfrac{t_f + t_w}{2}$，且此公式仅仅用于恒壁温的情形，即 $t_w = \text{const}$。

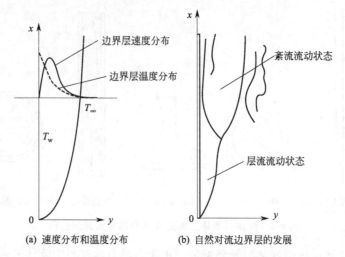

(a) 速度分布和温度分布   (b) 自然对流边界层的发展

图 7-5 竖直平板在空气中的冷却过程

表 7-1 各种自然对流换热的 C、n 值和特征尺寸及适用范围

壁面形状和位置	示意图	流动状态	C	n	特征尺寸	适用范围 $(Gr \cdot Pr)$
竖板或竖管(圆柱体)		层流 紊流	0.59 0.10	1/4 1/3	板(管)高 L	$10^5 \sim 10^9$ $10^9 \sim 10^{12}$
水平放置圆管 (圆柱体)		层流	0.53	1/4	外直径 d	$10^5 \sim 10^9$
热面向上或冷面向 下的水平板		层流 紊流	0.54 0.14	1/4 1/3	正方形边 长方形取两边平均值 圆盘取 $0.9d$;窄长条取短边	$10^5 \sim 2 \times 10^7$ $2 \times 10^7 \sim 3 \times 10^{10}$
热面向下或冷面向 上的水平板		层流	0.27	1/4	正方形边 长方形取两边平均值 圆盘取 $0.9d$;窄长条取短边	$3 \times 10^5 \sim 3 \times 10^{10}$

(3) 有限空间的自然换热计算 有限空间的自然换热实际是夹层冷表面和热表面换热的综合结果。计算这一复杂过程换热量的方法是把它当做平壁或圆筒壁的导热来处理。若引入"当量热导率 λ_{dl}",则通过夹层的热流密度为:

$$q = \frac{\lambda_{dl}}{\delta}(t_{w1} - t_{w2}) \tag{7-15}$$

式中 t_{w1},t_{w2}——夹层的热表面温度和冷表面温度;

        δ——夹层厚度。

由于

$$q = \alpha \Delta t = \frac{\alpha \delta}{\lambda} \frac{\lambda}{\delta} \Delta t = Nu \frac{\lambda}{\delta} \Delta t$$

将此式与式(7-15)相比较,可知:

$$Nu = \frac{\lambda_{dl}}{\lambda} = f(Gr \cdot Pr) \tag{7-16}$$

通过实验可得式（7-16）的具体关联式，从而求出 Nu（或 α）和 λ_{dl}。空气在夹层中自然流动换热的计算公式见表 7-2。

计算时，对于垂直夹层，若 $Gr < 2000$ 时，夹层中空气几乎是不运动，取 $\lambda_{dl} = \lambda$，按导热过程计算；对于水平夹层，若热面在上、冷面在下，也按导热过程计算，取 $\lambda_{dl} = \lambda$。

应用表 7-2 时，定性温度为夹层冷、热表面的平均温度，即 $t_m = \frac{1}{2}(t_{w1} + t_{w2})$；定型尺寸为夹层厚度 $\delta(m)$。

表 7-2　空气在夹层中自然流动换热计算公式

夹层位置	λ_{dl} 计算公式	适用范围
垂直夹层	$\dfrac{\lambda_{dl}}{\lambda} = 0.18 Gr^{\frac{1}{4}} \left(\dfrac{\delta}{h}\right)^{\frac{1}{9}}$	$2000 < Gr < 2 \times 10^4$
	$\dfrac{\lambda_{dl}}{\lambda} = 0.065 Gr^{\frac{1}{3}} \left(\dfrac{\delta}{h}\right)^{\frac{1}{9}}$	$2 \times 10^4 < Gr < 1.1 \times 10^7$
水平夹层 （热面在下）	$\dfrac{\lambda_{dl}}{\lambda} = 0.195 Gr^{\frac{1}{4}}$	$10^4 < Gr < 4 \times 10^5$
	$\dfrac{\lambda_{dl}}{\lambda} = 0.068 Gr^{\frac{1}{3}}$	$4 \times 10^5 < Gr$

【例 7-1】　一室外水平蒸汽管外包保温材料，其表面温度为 40℃，外径 $D = 100mm$，室外温度是 0℃。试求蒸汽管外表面的换热系数和每米管长的散热量。

解　求定性温度：$t_m = \frac{1}{2}(t_{w1} + t_{w2}) = \frac{40 + 0}{2} = 20℃$，定型尺寸 $l = D = 0.1m$，按定性温度查表，得空气的有关物理参数：

$$\lambda = 2.57 \times 10^{-2} W/(m \cdot ℃); Pr = 0.703$$

$$\nu = 15.05 \times 10^{-6} m^2/s; \beta = \frac{1}{273 + 20} K^{-1}$$

$$Gr = \frac{\beta g \Delta t l^3}{\nu^2} = \frac{1}{293} \times \frac{9.81 \times (40 - 0) \times 0.1^3}{(15.06 \times 10^{-6})^2} = 5.905 \times 10^6$$

$$(Gr \cdot Pr)_m = 5.905 \times 10^6 \times 0.703 = 4.151 \times 10^6$$

由表 7-1 查得：$C = 0.53$，$n = \frac{1}{4}$ 代入方程式（7-14）

$$Nu = C(Gr \cdot Pr)_m^n = 0.53 \times (4.151 \times 10^6)^{0.25} = 23.92$$

由 $Nu = \frac{\alpha l}{\lambda}$ 可得换热系数 α 为：

$$\alpha = \frac{Nu \cdot \lambda}{l} = \frac{23.92 \times 2.57 \times 10^{-2}}{0.1} = 6.147 [W/(m^2 \cdot ℃)]$$

每米管长的散热量 q_l 为：

$$q_l = \alpha \Delta t \pi D = 6.147 \times (40 - 0) \pi \times 0.1 = 77.2 (W/m)$$

7.3.3　单相流体强迫流动时的换热

（1）流体在管内强迫流动的换热

① 换热影响的分析　流体管内强迫流动换热时，影响换热量大小的因素除与流体的流

态（层流、紊流、过渡状态）有关外，还应考虑如下问题。

a. 进口流动不稳定的影响。流体在刚进入管内时，流体的运动是不稳定的，只有流动一段距离后，才能达到稳定。图 7-6 为沿管道长度因流体进口不稳定流动影响引起的传热系数 α 的变化情况。在入口段（$x \leqslant x_{cm}$ 内）α 值变化较大，而过了 x_{cm} 后，α 趋于稳定近似为常数。实验表明，对于层流，x_{cm} 距离约为 $0.03d \cdot Re$，即 $\leqslant 70d$；对于旺盛紊流来说，x_{cm} 约为 $40d$。流体在进口段不稳定流动时对换热程度的影响称之为进口效应。工程上一般以管长 l 与管径 d 的比值 $l/d \geqslant 50$，称为长管的换热，它可以忽略进口效应；但对于 $l/d < 50$ 的短管，则需考虑进口效应。

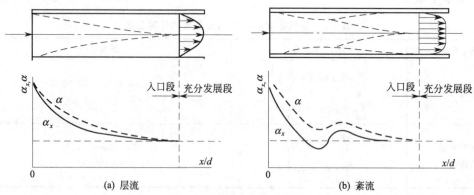

图 7-6   管内流动局部表面传热系数 α 的变化

b. 热流方向的影响。流体与管壁进行换热的过程中，流体流动为非等温过程，在沿管长方向，流体会被加热或被冷却，流体温度的变化必然改变流体的热物理性质，从而影响管内速度场的形状，进而影响换热程度，见图 7-7。图中曲线 1 为等温流动时的速度分布。当液体被加热（或气体被冷却）时，近壁处液体的黏度比管中心区低，因而壁面处速度相对加大，中心区相对减小，见曲线 3；当液体被冷却（或气体被加热）时，结果与上面相反，速度分布为曲线 2。

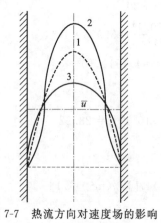

图 7-7   热流方向对速度场的影响

1—等温流；2—冷却液体或加热气体；

3—加热液体或冷却气体

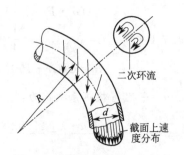

图 7-8   弯管流动中的二次环流

对流换热中为了修正流体加热或冷却（即热流方向）对热物理性质的影响，是在流体温度 t_f 为定性温度的准则方程式的左边，乘上修正项 $\left(\dfrac{T_f}{T_w}\right)^n$、$\left(\dfrac{Pr_f}{Pr_w}\right)^m$、$\left(\dfrac{\eta_f}{\eta_w}\right)^k$ 等。

c. 管道弯曲的影响。流体在弯曲管道流动时，产生的离心力会引起流体在流道内外之间的二次环流，见图 7-8，增加了换热的效果，因而使它的换热与直管有所不同。当弯管在整个管道中所占长度比例较大时，必须在直管道换热计算的基础上加以修正，通常是在关联式的左边乘上修正系数 C_r。对于螺旋管，即蛇形盘管 C_r 由下式确定：

对于气体
$$C_r = 1 + 1.77 \frac{d}{R}$$

对于液体
$$C_r = 1 + 10.3 \left(\frac{d}{R}\right)^3$$

式中　R——螺旋管弯曲半径，m；

　　　d——管子直径，m。

② **流体管内层流的换热计算式**　流体在管内强迫层流时的换热准则方程式形式为：

$$Nu = C \cdot Re^n \cdot Pr^m \cdot Gr^p \tag{7-17}$$

计算时可采用下列公式：

$$Nu = 0.15 Re_l^{0.33} Pr_f^{0.43} Gr_f^{0.1} \left(\frac{Pr_f}{Pr_w}\right)^{0.25} C_l C_r \tag{7-18}$$

式中各准则的下标为 f 时，表示定性温度取流体温度 t_f；下标为 w，定性温度取壁面温度 t_w。

在运用式(7-18)时，若流体为黏度较大的油类，由于自然对流被抑制，流体呈严格的层流状态，需取式中准则 $Gr = 1$。此时换热系数为层流时最低值。

由于层流时放热系数小，除少数应用黏性很大的设备有应用外，绝大多数的换热设备都是按紊流范围设计。

③ **流体管内紊流的换热计算式**　流体管内强迫紊流时的换热，可忽略自由运动部分的换热，其准则方程具有如下形式：

$$Nu = C \cdot Re_l^n Pr_l^m \tag{7-19}$$

根据实验整理，当 $t_f - t_w$ 为中等温差以下时（指气体 $\leqslant 50℃$；水 $\leqslant 30℃$；油类 $\leqslant 10℃$），Re_f 为 $10^4 \sim 1.2 \times 10^5$，$Re_f = 0.7 \sim 120$ 范围内，用下式计算：

$$Nu = 0.023 Re_l^{0.8} Pr_l^n C_r C_l \tag{7-20}$$

当流体被加热时 n 取 0.4，流体被冷却时取 0.3。当 $t_f - t_w$ 超过中等温差时，$Re_f = 10^4 \sim 5 \times 10^5$，$Re_f = 0.6 \sim 2500$ 范围内，可采用下式计算：

$$Nu_f = 0.021 Re_f^{0.8} Pr_f^{0.43} \left(\frac{Pr_f}{Pr_w}\right)^{0.25} C_l C_r \tag{7-21}$$

对于空气 $Pr = 0.7$，上式可简化为：

$$Nu_f = 0.018 Re_f^{0.8} C_l C_r \tag{7-22}$$

④ **流体管内过渡状态流动的换热计算式**　对于 $Re_f = 2300 \sim 10^4$ 的过渡区，换热系数既不能按层流状态计算，也不能按紊流状态计算。整个过渡区换热规律是多变的，换热系数将随 Re_f 数值的变化而变化较大。根据实验整理可用下关联式计算：

$$Nu_f = C Pr_f^{0.43} \left(\frac{Pr_f}{Pr_w}\right)^{0.25} \tag{7-23}$$

式中 C 根据 Re_f 数值由表 7-3 定。

表 7-3 $Re_f = 2200 \sim 10^4$ 时 C 的数值

$Re_f \times 10^{-3}$	2.2	2.3	2.5	3.0	3.5	4.0	5.0	6.0	7.0	8.0	9.0	10
C	2.2	3.6	4.9	7.5	10	12.2	16.5	20	24	27	29	30

【例 7-2】 内径 $d=32$mm 的管内水流速 0.8m/s，流体平均温度为 70℃，管壁平均温度 40℃，管长 $L=100d$。试计算水与管壁间的换热系数。

解 由定性温度 $t_f = 70℃$ 和 $t_w = 40℃$，从附录查得水的物性参数如下：

$$\nu_f = 0.415 \times 10^{-6} \text{m}^2/\text{s}; Pr_f = 2.55$$
$$\lambda_f = 66.8 \times 10^{-2} \text{W}/(\text{m} \cdot ℃)$$

因为

$$Re_f = \frac{\omega d}{\nu_f} = \frac{0.032 \times 0.8}{0.415 \times 10^{-6}} = 6.169 \times 10^4 > 10^4$$

所以，管内流动为旺盛紊流。由于温差 $t_f - t_w = 30℃$ 未超过 30℃，故用式（7-20）计算

$$Nu = 0.023 Re_l^{0.8} Pr_l^n C_r C_l = 0.023 \times (6.169 \times 10^4)^{0.8} \times 2.55^{0.3} = 207$$

于是换热系数 α 为：

$$\alpha = \frac{Nu_f \cdot \lambda_f}{d} = \frac{207 \times 66.8 \times 10^{-2}}{0.032} = 4321 [\text{W}/(\text{m}^2 \cdot ℃)]$$

(2) 流体外掠管壁的强迫换热

① 换热影响的分析 流体外掠管壁的强迫换热除了与流体的 Pr 和 Re 有关外，还与以下因素有关。

a. 单管换热还是管束换热。流体横向流过管束时的流动情况要比单管绕流复杂，管束后排管由于受前排尾流的扰动，使得后排管的换热得到增强，因而管束的平均换热系数要大于单管。

b. 与流体冲刷管子的角度（俗称冲击角 φ）有关。显然正向冲刷（$\varphi = 90°$）管子或管束的换热强度要比斜向冲刷（$\varphi \leqslant 90°$）管子或管束的大，对于斜向冲刷的换热系数计算是在正向冲刷管子计算的结果上，乘上冲击角修正系数 C_φ。C_φ 值可由表 7-4、表 7-5 查得。

表 7-4 单圆管冲击角修正系数 C_φ

冲击角 φ	90°~80°	70°	60°	45°	30°	15°
C_φ	1.0	0.97	0.94	0.83	0.70	0.41

表 7-5 圆管管束的冲击角修正系数 C_φ

冲击角 φ	90°~80°	70°	60°	50°	40°	30°	20°	10°	0°
顺排	1.0	0.98	0.94	0.88	0.78	0.67	0.52	0.42	0.38
叉排	1.0	0.98	0.92	0.83	0.70	0.53	0.43	0.37	0.34

c. 对于管束换热，还与管子的排列方式、管间距及管束的排数有关。管子的排列方式一般有顺排和叉排两种。如图 7-9 所示，流体流过顺排和叉排管束时，除第一排相同外，叉排后排管由于受到管间流体弯曲、交替扩张与收缩的剧烈扰动，其换热强度要比顺排要大得多，当然叉排管束比起顺排来说，也有阻力损失大、管束表面清刷难的缺点。实际上，设计选用时，叉排与顺排的管束均有应用。

对于同一种排列方式的管束，管间相对距离 $l_1 = \frac{x_1}{d}$ 和 $l_2 = \frac{x_2}{d}$ 的大小对流体的运动性质

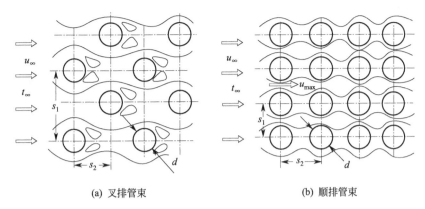

(a) 叉排管束　　　　　　　　　　　(b) 顺排管束

图 7-9　流体绕流管束时的流动特征及几何尺寸

和流过管面的状况也有很大的影响，进而影响换热的强度。

实验还表明，管束前排对后排的扰动作用对平均换热系数的影响要到 10 排以上的管子才能消失。计算时，这种管束排数影响的处理方法是：在不考虑排数影响的基本实验关联式的右边乘上排数修正系数 C_z，见表 7-6。

表 7-6　管排数的修正系数 C_z

总排数 z	1	2	3	4	5	6	7	8	9	≥10
顺排	0.64	0.80	0.87	0.90	0.92	0.94	0.96	0.98	0.99	1
叉排	0.68	0.75	0.83	0.89	0.92	0.95	0.97	0.98	0.99	1

② 流体外掠单管时的换热计算　虽然外掠单管沿管面局部换热系数变化较复杂，但平均换热系数 α 随 Re 和 Pr 变化而变化的规律，根据实验数据来看却较明显，可按 Re 数的不同分段用下列关联式计算：

$$Nu_f = C \cdot Re_f^n Pr_f^{0.37} \left(\frac{Pr_f}{Pr_w}\right)^{0.25} C_\varphi \tag{7-24}$$

式中　C, n——取值由表 7-7 定。

表 7-7　式 (7-24) 中的 C 和 n 值

Re_f	$1\sim40$	$40\sim10^3$	$10^3\sim2\times10^5$	$2\times10^5\sim10^6$
C	0.75	0.51	0.26	0.076
n	0.4	0.5	0.6	0.7

公式 (7-24) 适用于 $0.7 < Pr_f < 500$，$1 < Re_f < 10^6$。当流体 $10 < Pr_f$ 时，Pr_f 的幂次应改为 0.36。定性温度为来流温度；定型尺寸为管外径；速度取管外流速最大值。

③ 流体外掠管束时的换热计算　外掠管束的换热一般函数式为 $Nu = f\left[Re, Pr, \left(\frac{Pr_f}{Pr_w}\right)^{0.25}, \frac{x_1}{d}, \frac{x_2}{d}, C_\varphi, C_z\right]$，写成幂函数为：

$$Nu_m = C \cdot Re_m^m Pr_m^{1/3} \left(\frac{Pr_f}{Pr_w}\right)^{0.25} C_\varphi C_z \tag{7-25}$$

式中　C, m——取值由表 7-8 定。

式 (7-25) 的定性温度为 $t_m = (t_f + t_w)/2$；定型尺寸为管外径；Re 中的流速为截面最窄

处的流速，适用范围为 $200 < Re < 4 \times 10^4$。

表 7-8　式（7-25）中的 C 和 m 值

x_2/d ＼ x_1/d		1.25		1.5		2		3	
		C	m	C	m	C	m	C	m
顺排	1.25	0.348	0.592	0.275	0.608	0.100	0.704	0.0633	0.752
	1.5	0.367	0.586	0.250	0.620	0.101	0.702	0.0678	0.744
	2	0.418	0.570	0.299	0.602	0.229	0.632	0.198	0.648
	3	0.290	0.601	0.357	0.584	0.374	0.581	0.286	0.608
叉排	0.6							0.213	0.636
	0.9					0.446	0.571	0.401	0.581
	1			0.497	0.558				
	1.125					0.478	0.565	0.518	0.560
	1.25	0.518	0.556	0.505	0.554	0.519	0.556	0.522	0.562
	1.5	0.451	0.568	0.460	0.562	0.452	0.568	0.488	0.568
	2	0.404	0.572	0.416	0.568	0.482	0.556	0.449	0.570
	3	0.310	0.592	0.356	0.580	0.440	0.562	0.421	0.574

　　【例 7-3】　试求水横向流过单管时的换热系数。已知管外径 $D = 20\text{mm}$，水的温度为 20℃，管壁温度为 50℃，水流速度为 1.5m/s。

　　解　当 $t_f = 20℃$ 时，从附录查得：

$$\lambda_f = 59.9 \times 10^{-2}\,\text{W/(m · ℃)}；Pr_f = 7.02$$

$$\nu_f = 1.006 \times 10^{-6}\,\text{m}^2/\text{s}$$

当 $t_w = 50℃$ 时，$Pr_w = 3.54$

　　由于

$$Re_f = \frac{\omega l}{\nu} = \frac{1.5 \times 0.02}{1.006 \times 10^{-6}} = 2.982 \times 10^4$$

故由公式(7-24)及表7-7，得计算关联式

$$Nu_f = 0.26 Re_f^{0.6} Pr_f^{0.37} \left(\frac{Pr_f}{Pr_w}\right)^{0.25} C_\varphi$$

$$= 0.26 \times (2.982 \times 10^4)^{0.6} \times 7.02^{0.37} \times \left(\frac{7.02}{3.54}\right)^{0.25} \times 1$$

$$= 307.01$$

　　所以换热系数为：

$$\alpha = \frac{Nu_f \lambda_f}{D} = \frac{307.01 \times 59.5 \times 10^{-2}}{0.02}$$

$$= 9133\,[\text{W/(m}^2 \cdot ℃)]$$

　　【例 7-4】　试求空气加热器的换热系数和换热量。已知加热器管束为 5 排，每排 20 根管，长为 1.5m，外径 $D = 25\text{mm}$，采用叉排。管间距 $x_1 = 50\text{mm}$、$x_2 = 37.5\text{mm}$，管壁温度 $t_w = 110℃$，空气平均温度为 30℃，流经管束最窄断面处的速度为 2.4m/s。

　　解　由定性温度 $t_m = (t_w + t_f)/2 = (110 + 30)/2 = 70$（℃），从附录 4 查得空气物性参数为：

$$\lambda_m = 2.96 \times 10^{-2} \, W/(m \cdot ℃) \, ; \quad Pr_m = 0.694$$

$$\nu_m = 20.2 \times 10^{-6} \, m^2/s \, ;$$

$$t_w = 110℃ 时 \quad Pr_w = 0.687$$

$$t_w = 30℃ 时 \quad Pr_w = 0.703$$

$$Re_m = \frac{\omega D}{\nu} = \frac{2.4 \times 0.025}{20.02 \times 10^{-6}} = 2997$$

由 $\dfrac{x_1}{d} = \dfrac{50}{25} = 2$ 和 $\dfrac{x_2}{d} = \dfrac{37.5}{25} = 1.5$ 查表 7-8 得 $m = 0.568$，$C = 0.452$。根据式（7-25）知：

$$Nu_m = C \cdot Re_m^m Pr_m^{1/3} \left(\frac{Pr_f}{Pr_w} \right)^{0.25} C_\varphi C_z$$

式中 $C_\varphi = 1$，C_z 由表 7-6 根据 $z = 5$ 查得，$C_z = 0.92$

$$Nu_m = 0.452 \times 2997^{0.568} \times 0.694^{1/3} \times \left(\frac{0.703}{0.687} \right)^{0.25} \times 1 \times 0.92$$

$$= 34.94$$

$$\alpha = Nu_m \frac{\lambda_m}{D} = 34.94 \times \frac{2.96 \times 10^{-2}}{0.025}$$

$$= 41.369 \, [W/(m^2 \cdot ℃)]$$

换热量 $\quad Q_\alpha = \alpha F(t_w - t_f) = 41.369 \times \pi \times 0.025 \times 5 \times 20 \times (110 - 30)$

$$= 25979.7 \, (W)$$

7.3.4 单相流体综合流动时的换热

在综合流动换热中，流体层流时浮升力的换热量或流体紊流时强迫换热量虽然占主要作用，但作层流强迫流动的换热或作紊流时自由流动的换热都不可忽略，不然所引起的误差将超过工程的精度要求。关于综合对流换热分析计算已超出本书的范围，这里只介绍横管管内的两个综合换热计算的关联式：

横管内紊流时

$$Nu_m = 4.69 Re_m^{0.27} Pr_m^{0.21} Gr_m^{0.07} \left(\frac{d}{L} \right)^{0.36} \tag{7-26}$$

横管内层流时

$$Nu_m = 1.75 \left(\frac{\mu_f}{\mu_w} \right)^{0.14} \left[Re_m Pr_m \frac{d}{L} + 0.012 \times \left(Re_m Pr_m \frac{d}{L} Gr_m^{1/3} \right)^{4/3} \right]^{1/3} \tag{7-27}$$

7.4 变相流体的对流换热

变相流体的对流换热，由于在换热中潜热的作用，过冷或过热度的影响以及在换热过程中流体温度保持基本不变，使得变相流体的对流换热与单相流体的对流换热有很大的差别。

变相流体的对流换热可分为蒸汽凝结时的换热和液体沸腾时的换热两大类。

7.4.1 蒸汽凝结过程及其换热特点

蒸汽与温度低于其饱和温度的固体壁面接触时，就会放出汽化潜热而凝结成液体依附于壁面上。如果冷凝液能够很好地浸润固体壁面，也就是润湿角 $\theta < 90°$，那么冷凝液就会沿着固体壁面铺开而形成液膜，称之为膜状凝结；如果冷凝液不能很好地浸润固体壁面，也就是润湿角 $\theta > 90°$，那么冷凝液就会在壁面上形成一个个珠状的液滴，称之为珠状凝结。如图 7-10 所示。在膜状凝结时由于冷凝壁面被冷凝液覆盖，蒸汽凝结放出的汽化潜热必须通过液膜之后才能经过壁面传出，因而成为凝结换热的主要热阻。如果冷凝壁面是水平放置，那么随着凝结过程的进行液膜厚度是逐步增加的，由此导致冷凝液膜的热阻也逐步增大；如果冷凝壁面是竖直安放，那么冷凝液膜会在重力作用下向下流动，形成一个流动的液膜层，随着沿途蒸汽的不断凝结液膜也会逐步增厚，变成一个类似于流体边界层的流动换热的模式。显然，在竖直壁面上部的换热性能就要好于竖直壁面的下部。

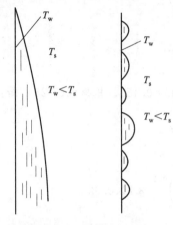

(a) 膜状凝结　(b) 珠状凝结

图 7-10　凝结换热示意图

（T_w 为壁面温度；T_s 为蒸汽饱和温度）

在珠状凝结时，由于冷凝液不能完全覆盖冷凝壁面，蒸汽有机会直接与冷凝壁面直接接触，放出潜热而凝结成液体。因此，珠状凝结的换热性能要远比膜状凝结为好。如果冷凝壁面水平放置，壁面迟早会被冷凝液覆盖；如果冷凝壁面是垂直安放，液滴会在重力作用之下而沿着壁面向下滚动，使得冷凝壁面始终能与蒸汽直接接触，保持良好的热交换性能。实验表明，珠状凝结的换热系数要比膜状凝结大许多倍乃至一个数量级。

实际上，由于几乎所有的纯净蒸汽都能很好地润湿清洁的冷凝壁面，要使冷凝壁面长时间处于珠状凝结状态是十分困难的。因而工业上大多数冷凝器都是在膜状凝结的状况下运行。鉴于珠状凝结良好的换热性能，寻求性能优良的非浸湿表面的研究工作仍然在不懈地进行着。

在光滑的冷却壁面上涂油，可得到人工珠状凝结，但这样的珠状凝结不能持久。工业设备中，实际上大多数场合为膜状凝结，故这里仅介绍膜状凝结的计算。

根据相似理论进行的实验整理，蒸汽膜状凝结时的换热系数计算式为：

$$\alpha = C \left[\frac{\rho^2 \lambda^3 g \gamma}{\mu L (t_{bh} - t_w)} \right]^{\frac{1}{4}} \tag{7-28}$$

式中　γ——汽化潜热。

系数 C 对于竖管、竖壁取 0.943；对于横管 C 取 0.725，并取定型尺寸 $L = d$（管外径）。定性温度除汽化潜热按蒸汽饱和温度 t_{bh} 确定外，其他物性均取膜层平均温度 $t_m = \dfrac{t_{bh} + t_w}{2}$。

对于单管，在其他条件相同时，横管平均换热系数 α_H 与竖管平均换热系数 α_V 的比值为：

$$\frac{\alpha_H}{\alpha_V} = \frac{0.725}{0.943} \left(\frac{L}{d} \right)^{1/4} = 0.77 \left(\frac{L}{d} \right)^{1/4}$$

由此可知，当管长 L 与管外径 d 的比值 $\dfrac{L}{d} = 2.86$ 时，$\alpha_H = \alpha_V$；而当 $\dfrac{L}{d} > 2.86$ 时，$\alpha_H >$

α_V。因此工业上的冷凝器多半采用卧式。

在进行膜状凝结换热分析时忽略了诸多的影响因素，实际上这些因素对凝结换热的影响是不容忽视的，下面将分别进行讨论。

① 不凝结气体的影响。蒸汽中含有不能凝结的气体，如空气，即使含量很低，也会对凝结换热产生很大的影响。例如，水蒸气中质量占 1% 的空气就会使换热系数下降 60%。这是因为，在靠近液膜表面的蒸汽侧，随着蒸汽的凝结蒸汽的分压力逐步减小，而不能凝结的气体的分压力逐步增大；这样，蒸汽要达到液膜表面就必须以扩散的方式穿过聚积在界面附近的不能凝结的气体层。同时，蒸汽分压力的下降使相应的饱和温度下降，从而减小了凝结的推动力 Δt_s。因此，在冷凝设备中，排除不凝结气以保证其正常工作是非常重要的。

② 蒸汽流速的影响。在理论分析中忽略了蒸汽流速的影响，因而只适用于蒸汽流速较低的情况。当蒸汽流速较高时，如水蒸气，流速大于 10m/s 时，蒸汽对液膜表面的黏性作用力就不能忽略。一般而言，当蒸汽流动方向与液膜向下的流动方向一致时，会使液膜变薄，换热系数增大；方向不一致则使液膜变厚而导致换热系数减小，但蒸汽流速更大一些时因气流撕破液膜而使液膜变薄导致换热能力加强。

③ 冷却表面情况的影响。冷却壁面不清洁，有水垢、氧化物、粗糙，会使膜层加厚，可使 α 降低 30% 左右。

④ 对于多排的横向管束，还与管子的排列方式有关。

7.4.2 流体沸腾时的换热

(1) 液体沸腾过程的分类和特征　在一定压力下液体与高于其饱和温度的壁面接触时就有可能在壁面上产生沸腾现象。液体沸腾时，液体的蒸汽气泡首先在加热壁面的局部位置上产生，并逐步长大，直到在浮力和表面张力的共同作用下气泡脱离加热表面。此时，在气泡脱离的地方马上就有新的气泡生成并开始成长，过程得以重复进行。离开加热壁面的气泡随后就有可能上升到液体的表面（如果液体温度 t_l 始终保持大于液体的饱和温度 t_s），也可能消失在液体中（如果液体温度 t_l 不能始终保持大于液体的饱和温度 t_s）。这些产生气泡的地方常称为汽化核心，它会随着壁面温度 t_w 的升高，也就是壁面的过热度 $\Delta t_s = t_w - t_s$ 的增加而越来越多。汽化核心的增多，产生的气泡就多，液体因气泡的运动而产生的扰动就会加强，因而使沸腾过程变得越来越强烈，同时沸腾换热的强度也就越来越高。这就是大容器沸腾过程的主要特征，这实质上是大空间自然对流沸腾过程。在沸腾过程中如果气泡不能上升到气液界面，而在液体中破裂，这是液体温度 t_l 不能始终保持大于液体的饱和温度 t_s 造成的，这种沸腾称为过冷沸腾；反之，液体温度 t_l 始终保持大于液体的饱和温度 t_s，气泡能够上升到气液界面，则称为饱和沸腾。由于在过冷沸腾中气泡的破裂会发出声音，因而可以从沸腾过程中的声响来判断沸腾换热过程所处的状态。

与自然对流沸腾过程相对应的是液体的沸腾过程发生在流体受迫对流的过程中，称之为强制对流沸腾。此外，还有一类沸腾过程发生在受限空间之中，典型的是管内沸腾过程，管内沸腾也有受迫与自然对流两种。对于复杂的沸腾换热过程在此不作深入的讨论，下面仅对大容器沸腾换热进行分析并给出近似的计算公式，使读者对沸腾换热过程有一个初步的认识和了解。

(2) 大空间泡态沸腾的换热计算　综上所述，影响换热系数的因素主要是过热度 Δt_s（或加热负荷 q）和压力 p。根据实验结果，水从 0.2~100atm 在大空间泡态沸腾时的换热系数可按下列公式计算：

$$\alpha = 3p^{0.15}q^{0.7}\left[W/(m^2 \cdot ℃)\right] \tag{7-29}$$

或

$$\alpha = 38.7\Delta t^{2.33}p^{0.5} \tag{7-30}$$

式中　p——沸腾时的绝对压力，bar；

　　　q——热流密度或加热负荷，W/m^2；

　　　Δt——加热面过热度，$t_w - t_{bh}$，℃。

 **思考题及习题**

● 7-1　有一表面积为 $1.5m^2$ 的散热器，其表面温度为 70℃，它能在 10min 内向 18℃ 的空气散出 936kJ 的热量，试求该散热器外表与空气的平均换热系数和对流换热热阻值。

● 7-2　有 a，b 两根管道，内径分别为 16mm 和 32mm，当同一种流体流过时，a 管内流量是 b 管的 4 倍。已知两管温度场相同，试问管内流态是否相似？如不相似，在流量上采取什么措施才能相似？

● 7-3　试求一根管外径 $d=50mm$，管长 $l=4m$ 的室内采暖水平干管外表面的换热系数和散热量。已知管表面温度 $t_w=80℃$，室内空气温度 $t_f=20℃$。

● 7-4　试求四柱型散热器表面自然流动的换热系数。已知它的高度 $h=732mm$，表面温度 $t_w=86℃$，室内温度 $t_f=18℃$。

● 7-5　试求通过水平空气夹层板热面在下的当量热导率。已知夹层的厚度为 $\delta=50mm$，热表面温度 $t_{w1}=3℃$，冷表面温度 $t_{w2}=-7℃$。

● 7-6　某房间顶棚面积为 4m×5m，表面温度 $t_w=13℃$，室内空气温度 $t_f=25℃$，试求顶棚的散热量。

● 7-7　试计算水在管内流动时与管壁间的换热系数 α，已知管内径 $d=32mm$，长 $L=4m$，水的平均温度 $t_f=60℃$，管壁平均温度 $t_w=40℃$，水在管内的流速 $\omega=1m/s$。

● 7-8　试求空气横向掠过单管时的换热系数。已知管外径 $d=12mm$，管外空气最大流速为 14m/s，空气的平均温度 $t_f=29℃$，管壁温度 $t_w=12℃$。

● 7-9　试求空气横掠过叉排管簇的放热系数，已知管簇为 6 排，空气通过最窄截面处的平均流速 $\omega=14m/s$，空气的平均温度 $t_f=18℃$，管径 $d=20mm$。

第 8 章　辐射换热

热辐射是不同于热传导和热对流的另一种热量传递方式，它不需要通过任何介质来实现热量的传递，而是由物体直接发出热射线来达到能量传递的目的。显然，研究热辐射就会采用与其他两种热量传递方式不同的分析和处理办法。在这一章中，从黑体辐射的研究入手，讨论黑体辐射的基本定律及其辐射换热的规律，进而讨论实际物体的辐射和吸收特性以及辐射换热的计算方法。

8.1　热辐射的基本概念

8.1.1　物体的热辐射特征

辐射是物体以光的形式向外发出能量的过程，常称为电磁辐射。一般而言，辐射的能量特征可以用普朗克（Planck）光量子假说予以解释，而其传播特征可以由麦克斯威（Maxwell）电磁场理论来解释。电磁辐射的波长范围很广，从长达数百米的无线电波到小于 10^{-14} m 的宇宙射线，图 8-1 给出了各种电磁波的波长分布。这些射线不仅产生的原因各不相同，而且性质也各异，由此也构成了广泛的围绕电磁辐射现象的科学和技术领域。这里我们无意去讨论各种辐射过程，仅仅对物质的热运动而产生的电磁辐射，以及因这些电磁辐射投射到物体上而引起的热效应感兴趣。我们把这一部分电磁辐射称为热辐射，其射线的波长范围在 $0.3\sim1000\mu m$ 之间，这就是通常所说的可见光和红外线部分的电磁辐射。物体的温度只要高于绝对零度（0 K）就会发出热射线使其内能减小，从而使其温度下降；而物体接受热射线后内能就会增加，也就表现出温度升高，这就是所谓电磁辐射引起的热效应。实际上，环境中的物体随时都处于辐射平衡状态之中，也就是物体在发射热辐射和接受热辐射的综合作用下保持某一个平衡温度。

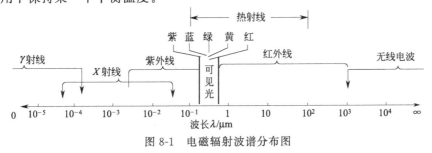

图 8-1　电磁辐射波谱分布图

一个物体如果与另一个物体相互能够看得见，那么它们之间就会发生辐射热交换。而交

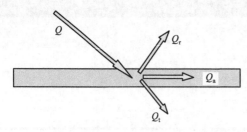

图 8-2　物体对辐射的吸收、反射和透射

换的辐射换热量不仅与两个物体的温度有关，而且与物体的形状大小和相互位置有关，同时还与物体所处的环境密切相关。这些问题都将在下面进行讨论。

热射线同其他电磁波一样投射到物体表面时，会被物体吸收、反射和透射，如图 8-2 所示。如果单位时间投射到单位物体表面的辐射能量，即投入辐射为 Q（W/m²），那么被表面反射的部分为 Q_r，吸收部分为 Q_a，穿透部分为 Q_t。由物体表面的热平衡有：$Q = Q_r + Q_a + Q_t$。将此式两边同时除以 Q 则可得到：

$$\rho + \alpha + \tau = 1 \tag{8-1}$$

式中，$\rho = \dfrac{Q_r}{Q}$ 为反射率；$\alpha = \dfrac{Q_a}{Q}$ 为吸收率；$\tau = \dfrac{Q_t}{Q}$ 为穿透率。

对于大多数的固体和液体，穿透率 $\tau = 0$，因而有 $\rho + \alpha = 1$。

由于气体不能反射热射线，因而有 $\rho = 0$，这就导致 $\alpha + \tau = 1$。

通常把吸收率 $\alpha = 1$ 的物体称为黑体，它是一种理想的物体或表面。图 8-3 给出了一个人造的黑体模型的示意图。它是由一个等温腔体构成，表面有一开口，这个开口表面就是认为的黑体表面。因为通过开口进入等温腔体的热射线，经过多次的吸收和反射，只有极小量的热射线能够从开孔处逃逸出来，因而可以将等温腔的开孔表面视为一个人造的黑体。研究黑体的辐射在热辐射的研究中具有重要的理论意义和使用价值，因而也是讨论热辐射的重要内容。

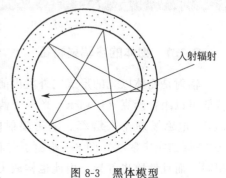

图 8-3　黑体模型

把反射率 $\rho = 1$ 物体称为白体（具有漫反射的表面）或镜体（具有镜反射的表面）。对于穿透率 $\tau = 1$ 的物体称为透明体。

需要指出的是，前面所讲的黑体、白体、透明体是对所有波长的热射线而言的。在自然界里，还没有发现真正的黑体、白体和透明体，它们只是为方便问题分析而假设的模型。自然界里虽没有真正的黑体、白体和透明体，但很多物体由于 α 近似等于 1（如石油、煤烟、雪和霜等的 α 为 0.95～0.98）或 ρ 近似等于 1（如磨光的金属表面，$\rho = 0.97$）或 τ 近似等于 1（如一些惰性气体、双原子气体）可分别近似作为黑体、白体和透明体处理。另外，物体能否作黑体、白体或透明体处理都与物体的颜色无关。例如，雪是白色的，但对于热射线其吸收率高达 0.98，非常接近于黑体；白布和黑布对于热射线的吸收率实际上基本相近。影响热辐射的吸收和反射的主要因素不是物体表面的颜色，而是物体的性质、表面状态和温度。物体的颜色只是对可见光而言。

8.1.2　辐射力和辐射强度

在热辐射的研究中定义了一些反映物体热辐射性能的物理量，它们是辐射力和辐射强度。

（1）辐射力 E　表示物体在单位时间单位辐射面积向半球空间辐射出去的一切波长的辐射能量。绝对黑体的辐射力用 E_0 表示，单位为 W/m^2。

（2）单色辐射力 E_λ　它表示单位时间单位辐射面积向半球空间辐射出去的某一波长范围的辐射能量，用来描述辐射能量随波长的分布特征。黑体的单色辐射力用 $E_{0\lambda}$ 表示，其单位与辐射力的单位差一个长度单位，为 $W/(m^2 \cdot \mu m)$。

从上面的定义不难得出辐射力与单色辐射力之间的关系为：

$$E = \int_0^\infty E_\lambda \, d\lambda \tag{8-2}$$

8.2　黑体辐射及其基本定律

黑体是吸收率等于 1 的物体，也就是对投入辐射能够完全吸收的物体或物体表面。由于其对外界的辐射没有反射和穿透，因而黑体表面在给定的温度下发出的热射线是完全可以测定的。因此，对于物体热辐射的研究就可以从黑体辐射的研究入手，然后在此基础上对实际物体的热辐射及其辐射换热进行研究。19 世纪后期以及 20 世纪的前期是开展热辐射研究的兴旺时期，产生了大量的研究成果。黑体辐射的几个基本定律就是那个时代的重大研究成果。下面将对黑体辐射的基本定律进行讨论。

8.2.1　斯蒂芬-玻尔兹曼（Stefan-Boltzmann）定律

在黑体辐射的研究中，斯蒂芬（Stefan）于 1879 年由实验确定黑体的辐射力与热力学温度之间的关系，其后由玻尔兹曼（Boltzmann）于 1884 年从热力学关系式导出。黑体辐射力与温度的关系被称为斯蒂芬-玻尔兹曼定律，可表述为：

$$E_0 = C_0 \left(\frac{T}{100} \right)^4 \quad (W/m^2) \tag{8-3}$$

式中　C_0——黑体的辐射系数，其值为 $5.67[W/(m^2 \cdot K^4)]$。

式(8-3)为斯蒂芬-玻尔兹曼定律的数学表达式。此式表明，绝对黑体的辐射力同它的热力学温度的 4 次方成正比，故斯蒂芬-玻尔兹曼定律又俗称四次方定律。

【例 8-1】　将一个黑体表面的温度由 30℃ 增加到 333℃，试求该表面辐射力增加了多少。

解　由式(8-3)，可得

$$E_{b1} = C_0 \left(\frac{T_1}{100} \right)^4 = 5.67 \left(\frac{30+273}{100} \right)^4 = 477.9 \, (W/m^2)$$

$$E_{b2} = C_0 \left(\frac{T_2}{100} \right)^4 = 5.67 \left(\frac{333+273}{100} \right)^4 = 7646.7 \, (W/m^2)$$

由上可以看出，温度 T_2 虽仅为 T_1 的 2 倍，而其辐射力却增加了 16 倍。可见，随着温度的升高，辐射将成为换热的主要方式。

8.2.2　普朗克定律和维恩位移定律

黑体的单色辐射力随波长和温度的变化规律亦是研究热辐射的重要内容。在 19 世纪的末期瑞利（Rayleigh）和维恩（Wein）分别基于理论和实验提出了各自的黑体单色辐射力随辐射波长和黑体温度变化的规律，但结果都不理想。普朗克（Planck）则在他们研究的基础上提出了在整个波长范围内均满足实验结果的关系式，即普朗克定律，其数学表示为：

$$E_{0\lambda} = \frac{C_1 \lambda^{-5}}{\mathrm{e}^{C_2/(\lambda T)} - 1} \quad \mathrm{W/(m^2 \cdot \mu m)} \tag{8-4}$$

式中　λ——波长，μm；

　　　e——自然对数的底；

　　　T——黑体的热力学温度，K；

　　C_1——实验常数，其值为 $3.743 \times 10^8 (\mathrm{W \cdot \mu m^4})/\mathrm{m^2}$；

　　C_2——实验常数，其值为 $1.4387 \times 10^4 \mu m^4 \cdot \mathrm{K}$。

图 8-4 给出了在温度为参变量下的单色辐射力随波长变化的一组曲线。从中不难看出，单色辐射力随着波长的增加而增加，达到某一最大值后又随着波长的增加而慢慢减小，在 $\lambda = 0$ 和 $\lambda = \infty$ 时单色辐射力 $E_{0\lambda} = 0$；在同一波长下黑体温度越高，对应的单色辐射力越大，且单色辐射力的最大值 $(E_{0\lambda})_{max}$ 对应的波长 λ_{max} 会随着温度 T 的增加而向波长短的方向移动，这就意味着随着温度的升高黑体辐射能的分布在向波长短的方向集中，也就是高温辐射中短波热射线含量大而长波热射线含量相对少。

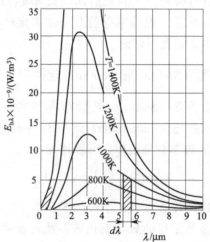

图 8-4　黑体单色辐射力随
波长和温度的变化图

维恩定律是反映对应于最大单色辐射力的波长 λ_{max} 与热力学温度 T 之间关系的。通过对式（8-4）中的 λ 求导等数学处理，就可得到维恩定律的数学表达式：

$$\lambda_{max} T = 2897.6 \mu m \cdot \mathrm{K} \tag{8-5}$$

式中的 λ_{max} 是在给定温度下的单色辐射力 $E_{b\lambda}$ 最大值所对应的波长。维恩位移定律反映出黑体温度越高其单色辐射力最大值所对应的波长越短的黑体辐射特征，也就是黑体温度越高能量分布就越向波长短的方向集中的特征。

【例 8-2】　测得对应于太阳最大单色辐射力 $(E_{b\lambda})_{max}$ 的峰值波长 λ_{max} 约为 $0.5\mu m$，若太阳可以近似作为黑体看待，求太阳的表面温度。

解　由式（8-5）可得

$$T = \frac{2897.56}{0.5} \approx 5795 (\mathrm{K})$$

8.2.3 基尔霍夫 (Kirchhoff) 定律

基尔霍夫定律确定了物体辐射力和吸收率之间的关系。这种关系可从两个表面之间的辐射换热来推出。图 8-5 为两个平行平壁构成的绝热封闭辐射系统。假定两表面一个为黑体（表面 I），一个为任意物体（表面 II）。两物体的温度、辐射力和吸收率分别为 T_1、E_b、1 和 T_2、E、α。并设两表面靠得很近，以致一个表面所放射的能量全部落在另一个表面上。这样，物体表面 II 的辐射力 E 投射到黑体表面 I 上时，全部被黑体吸收；而黑体表面 I 的辐射力 E_b 落到物体表面 II 上时，只有 αE_b 部分被吸收，其余部分被反射回去，重新落在黑体表面 I 上，而被其全部吸收。物体表面能量的收支差额 $q(\mathrm{W/m^2})$ 为

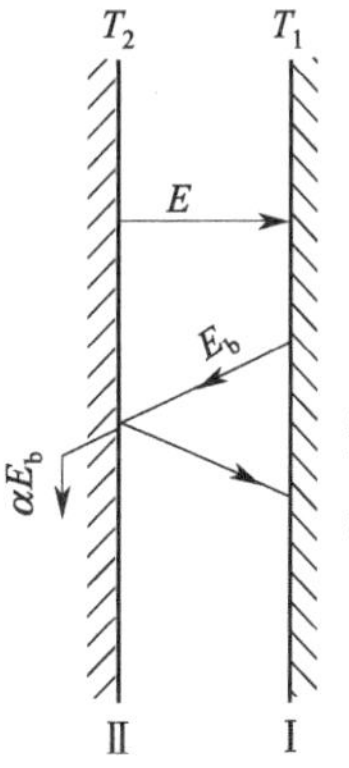

$$q = E - \alpha E_b \tag{8-6}$$

当 $T_1 = T_2$ 时，即系统处于热辐射的动态平衡时，$q = 0$，上式变为：

图 8-5   两个平行平壁
的辐射换热

$$E = \alpha E_b \ \text{或} \ \frac{E}{\alpha} = E_b \tag{8-7}$$

由于物体是任意的物体，可把这种关系写成：

$$\frac{E_1}{\alpha_1} = \frac{E_2}{\alpha_2} = \frac{E_3}{\alpha_3} = \cdots = \frac{E}{\alpha} = E_b = f(T) \tag{8-8}$$

此式就是基尔霍夫定律的数学表达式。它可表述为：任何物体的辐射力与吸收率之比恒等于同温度下黑体的辐射力，并且只与温度有关。从该式不难看出，吸收率越高的物体其辐射能力也就越强，黑体的吸收率最大，因而辐射能量就最强。

基尔霍夫定律揭示，物体的吸收率可以在一定条件下用其黑度来表示。但这个条件是较为苛刻的，就是要在孤立体系热平衡条件下，且物体的吸收率是对黑体辐射而言。如果物体之间温度不等，就存在热交换，此时的热平衡就不是孤立体系热平衡，黑度等于吸收率的条件就不满足。因此，基尔霍夫定律对于进行物体之间的辐射换热计算不会带来方便。

分析基尔霍夫定律的条件可以看出，它主要是限定物体系统的表面特征和温度。这都是由于物体表面的吸收率与投入辐射的波长分布相关，而投入辐射的波长分布又因发射体的表面特征和温度的不同而改变。如果把实际物体视为灰体，由于其对不同的投入辐射的吸收率均等于常数，那么不论物体与外界是否处于热平衡状态，也不论投入辐射是否来自黑体，都存在着 $\varepsilon = \alpha$，可见灰体是无条件满足基尔霍夫定律的。

前已提及，对于温度低于 2000K 的工业温度范围的热辐射，物体表面对它们的吸收率几乎保持在一定范围内变化，将其视为常数是可取的。于是，可以把在工业温度范围内进行热辐射的绝大多数固体和液体当作灰体处理，而不会带来较大误差。因此，利用基尔霍夫定律和灰体的假设，使物体的吸收率在任何条件下都等于其同温度下的黑度，进而再加上漫射表面的假定，从而使实际物体表面之间的辐射热交换的计算变得较为方便。这一点将从后面的辐射换热计算中看到。

8.3　物体表面之间的辐射换热

物体间的辐射换热是指若干物体之间相互辐射换热的总结果，实际物体吸收与反射能量的多少不仅与物体本身的情况有关，而且还与投射来的辐射能量、辐射物体间的相对位置与形状等有关。本节只讨论工程中常遇的两个物体之间几种比较简单的辐射换热。

8.3.1　空间热阻和表面热阻

在前面的导热和对流换热计算中，曾利用导热热阻、对流换热热阻的概念来分析解决问题。物体间的辐射换热同样也可以用辐射热阻的概念来分析。物体间的辐射换热热阻可归纳为空间热阻和表面热阻两个方面。

（1）空间热阻　空间热阻是指由于物体表面尺寸、形状和相对位置等的影响，使一物体所辐射的能量不能全部投落到另一物体上而相当的热阻。空间热阻用 R_g 表示。

设有两个物体互相辐射，它们的表面积分别为 F_1 和 F_2，把表面 1 发出的辐射能落到表面 2 上的百分数称之为表面 1 对表面 2 的角系数 $X_{1,2}$，而把表面 2 对表面 1 的角系数记为 $X_{2,1}$，两物体间的空间热阻可按下式计算：

$$R_g = \frac{1}{F_1 X_{1,2}} = \frac{1}{F_2 X_{2,1}} \tag{8-9}$$

由此式可以看出 $F_1 X_{1,2} = F_2 X_{2,1}$，反映了两个表面在辐射换热时，角系数的互换性。

角系数 X 的大小只与两物体的相对位置、大小、形状等几何因素有关，即只要几何因素确定，角系数就可以通过有关的计算式或线算图、手册等求得。对于有些特别的情况，是可以直接写出角系数的数值。例如，对于两无穷大平行平壁（或平行平壁的间距远小于平壁的两维尺寸时）来说，$X_{1,2} = X_{2,1} = 1$；对于空腔内物体与空腔内壁来说，则 $X_{1,2} = 1$，而 $X_{2,1} = X_{1,2} \dfrac{F_1}{F_2}$。

（2）表面热阻　表面热阻是指由于物体表面不是黑体，以致对投射来的辐射不能全部吸收，或它的辐射力不如黑体那么大而相当的热阻。表面热阻用 R_b 表示。

对于实际物体来说，其表面热阻可用下式计算：

$$R_b = \frac{1-\varepsilon}{\varepsilon F} \tag{8-10}$$

对于黑体，由于 $\varepsilon = 1$，所以其 $R_b = 0$。

8.3.2　任意两物体表面间的辐射换热计算

设两物体的面积分别为 F_1 和 F_2，成任意位置，温度分别为 T_1 和 T_2，辐射力分别为 E_1 和 E_2，黑度分别为 ε_1 和 ε_2，则这两物体表面间的辐射换热模拟电路可用图 8-6 表示。

图中 E_{b1} 和 E_{b2} 分别是物体看作黑体时的辐射力，分别等于 $C_0 \left(\dfrac{T_1}{100} \right)^4$ 和 $C_0 \left(\dfrac{T_2}{100} \right)^4$，它们相当于电路电源的电位。$J_1$ 和 J_2 分别表示了由于表面热阻的作用，实际物体表面的有效辐射电位。按照串联电路的计算方法，写出两物体表面间的辐射换热计算式为：

$$Q_{1,2}(W) = \frac{E_{b1} - E_{b2}}{\dfrac{1-\varepsilon_1}{F_1 \varepsilon_1} + \dfrac{1}{F_1 X_{1,2}} + \dfrac{1-\varepsilon_2}{F_2 \varepsilon_2}} \tag{8-11}$$

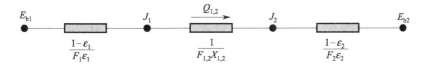

图 8-6 两表面封闭系统辐射换热模拟电路图

如用 F_1 作为计算表面积,上式可写成:

$$Q_{1,2} = \frac{F_1(E_{b1}-E_{b2})}{\left(\dfrac{1}{\varepsilon_1}-1\right)+\dfrac{1}{X_{1,2}}+\dfrac{F_1}{F_2}\left(\dfrac{1}{\varepsilon_2}-1\right)} \tag{8-12}$$

8.3.3 特殊位置两物体间的辐射换热计算

(1) 两无限大平行平壁间的辐射换热 所谓两无限大平行平壁是指两块表面尺寸要比其相互之间的距离大很多的平行平壁。由于 $F_1=F_2=F$,且 $X_{1,2}=X_{2,1}=1$,式(8-12)可简化为:

$$\begin{aligned}
Q_{1,2} &= \frac{F_1(E_{b1}-E_{b2})}{\dfrac{1}{\varepsilon_1}+\dfrac{1}{\varepsilon_2}-1} = \frac{C_0 F}{\dfrac{1}{\varepsilon_1}+\dfrac{1}{\varepsilon_2}-1}\left[\left(\frac{T_1}{100}\right)^4-\left(\frac{T_2}{100}\right)^4\right]\\
&= \varepsilon_{1,2}FC_0\left[\left(\frac{T_1}{100}\right)^4-\left(\frac{T_2}{100}\right)^4\right]\\
&= C_{1,2}F\left[\left(\frac{T_1}{100}\right)^4-\left(\frac{T_2}{100}\right)^4\right]
\end{aligned} \tag{8-13}$$

式中 $\varepsilon_{1,2}=\dfrac{1}{\dfrac{1}{\varepsilon_1}+\dfrac{1}{\varepsilon_2}-1}$——无限大平行平壁的相当黑度;

$C_{1,2}=\varepsilon_{1,2}C_0$——无限大平行平壁的相当辐射系数。

(2) 空腔与内包壁之间的辐射换热 空腔与内包壁之间的辐射换热如图 8-7 所示。工程上用来计算热源(如加热炉、辐射式散热器等)外壁表面与车间内壁之间的辐射换热就属于这种情况。

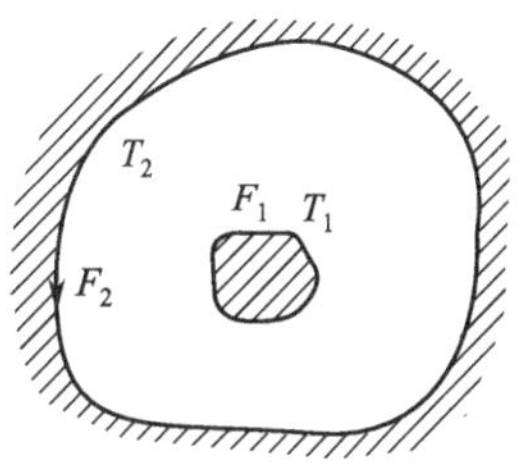

设内包壁面系凸形表面,则 $X_{1,2}=1$,式(8-12)可简化为:

$$Q_{1,2} = \frac{F_1(E_{b1}-E_{b2})}{\dfrac{1}{\varepsilon_1}+\dfrac{F_1}{F_2}\left(\dfrac{1}{\varepsilon_2}-1\right)}$$

图 8-7 一个表面被另一个表面包围的辐射换热

$$= \frac{F_1 C_0\left[\left(\dfrac{T_1}{100}\right)^4-\left(\dfrac{T_2}{100}\right)^4\right]}{\dfrac{1}{\varepsilon_1}+\dfrac{F_1}{F_2}\left(\dfrac{1}{\varepsilon_2}-1\right)}$$

$$= C'_{1,2}F_1\left[\left(\frac{T_1}{100}\right)^4-\left(\frac{T_2}{100}\right)^4\right] \tag{8-14}$$

式中 $C'_{1,2}=\dfrac{C_0}{\dfrac{1}{\varepsilon_1}+\dfrac{F_1}{F_2}\left(\dfrac{1}{\varepsilon_2}-1\right)}$——空腔与内包壁面的相当辐射系数。

如果 $F_1 \ll F_2$，且 ε_2 数值较大，接近于 1，如车间内的辐射采暖板与室内周围墙壁之间的辐射换热就属于这种情况，此时 $\dfrac{F_1}{F_2}\left(\dfrac{1}{\varepsilon_2}-1\right) \ll \dfrac{1}{\varepsilon_1}$，可以忽略不计，这时公式（8-14）可简化为：

$$Q_{1,2} = \varepsilon_1 F_1 C_0 \left[\left(\frac{T_1}{100}\right)^4 - \left(\frac{T_2}{100}\right)^4\right]$$

$$= F_1 C_1 \left[\left(\frac{T_1}{100}\right)^4 - \left(\frac{T_2}{100}\right)^4\right] \tag{8-15}$$

式中 $C_1 = \varepsilon_1 C_0$——内包壁面的辐射系数。

（3）有遮热板的辐射换热   如果在两个进行辐射换热的表面之间再放置一个不透明的表面，此时由于这第三个表面的存在而使原有两表面之间的辐射换热量大为减少。这是由于第三个表面对辐射能的屏蔽作用造成的。因而称之为遮热屏。下面，以两个紧靠的平行平板为例来分析遮热屏的遮挡辐射能的效果。

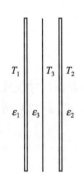

图 8-8   有遮热板的两
个平行平板示意图

有遮热板的两个平行平板如图 8-8 所示。已知两平板的温度各自均匀分布，且分别等于 T_1 和 T_2，它们的黑度分别为 ε_1 和 ε_2。此时在两平板之间平行放入一个平板 3，其黑度为 ε_3，那么平板 3 就成为一块遮热屏。现在分别来计算没有遮热屏和加入遮热屏时的 1、2 两平面之间的辐射换热热流。

没有遮热屏时，由两平面的辐射热平衡有：

$$Q_{1,2} = \frac{C_0 F \left[\left(\dfrac{T_1}{100}\right)^4 - \left(\dfrac{T_2}{100}\right)^4\right]}{\dfrac{1}{\varepsilon_1} + \dfrac{1}{\varepsilon_2} - 1} \tag{8-16}$$

加入遮热板时，由两平面的辐射热平衡有：

$$Q'_{1,2} = \frac{C_0 F \left[\left(\dfrac{T_1}{100}\right)^4 - \left(\dfrac{T_3}{100}\right)^4\right]}{\dfrac{1}{\varepsilon_1} + \dfrac{1}{\varepsilon_3} - 1} = \frac{C_0 F \left[\left(\dfrac{T_3}{100}\right)^4 - \left(\dfrac{T_2}{100}\right)^4\right]}{\dfrac{1}{\varepsilon_3} + \dfrac{1}{\varepsilon_2} - 1}$$

经整理得出：

$$Q'_{1,2} = \frac{C_0 F \left[\left(\dfrac{T_1}{100}\right)^4 - \left(\dfrac{T_2}{100}\right)^4\right]}{\dfrac{1}{\varepsilon_1} + \dfrac{2}{\varepsilon_3} + \dfrac{1}{\varepsilon_2} - 2} \tag{8-17}$$

分析上式不难看出，平板之间的辐射热阻增加了 $\dfrac{2}{\varepsilon_3}-1$，这是一个大于 1 的数值，且随着 ε_3 的减小而增大，因而遮热板的存在导致平板间的辐射换热量减少。如果所有平板的黑度均相同，即 $\varepsilon_1 = \varepsilon_2 = \varepsilon_3 = \varepsilon$，此时有：

$$Q'_{1,2} = \frac{C_0 F \left[\left(\dfrac{T_1}{100}\right)^4 - \left(\dfrac{T_2}{100}\right)^4\right]}{2\left(\dfrac{1}{\varepsilon_1} + \dfrac{1}{\varepsilon_2} - 1\right)} = \frac{1}{2} Q_{1,2}$$

此时也可以得出 $T_3^4 = \dfrac{1}{2}(T_1^4 + T_2^4)$。如果假设 $T_1 > T_2$，T_3 必然小于 T_1，那么平板 2 与

平板 3 交换的辐射热流量必然小于与平板 1 交换的辐射热流量。

如果增加遮热屏的数量，平板之间的辐射换热量会继续减小。对于 n 块遮热屏辐射换热量会减小到无遮热屏时的 $1/(n+1)$。当然，这是一种不聪明的办法。更为合理的处理方法是，减小辐射遮热屏的黑度，从而增大遮热屏的表面辐射热阻。这样所带来的辐射换热量的减小将会更为明显。

【例 8-3】 某车间的辐射采暖板的尺寸为 $1.5m \times 1m$，辐射板面的黑度 $\varepsilon_1 = 0.94$，板面平均温度 $t_1 = 100℃$，车间周围壁温 $t_2 = 11℃$。如果不考虑辐射板背面及侧面的热作用，试求辐射板面与四周壁面的辐射换热量。

解 由于辐射板面积 F_1 比周围壁面 F_2 小得多，故由式(8-15)得辐射板与四周避面的辐射换热量为：

$$Q_{1,2} = \varepsilon_1 F_1 C_0 \left[\left(\frac{T_1}{100} \right)^4 - \left(\frac{T_2}{100} \right)^4 \right]$$

$$= 0.94 \times 1.5 \times 1 \times 5.67 \times \left[\left(\frac{273+100}{100} \right)^4 - \left(\frac{273+11}{100} \right)^4 \right]$$

$$= 1027.4 \ (W)$$

8.4 气体的辐射换热

8.4.1 气体的辐射和吸收特点

① 不同的气体，其辐射和吸收辐射能的能力不同。

单原子气体和双原子气体没有自由电子，因此它们实际上是透热体。多原子气体，尤其是燃烧产物中的三原子气体具有相当大的辐射能力和吸收能力。

② 气体的辐射和吸收，对波长具有选择性。

固体的辐射光谱是连续的，即它能辐射和吸收 $\lambda = 0 \sim \infty$ 所有波长的辐射能。而气体只能辐射和吸收某一定波长间隔中的辐射能，即它只能辐射和吸收光谱中某些部分的能量，这些波长范围即所谓"光带"。对于光带以外的辐射线，气体就成为透热体，所吸收和放射的能量等于零。所以气体的辐射和吸收都带有选择性。

③ 在气体中，能量的吸收和辐射是在整个体积内进行的。

固体的辐射和吸收都是在表面进行的，气体则在整个体积内进行。当热射线穿过气体时，其能量因沿途被气体所吸收而减少。这种减少的程度取决于沿途所遇到的分子数目。碰到的气体分子数目越多，被吸收的辐射能量也越多。而射线沿途所遇到的分子数目与射线穿过时所经过的路程长短以及气体的压力有关。

射线穿过气体的路程称为射线行程或辐射层厚度，用符号 x 表示。气体的单色吸收率 (A_λ) 是气体温度、气体层厚度及气体分压力的函数，即

$$A_\lambda = f(T, p, x)$$

8.4.2 气体吸收定律

当光带中的热射线穿过吸收性气体层时，沿途将被气体分子所吸收，如图 8-9 所示。

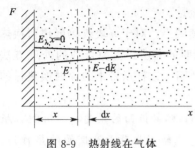

图 8-9　热射线在气体
层的衰减示意

随着距离 x 的增加，射线能量不断减弱，当 $x \to \infty$ 时，热射线将全部被吸收。设 $x = 0$ 处单色辐射强度为 $E_{\lambda, x = 0}$。若在距壁面为 x 处经过 $\mathrm{d}x$ 厚度的气体层，辐射能力由 E_λ 减弱到 $E_\lambda - \mathrm{d}B$，即减弱了 $\mathrm{d}E_\lambda$，则

$$\frac{\dfrac{\mathrm{d}E_\lambda}{E_\lambda}}{\mathrm{d}x} = -K_\lambda$$

式中　K_λ——减弱系数，m^{-1}。表示单位距离内辐射能力减弱的百分数。它与气体的性质、压力、温度以及射线的波长 λ 有关。式中负号表明单色辐射能力 E_λ 随气体层厚度 x 的增加而减弱。

变换上式得：

$$E_{\lambda, x} = E_{\lambda, x = 0} \, \mathrm{e}^{-K_\lambda x} \tag{8-18}$$

上式即为气体吸收定律的表达式，也称比耳定律。该定律表明：波长为 λ 的单色辐射能力在穿过气体层时是按指数规律减弱的。

8.4.3　气体的吸收率和黑度

按照吸收率的定义，气体的单色吸收率 A_λ 应为气体吸收的单色辐射能量与投射到该气体的单色辐射能量的比值，即

$$A_\lambda = \frac{E_{\lambda, x = 0} - E_{\lambda, x}}{E_{\lambda, x = 0}}$$

$$A_\lambda = \frac{E_{\lambda, x = 0}(1 - \mathrm{e}^{-K_\lambda x})}{E_{\lambda, x = 0}} = 1 - \mathrm{e}^{-K_\lambda x} \tag{8-19}$$

当气体和壁面温度相同时，则：

$$\varepsilon_\lambda = A_\lambda = 1 - \mathrm{e}^{-K_\lambda x} \tag{8-20}$$

由于 K_λ 与气体的分子数有关，故将上式改写为：

$$\varepsilon_\lambda = A_\lambda = 1 - \mathrm{e}^{-K_\lambda p x} \tag{8-21}$$

式中　p——气体的分压，atm；

K_λ——在 1atm 下单色辐射线减弱系数，$(\mathrm{m} \cdot \mathrm{atm})^{-1}$，它与气体的性质和温度有关。

在整个气体容积中，气体的辐射和吸收是沿着各个方向同时进行的。因此，对整个容积内气体热辐射和吸收的行程长度，应该是各个方向行程长度的平均值。设平均行程长度为 s，于是：

$$\varepsilon_\lambda = A_\lambda = 1 - \mathrm{e}^{-K_\lambda p s} \tag{8-22}$$

由上式可知，对于光带中某一单色辐射而言，当 $s \to \infty$ 时，$\varepsilon_\lambda = A_\lambda = 1$，即当气体层无限厚时，光带内的辐射线可被气体全部吸收。

8.4.4　气体的辐射能力

(1) CO_2 和 H_2O 的辐射能力　CO_2 和 H_2O 的辐射能力 E_{CO_2}、E_{H_2O} 计算公式如下：

$$E_{CO_2} = \varepsilon_{CO_2} C_0 \left(\frac{T}{100}\right)^4 \tag{8-23}$$

$$E_{H_2O} = \varepsilon_{H_2O} C_0 \left(\frac{T}{100}\right)^4 \tag{8-24}$$

一般燃烧过程产生的烟气中，主要的吸收性气体是二氧化碳和水蒸气，而其他多原子气体的含量极少，可不予考虑。于是烟气的黑度可按下式计算：

$$\varepsilon = \varepsilon_{CO_2} + \varepsilon_{H_2O} - \Delta\varepsilon$$

$\Delta\varepsilon$ 是对 CO_2 和 H_2O 的吸收光带有一部分是重复的而进行的修正，即当这两种气体并存时，二氧化碳所辐射的能量有一部分被水蒸气所吸收，而水蒸气辐射的能量也有一部分被二氧化碳所吸收，这就使得烟气的总辐射能量比单一一种气体分别辐射的能量总和少些，因此，上式中要减去 $\Delta\varepsilon$，但因 $\Delta\varepsilon$ 的值通常是较小的，可忽略不计。这时：

$$\varepsilon = \varepsilon_{CO_2} + \varepsilon_{H_2O} \tag{8-25}$$

（2）平均行程 s 的计算　　在计算气体的黑度时，总要涉及气体容积的辐射线平均行程 s（或称辐射层有效厚度）。一般情况下可用下式计算：

$$s = 0.9 \frac{4V}{F} = 3.6 \frac{V}{F} \tag{8-26}$$

式中　V——气体所占容积，m^3；

F——包围气体的固体壁面面积，m^2。

对于长形的容器（如连续加热炉炉膛），射线平均行程 s 近似地等于其横截面的当量直径，即：

$$s = \frac{4 \times 横截面积}{截面周长}$$

8.4.5　气体与固体之间的辐射热交换

如炉子或通道，内部充满辐射气体，计算气体与其周围壁间的辐射传热时，应用有效辐射的概念，并且列出壁面的热平衡，可得辐射净热量为

$$Q = E_气 F_气 + Q_{壁效}(1 - A_气) - Q_{壁效}$$

稳定热态时，$Q_{壁效}$ 具有如下内容：

$$Q_{壁效} = E_壁 F_壁 + E_气 F_气(1 - \varepsilon_壁) + Q_{壁效}(1 - A_气)(1 - \varepsilon_壁)$$

整理得：

$$Q_{壁效} = \frac{E_壁 F_壁 + E_气 F_气(1 - \varepsilon_壁)}{1 - (1 - A_气)(1 - \varepsilon_壁)}$$

气体对壁辐射的净热量为：

$$Q = \frac{5.67}{\dfrac{1}{\varepsilon_壁} + \dfrac{1}{\varepsilon_气} - 1}\left[\frac{\varepsilon_气}{A_气}\left(\frac{T_气}{100}\right)^4 - \left(\frac{T_壁}{100}\right)^4\right] F_壁 \tag{8-27}$$

若忽略气体黑度与吸收率之间的差别，令 $A_气 = \varepsilon_气$，则

$$Q = \frac{5.67}{\dfrac{1}{\varepsilon_壁} + \dfrac{1}{\varepsilon_气} - 1}\left[\left(\frac{T_气}{100}\right)^4 - \left(\frac{T_壁}{100}\right)^4\right] F_壁 \tag{8-28}$$

计算表明，式（8-27）与式（8-28）的结果误差不大于 5%，一般工程上多采用式（8-28）。

—————————————————　思考题及习题　—————————————————

8-1　什么叫黑体、灰体和白体？它们分别与黑色物体、灰色物体和白色物体有什么区

别？

● 8-2 在辐射传热中假想灰体有何实际意义？

● 8-3 试用普朗克定律计算温度 $t=423℃$、波长 $\lambda=0.4\mu m$ 时黑体的单色辐射力 $E_{0\lambda}$，并计算这一温度下黑体的最大单色辐射力 $E_{0\lambda,\max}$ 为多少？

● 8-4 一电炉的电功率为 1kW，炉丝温度为 847℃，直径为 1mm。电炉的效率（辐射功率与电功率之比）为 0.96。试确定所需炉丝的最短长度。

● 8-5 直径为 1m 的铝制球壳内表面维持在均匀的温度 500K，试计算置于该球壳内的一个试验表面所得到的投入辐射。内表面发射率的大小对这一数值有否影响？

● 8-6 把太阳表面近似地看成是 $T=5800K$ 的黑体，试确定太阳发出的辐射能中可见光所占的百分数。

● 8-7 一炉膛内火焰的平均温度为 1500K，炉墙上有一看火孔。试计算当看火孔打开时从孔单位面积向外辐射的功率。该辐射能中波长为 $2\mu m$ 的单色辐射力是多少？哪一种波长下的能量最多？

● 8-8 在一空间飞行物的外壳上有一块向阳的漫射面板，板背面可认为是绝热的，向阳面得到的太阳投入辐射 $G=1300W/m^2$。该表面的单色发射率为：$1\mu m<\lambda<2\mu m$ 时 $E(\lambda)=0.51$；$\lambda>2\mu m$ 时 $E(\lambda)=0.2$。试确定当该板表面温度处于稳态时的温度值。为简化计算，设太阳的辐射能均集中在 $0\sim2\mu m$ 之内。

● 8-9 人工黑体腔上的辐射小孔是一个直径为 20mm 的圆，辐射力 $E_b=3.72\times10^5 W/m^2$。一个辐射热流计置于该黑体小孔的正前方 $l=0.5m$ 处，该热流计吸收热量的面积为 $1.6\times10^{-5}m^2$。问该热流计所得到的黑体投入辐射是多少？

● 8-10 用特定的仪器测得，一黑体炉发出的波长为 $0.7\mu m$ 的辐射能（在半球范围内为 $108W/m^2$），试问该黑体炉工作在多高的温度下？在该工况下辐射黑体炉的加热功率为多大？辐射小孔的面积为 $4\times10^{-4}m^2$。

● 8-11 试确定一个电功率为 100W 的灯泡的发光效率。假设该灯泡的钨丝可看成是 2900K 的黑体，其几何形状为 2mm×5mm 的矩形薄片。

第9章 稳定传热

9.1 稳定传热的计算

前面已经讨论过传热过程和传热系数，传热过程分析求解的基本关系为传热方程式，即：

$$Q = KF(t_{l1} - t_{l2})$$

$$(9-1)$$

式中 K 为传热系数（为避免与对流换热表面传热系数 α 相混淆，称总传热系数）。肋壁是工程技术领域中应用广泛的增强换热的金属壁面，本节将详细讨论通过肋壁的传热系数计算式，并对与此相关的圆管的临界热绝缘直径问题做出相应的分析。

9.1.1 通过平壁的传热

设有一单层平壁，两侧的表面积分别为 F_1、F_2，且 $F_1 = F_2$；平壁厚度为 δ，热导率为 λ，平壁两侧的流体温度为 t_{l1}、t_{l2}，对流换热表面传热系数为 α_1 和 α_2，平壁两侧的表面温度为 t_{b1} 和 t_{b2}，如图 9-1 所示。

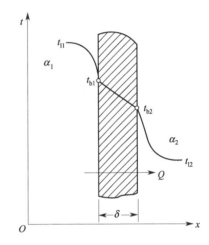

图 9-1 通过单层平壁的传热

则通过该平壁的传热系数可按下式计算：

$$K = \cfrac{1}{\cfrac{1}{\alpha_1} + \cfrac{\delta}{\lambda} + \cfrac{1}{\alpha_2}}$$

$$(9-2)$$

由于平壁两侧的面积是相等的，因此传热系数的数值不论对哪一侧来说都是一样的。式中的表面传热系数 α_1 和 α_2，可以根据具体情况选用相应的公式确定。如流过壁面的流体是含有二氧化碳、水蒸气等三原子气体的烟气，则一般既要考虑对流换热，也要计算辐射换热。

对于多层平壁（以图 9-2 的三层平壁为例），可以将其传热过程简化为一个串联电路，则传热系数计算公式为：

$$K = \cfrac{1}{\cfrac{1}{\alpha_1} + \displaystyle\sum_{i=1}^{n} \cfrac{\delta_i}{\lambda_i} + \cfrac{1}{\alpha_2}}$$

$$(9-3)$$

热流量 q 为：

$$q = \frac{t_{l1} - t_{l2}}{\dfrac{1}{\alpha_1} + \sum_{i=1}^{n} \dfrac{\delta_i}{\lambda_i} + \dfrac{1}{\alpha_2}} \tag{9-4}$$

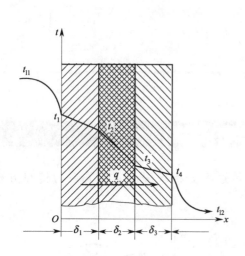

图 9-2 通过多层平壁的传热

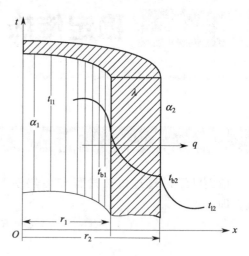

图 9-3 通过圆管的传热

9.1.2 通过圆管的传热

圆管内外侧的表面积不相等，所以对内侧和对外侧的传热系数数值是不同的。以管长为圆管（单层圆筒壁）的传热过程为例，如图 9-3 所示。管子内半径为 r_1，外半径为 r_2，管壁材料的热导率为 λ，管子内外侧的复合表面传热系数分别为 α_1 和 α_2，内外侧壁温分别为 t_{b1} 和 t_{b2}，内外侧流体温度分别为 t_{l1} 和 t_{l2}。传热过程包括管内流体到管内侧壁面、管内侧壁面到外侧壁面、管外侧壁面到外侧流体三个环节。则

管内侧流体与管内侧壁面的传热量为：

$$\frac{Q}{l} = q_1 = \frac{t_{l1} - t_{b1}}{\dfrac{1}{\alpha_1 \pi d_1}}$$

通过管壁的导热量为：

$$q_1 = \frac{t_{b1} - t_{b2}}{\dfrac{\ln d_2}{2\pi\lambda \ \ln d_1}}$$

管外侧壁面与外侧流体的传热量为：

$$q_1 = \frac{t_{b2} - t_{l2}}{\dfrac{1}{\alpha_2 \pi d_2}}$$

将上述公式整理得单位长度圆管的传热量为：

$$q_1 = \frac{t_{l1} - t_{l2}}{\dfrac{1}{\alpha_1 \pi d_1} + \dfrac{1}{2\pi\lambda} \ln \dfrac{d_2}{d_1} + \dfrac{1}{\alpha_2 \pi d_2}} \tag{9-5}$$

工程中遇到的圆筒壁通常是由若干层材料组成的多层圆筒壁，对于多层圆筒壁总热阻等于各部分热阻之和，类似于多层平壁，沿着热流 q 的方向可以将多层圆筒壁的传热过程简化

为一个串联电路。于是单位长度圆筒壁的传热量为：

$$q_1 = \frac{t_{l1} - t_{l2}}{\dfrac{1}{\alpha_1 \pi d_1} + \sum\limits_{i=1}^{n} \dfrac{1}{2\pi\lambda_i}\ln\dfrac{d_{i+1}}{d_i} + \dfrac{1}{\alpha_2 \pi d_{n+1}}} \tag{9-6}$$

上述计算公式中因为存在对数运算，在工程应用中很不方便，为使计算得到简化，实际应用时当圆筒壁不太厚时，即 $\dfrac{d_2}{d_1} < 2$ 或计算精度要求不高时，可将圆筒壁当平壁计算，使用如下近似公式计算：

$$q_1 = \frac{t_{l1} - t_{l2}}{\dfrac{1}{\alpha_1 \pi d_1} + \sum\limits_{i=1}^{n} \dfrac{\delta_i}{\pi\lambda_i d_{mi}} + \dfrac{1}{\alpha_2 \pi d_{n+1}}} \tag{9-7}$$

9.1.3 通过肋壁的传热

在表面传热系数较小的一侧采用的一种行之有效的强化传热方法就是肋壁。例如采暖用的翼形散热器和串片散热器，通风、空调用的空气加热器和冷却器，锅炉用的铸铁省煤器等，都是采用肋壁来增加换热面积，减小换热壁面两侧的换热热阻的差值，以达到增强传热的目的。以下是以平壁的一侧为肋壁的较简单的情况进行分析，如图 9-4 所示。

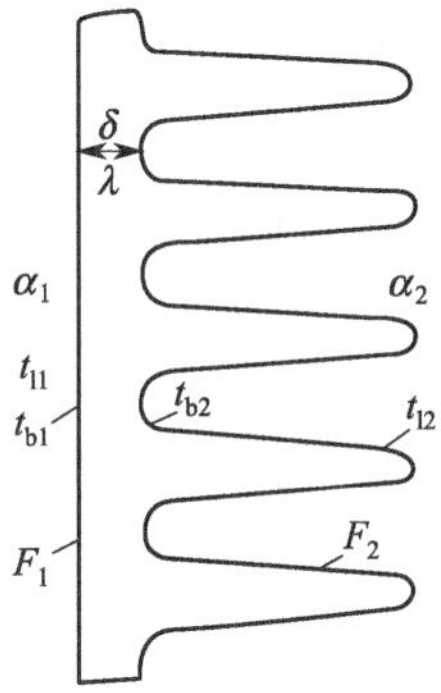

图 9-4 通过肋壁的传热

假设无肋一侧的表面积为 F_1，表面温度为 t_{b1}，换热系数为 α_1；有肋一侧的表面积为 F_2，表面温度为 t_{b2}，换热系数为 α_2，且 $\alpha_2 < \alpha_1$。流过无肋一侧的热流体温度为 t_{l1}，流过肋壁侧的冷流体温度为 t_{l2}。则

无肋侧的传热量为： $\qquad Q = \alpha_1 F_1 (t_{l1} - t_{b1})$

壁面导热量为： $\qquad Q = \dfrac{\lambda}{\delta} F_1 (t_{b1} - t_{b2})$

肋壁侧的传热量为： $\qquad Q = \alpha_2 F_2 (t_{b2} - t_{l2})$

将上面三式整理得通过肋壁的传热量为：

$$Q = \frac{t_{l1} - t_{l2}}{\dfrac{1}{\alpha_1 F_1} + \dfrac{\delta}{\lambda F_1} + \dfrac{1}{\alpha_2 F_2}} = K_F (t_{l1} - t_{l2}) \tag{9-8}$$

若不加肋壁，式(9-8) 则为：

$$Q' = \frac{t_{l1} - t_{l2}}{\dfrac{1}{\alpha_1 F_1} + \dfrac{\delta}{\lambda F_1} + \dfrac{1}{\alpha_2 F_1}} \tag{9-9}$$

比较式(9-8) 与式(9-9)，由于肋壁表面 F_2 大于平壁表面 F_1，即 $F_2 > F_1$，则在两式分母中第一、第二两项均相等，只有第三项 $\dfrac{1}{\alpha_2 F_2} < \dfrac{1}{\alpha_2 F_1}$，故 $Q > Q'$，这说明将平壁改成肋壁后，使传热增强。这种作法的实质是用肋壁来减小换热面两边放热热阻的差值。因此应在换热系数 α_1 和 α_2 相差悬殊的情况下，在 α_2 小的一面采用肋壁才能增强传热效果。

其中，F_2/F_1 称为肋化系数，用 β 表示。β 值理论上可以取很大，但是受工艺及其他因素的影响，一般取 $10 \sim 20$ 比较合理。

9.1.4　临界热绝缘直径

圆管外加肋片增加了外表面积，从而不利于增强传热，但在增加表面积（即减小表面换热热阻）的同时也增加了导热热阻。类似地，在圆管外敷设保温层也同时具有减小表面对流换热热阻及增加导热热阻两种相反的作用。

在一定条件下，增加肋片反而起到保温的作用，增加保温层反而使散热增加，两种效果的临界点在哪呢？

对这个问题的回答取决于增加表面积所引起的对流传热热阻减小的程度及导热热阻增加和程度的相对大小。对于肋片的情形，肋片都是用金属做成，热导率很大，而且肋片所增加的换热面积的倍数较高，因而使总的热阻明显降低。但是，保温材料的热导率都很小，敷设保温层后换热面积增加是由于简单地扩大直径所致，且幅度有限，因而一般总热阻都会增加。分析式（9-6）可得，如 d_0 作为绝缘层外径，则随着其值的增加产生了两种相反的效果；分母中第二项的导热阻力增加，而第三项对流传热阻力则下降，其对 d_0 求导，并设导数为 0 时其最值点

$$d_0 = \frac{2\lambda}{\alpha_2} \tag{9-10}$$

这个 d_0 称为临界绝缘直径。一般动力保温管道分析中，是否需要临界绝缘直径问题呢？通过下题的分析，会有个较清晰的认识。

【例 9-1】　蒸汽管道的外径为 15mm，外侧保温层为石棉制品，其热导率 $\lambda = 0.12$W/(m·K)，保温层外表面与空气之间的表面传热系数 $\alpha_2 = 12$W/(m^2·K)，问石棉制品保温层是否合适？

解　临界热绝缘直径

$$d_0 = \frac{2\lambda}{\alpha_2} = \frac{2 \times 0.12}{12} = 0.02(\text{m})$$

因为管道外径小于 0.02m，所以采用石棉制品不合适，如选用矿渣棉作为保温层材料，$\lambda = 0.07$W/(m·K)，得出临界绝缘直径为 12mm，选用矿渣棉是较为合适的保温层材料。

9.2　传热的加强与减弱

在有热量传递过程的各个技术领域中，常常需要强化热传递过程以缩小设备的尺寸、提高热效率，或使受热元件得到有效的冷却、保证设备安全运行，但也经常有需要削弱热量传递过程以减少热损失的情形。本节将讨论传热的强化与减弱的方法。

9.2.1　传热的强化

强化传热是指增加传递过程的传热量，通常方法是增加传热面积、增加传热温差以及增加传热系数或对流传热系数都可以增加所传递的热量，而所谓"强化传热技术"是指在一定的传热面积与温差下，增加传热系数或对流传热系数的技术。

对于一个由几个环节串联组成的总传热过程，要强化传热首先要找出热阻最大的环节，并设法强化该环节的传热，即减少该环节的热阻。所以对具体问题来说，首先应当查明研究

的过程中主要热阻在哪一个环节。

强化传热技术可从不同角度来分类。

（1）从固体侧着手与从流体侧着手的角度分　工程中发生的大多数传热问题都是热量从一种流体通过固体壁面传给另一种流体，因此要强化热量的传递过程，可以从改变固体表面的结构/形状入手，也可以从改变流体的运动状态或所受到的外力场入手，前者如各种强化换热的表面，后者如流体中的插入物以及给流体施加电场、磁场等方法。

（2）从有无外部动力源的角度分　主要分为有源技术与无源技术两大类，无源技术是指除了输送传热介质的功率外不再需要附加动力的技术，有源技术则是需要采用外加动力（机械力、电磁力等）的技术。

无源技术包括以下手段。

① 涂层表面　例如在沸腾换热表面上涂以细小的多孔层以强化沸腾，在冷凝面上涂以非湿润物质以形成珠状凝结等。

② 粗糙表面　对于单相介质流动来说，粗糙表面可以促进边界层中流体的混合；对于沸腾换热，粗糙表面的作用在于增加汽化核心。

③ 扩展表面　这项技术是工程中最广泛采用的技术，它既能增加换热面积又能使表面传热系数增加。

④ 扰流元件　这是一些插入管内以加强流体中的扰动与混合的附件。

⑤ 涡流发生器　这与④相似，但插入管内的元件会使流体产生旋转流动及二次流。

⑥ 螺旋管　这个用之前知识自行分析。

⑦ 添加物　指在换热介质中掺混入少量异种物质的小颗粒以强化换热。

⑧ 冲击射流换热　气体或液体在压差作用下通过一个圆形或窄缝形喷嘴垂直（或成一定倾角）地喷射到被冷却的表面上，从而使直接受到冲击的区域产生很强的热热效果。

有源强化技术包括：

① 对换热介质做机械搅拌；

② 使换热表面振动；

③ 使换热流体振动；

④ 将电磁场作用于流体促使换热表面附近流体的混合；

⑤ 将异种或同种流体喷入换热介质或将流体从换热表面抽吸走。

对于无相变的对流换热，凡是以减薄边界层、促使流体中各部分混合（特别是换热壁面附近流体的扰动与混合）的措施都能强化换热；对于核态沸腾，强化换热的关键在于增加汽化核心，而对膜状凝结则是要减薄液膜及加速凝结液膜的顺畅排泄。凡是能强化单相介质对流换热的方法都不可避免地会引起流动阻力的增加，因此，对一种强化换热方式的综合评价，应当综合考虑传热效果、流动阻力、成本或运行费用等因素。

9.2.2　传热的减弱

与强化传热相对应的存在另一类问题，这就是传热的减弱（绝热保温）。这类技术多用在减少热力设备的热损失、节约能源方面。如工业炉窑的保温，国内外的实践都表明，采用新型高效保温材料代替传统的保温耐火砖一般可节能 $15\%\sim30\%$。

高于环境温度的热力设备与管道的保温多采用无机的绝热材料。常用的有：多孔型绝热材料、纤维型绝热材料、粒状绝热材料等。这三类保温材料制品之所以热导率比较小，除了材料本身热导率比较低以外，主要还是因为在这些材料中形成了许多聚存空气的细小空间，由于空气的热导率很小，从而使整体的导热性能下降。

对于低于环境温度的工质和容器，关键在于防止外界热量的传入。一般性的绝热材料有在大气压下工作的疏松纤维或泡沫多孔材料，效果好些的有抽真空至 10Pa 的粉末颗粒绝热材料，效果更好的是多层真空隔热材料。

传热的减弱技术包括：最优保温材料的选择，最佳保温层厚度的确定，先进的保温结构及工艺，检测技术以及保温的技术经济评价方法等，涉及面很广。

保温效率是一个判断热力管道保温优劣的技术指标，定义如下：

$$\eta = \frac{Q_0 - Q_x}{Q_0} \tag{9-11}$$

式中　　Q_0——每单位长度裸管的散热量，W/m；

　　　　Q_x——每单位长度包有厚 x（单位 mm）保温材料的管子的散热量，W/m。

出于节能考虑，η 一般要大于 90%，为获得优良的保温效果，除选用合适的保温材料及准确的热导率值进行优化设计外，还要注意结构工艺。例如，接缝处损失较大，当内层接缝错开时，接缝处热损为无缝处的二倍左右，须特别注意。另外，含湿量的增加将急剧破坏材料的保温能力，所以工程上保温材料施工时都要求采取防雨、雪的围护结构。

 ------------------ **思考题及习题** ------------------

● 9-1　工程中，增强热工设备传热的途径有哪些？

● 9-2　高于环境温度的热力设备与管道的保温多采用哪几种绝热材料？

● 9-3　什么是强化传热？

● 9-4　圆筒壁和肋壁的传热计算与平壁传热计算有何不同？

● 9-5　供热管道外径 50mm，表面温度不超过 40℃，则其保温层厚度要多少毫米以上？已知室内空气温度为 25℃，空气与保温层的换热系数为 14W/(m²·℃)。

● 9-6　如图所示一建筑物的墙壁由空心砖砌成，该空心砖的各外边长为 300mm，壁厚均为 75mm。设该砖混凝土热导率为 0.8 W/(m·K)，空气当量热导率为 0.28W/(m·K)，设温度只沿墙壁厚度 x 方向发生变化，室内温度为 25℃，表面传热系数为 10 W/(m²·K)，室外空气温度为零下 10℃，表面传热系数为 20W/(m²·K)，求通过每块砖的导热量。

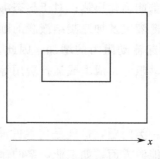

题 9-6 图

● 9-7　夏天，一置于室外的球形液氮罐，罐内液体温度保持在零下 196℃。球罐外直径为 2m，其外包有厚为 30cm 的保温层。由于某种原因，该保温材料性能变差，其平均热导率为

0.6W/(m·K)。环境温度高达40℃，罐外空气与保温层间的表面传热系数为5W/(m²·K)。试计算通过保温层的热损失并判断保温层外是否结霜？假定罐外壁温与罐内液体温度相等。

◎ 9-8　有一建筑物砖墙，热导率$\lambda=0.93$W/(m·℃)、厚240mm，墙内、外空气温度分别为$t_{l1}=18$℃和$t_{l2}=-10$℃，内、外侧的换热系数分别为$\alpha_1=8$W/(m²·℃) 和$\alpha_2=19$W/(m²·℃)，试求砖墙单位面积的散热量和墙内、外表面的温度t_{b1}和t_{b2}。

◎ 9-9　上题中，若在砖墙的内外表面分别抹上厚度为20mm、热导率$\lambda=0.81$W/(m·℃)的石灰砂浆，则墙体的单位面积散热量和两侧墙表面温度t_{b1}和t_{b2}又各为多少？

◎ 9-10　试求在外表面换热系数均为14W/(m²·℃) 的条件下，下列几种材料的临界热绝缘直径：

(1) 泡沫混凝土 [$\lambda=0.29$W/(m·℃)]；

(2) 岩棉板 [$\lambda=0.035$W/(m·℃)]；

(3) 玻璃棉 [$\lambda=0.058$W/(m·℃)]；

(4) 泡沫塑料 [$\lambda=0.041$W/(m·℃)]。

第④单元

常用热工装置及设备

第10章 热质交换设备

在暖通空调等许多工程应用中，经常需要在系统和它的周围环境之间或在同一系统的不同部分之间传递热量和质量，这种以在两种流体之间传递热量和质量为基本目的的设备称为热质交换设备。在热质交换设备中，有时仅有热量的传递，有时是热量传递和质量传递同时发生。本章将对暖通空调专业中常见的热质交换设备的分类和简单的特点进行介绍，讨论热质交换设备的构造原理和热工计算的基本方法。

10.1 热质交换设备的分类

热质交换设备的分类方法很多，可以按工作原理、流体流动方向、设备用途、制造材料、传热传质表面结构等分为各种类型。在各种分类方法中，最基本的是按工作原理分类。

10.1.1 按工作原理分类

按不同的工作原理可以把热质交换设备分为：间壁式、直接接触式、蓄热式和热管式等类型。

（1）间壁式　又称表面式，在此类换热器中，热、冷介质在各自的流道中连续流动完成热量传递任务，彼此不接触、不掺混。凡是生产中介质不容掺混的场合都使用此类型换热器，它是应用最广泛、使用数量最大的一类。专业上的表面式冷却器、过热器、省煤器、散热器、暖风机、燃气加热器、冷凝器、蒸发器等均属此类。

（2）直接接触式　又称为混合式，在此类热质交换设备中，两种流体直接接触并允许相互掺混，传递热量和质量后，再各自全部或部分分开，因而传热传质效率高。专业上的喷淋室及蒸汽喷射泵、冷却塔、蒸汽加湿器、热力除氧器等均属此类。

（3）蓄热式　又称回热式或再生式换热器，此类换热器借助由固体构件（填充物）组成的蓄热体作为中间载体传递热量。在蓄热式换热器中，热、冷流体依时间先后交替流过由蓄热体组成的流道，热流体先对其加热，使蓄热体温度升高，把热量储存于固体蓄热体内，随即冷流体流过，吸收蓄热体通道壁放出的热量。在蓄热式换热器里所进行的热传递过程不是稳态过程，蓄热体不停地、周而复始地被加热和冷却，壁面和壁内部的温度均处于不停的变化之中。炼铁厂的热风炉、锅炉的中间热式空气预热器及全热回收式空气调节器等均属此类。

（4）热管换热器　此类换热器是以热管为换热元件的换热器。由若干支热管组成的换热管束通过中隔板置于壳体内，中隔板与热管加热段、冷却段及相应的壳体内腔分别形成热、冷流体通道，热、冷流体在通道中横掠热管束连续流动实现传热。当前该类换热器多用于各种余热回收工程。

间壁式、混合式和蓄热式三种主要热质交换设备类型中，间壁式的生产经验、分析研究和计算方法比较丰富和完整，它们的某些计算方法对混合式和蓄热式也适用。

10.1.2 按照热流体与冷流体的流动方向分类

热质交换设备按照其内热流体与冷流体的流动方向，可分为顺流式、逆流式、叉流式和混流式等类型。

（1）顺流式 又称并流式，其内冷、热两种流体平行地向着同一方向流动，如图 10-1 (a) 所示。冷、热流体同向流动时，可以用平壁隔开，但通常是用同心管（或是双层管）隔开，其布置简图示于图 10-1(b)。在这样的顺流布置中，热、冷流体由同一端进入换热器，向着同一方向流动，并由同一端离开换热器。

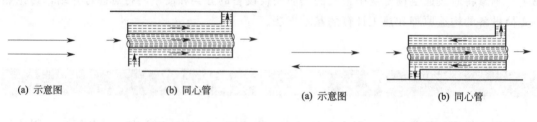

(a) 示意图 (b) 同心管   (a) 示意图 (b) 同心管

图 10-1 顺流换热器   图 10-2 逆流换热器

（2）逆流式 两种流体也是平行流动，但它们的流动方向相反，如图 10-2 (a) 所示。冷、热流体逆向流动，由相对的两端进入换热器，向着相反的方向流动，并由相对的两端离开换热器，其布置简图示于图 10-2(b)。

（3）叉流式或错流式 两种流体的流动方向互相垂直交叉，示意图如图 10-3 (a) 所示。这种布置通常是用在气体受迫流过一个管束而管内则是被泵送的液体，图 10-3(b)、(c) 表示了两种常见的布置方式。对于像图 10-3 (b) 那样的带肋片的管束，气体流是不混合的，因为它不能在横向（垂直于流动方向）自由运动。类似地，因为液体被约束在互相隔开的管子中，所以液体在流过管子时也是不混合的。这一类肋片管叉流换热器被广泛应用于空调装置中。与之相反，如果管子是不带肋片的，那么气体就有可能一边向前流动，一边横向混合。像图 10-3(c) 那样的布置，气流是混合的。应当注意，在不混合时，流体应表示为二维的温度分布，即其温度在流动方向上和垂直于流动的方向上都是变化的。然而，在有横向混合流动的条件下，温度虽然主要是在流动方向发生变化，但混合情况对于换热器总的传热会有重要的影响。

（4）混流式 两种流体在流动过程中既有顺流部分，又有逆流部分，如图 10-4(a) 及 (b) 所示。当冷、热流体交叉次数在四次以上时，可根据两种流体流向的总趋势，将其看成逆流或顺流，如图 10-4(c) 及 (d) 所示。

下面对各种流动形式做一比较。

在各种流动形式中，顺流和逆流可以看作是两个极端情况。在进出口温度相同的条件下，逆流的平均温差最大，顺流的平均温差最小；顺流时，冷流体的出口温度总是低于热流体的出口温度，而逆流时冷流体的出口温度都可能超过热流体的出口温度。从这些方面来

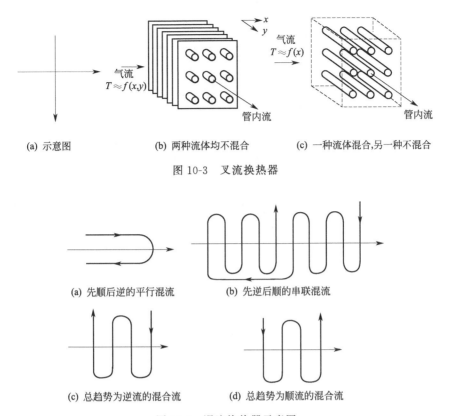

(a) 示意图　　(b) 两种流体均不混合　　(c) 一种流体混合,另一种不混合

图 10-3　叉流换热器

(a) 先顺后逆的平行混流　　(b) 先逆后顺的串联混流

(c) 总趋势为逆流的混合流　　(d) 总趋势为顺流的混合流

图 10-4　混流换热器示意图

看，热质交换设备应当尽量布置成逆流，而尽可能避免布置成顺流。但逆流布置也有一个缺点，即冷流体和热流体的最高温度发生在换热器的同一端，使得此处的壁温较高，对于高温换热器来说。这是要注意的。为了降低这里的壁温，有时有意改用顺流，锅炉的高温过热器中就有这种情况。

当冷、热流体中有一种发生相变时，冷、热流体的温度变化就如图 10-5 所示。其中图 10-5(a) 表示冷凝器中的温度变化；图 10-5(b) 表示蒸发器中的温度变化，布置这类换热器时就无所谓顺流、逆流了。同样，当两种流体的水容量 C 相差较大，或者冷、

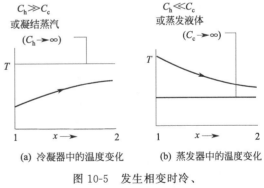

(a) 冷凝器中的温度变化　　(b) 蒸发器中的温度变化

图 10-5　发生相变时冷、
热流体的温度变化图

热流体之间的温差比冷、热流体本身的温度变化大得多时，顺流、逆流的差别就不显著了。纯粹的逆流和顺流，只有在套管换热器或螺旋板式换热器中才能实现。但对工程计算来说，混合流如图 10-6 所示的流经管束的流动，只要管束曲折的次数超过 4 次，就可作为纯顺流或纯逆流来处理了。

10.1.3　按用途分类

热质交换设备按照用途来分有：表冷器、加热器、预热器、喷淋室、过热器、蒸发器、

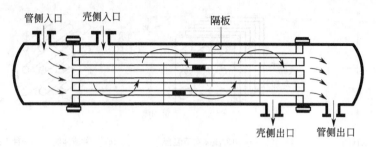

图 10-6   可作为纯顺流的实际工程中的混合流

冷凝器、加湿器、暖风机等。

（1）表冷器   用于把流体冷却到所需温度，被冷却流体在冷却过程中不发生相变，但其内某种成分，如空气中的水蒸气，可能出现凝结现象。

（2）加热器   用于把流体加热到所需温度，被加热流体在加热过程中不发生相变。

（3）预热器   用于预先加热流体，以使整套工艺装置效率得到改善。

（4）喷淋室   通过向被处理流体喷射液体，以直接接触的方式实现对被处理流体的加热、冷却、加湿、减湿等处理过程。

（5）过热器   用于加热饱和蒸汽到其过热状态。

（6）蒸发器   用于加热液体使之蒸发气（汽）化，或利用低压液体蒸发汽化以吸收另一种流体的热量。

（7）冷凝器   用于冷却凝结性饱和蒸气（汽），使之放出潜热而凝结液化。

（8）加湿器   用于增加被处理对象的湿度。

（9）暖风机   用于加热空气，以向被供暖房间提供热量。

表 10-1 列出建筑环境与设备工程专业中常见的热质交换设备及其形式，同时还列出其设备内流体的传热机理。

表 10-1   常见的热质交换设备形式与传热机理

名称	形式	传热机理	名称	形式	传热机理
表冷器	间壁式	对流-导热-对流	冷凝器	间壁式	凝结-导热-对流
喷淋室	直接接触式	接触传热、传质	冷却塔	直接接触式	接触传热、传质
蒸发器（锅炉）	间壁式	辐射-导热-两相传热	蒸汽加热器	间壁式	凝结-导热-对流
蒸发器（制冷）	间壁式	对流-导热-蒸发	热水加热器	间壁式	对流-导热-对流
过热器	间壁式	辐射＋对流-导热-对流	除氧器	直接接触式	接触传热、传质
省煤器	间壁式	对流（辐射份额少）-导热-对流	蒸汽加湿器	直接接触式	接触传热、传质
空气预热器	间壁式或蓄热式	对流-导热-对流	散热器	间壁式	对流-导热-对流＋辐射
蒸汽喷射泵	直接接触式	接触传热、传质	暖风机	间壁式	对流（或凝结）-导热-对流

10.1.4   按制造材料分类

热质交换设备按制造材料可分为金属材料、非金属材料及稀有金属材料等类型。

（1）金属材料热质交换设备   在生产中使用最多的是普通金属材料，如碳钢、不锈钢、铝、铜、镍及其合金等制造的热质交换设备。

由于石油、化学、冶金、核动力等工业中的许多工艺过程多在高温、高压、高真空或深冷、剧毒等条件下进行，而且常常伴随着极强的腐蚀性，因而对热质交换设备的材料提出了许多特殊甚至苛刻的要求。金属材料换热器已远不能满足需要，因此开始研制和生产了非金属及稀有金属材料的换热器。

（2）非金属材料热质交换设备　非金属换热器有石墨、工程塑料、玻璃、陶瓷换热器等。

石墨具有优良的耐腐蚀及传热性能，线膨胀系数小，不易结垢，机械加工性能好，但易脆裂、不抗拉、不抗弯。石墨换热器在强腐蚀性液体或气体中应用最能发挥其优点，它几乎可以处理除氧化酸外的一切酸碱溶液。

用于制造热质交换设备的工程塑料很多，目前以聚四氟乙烯为最佳，其性能可与金属换热器相比但却具有特殊的耐腐蚀性。它主要用于硫酸厂的酸冷却，用以代替原有冷却器，可以获得显著的经济效益。

玻璃换热器能抗化学腐蚀，且能保证被处理介质不受或少受污染。它广泛应用于医药、化学工业，例如香精油及高纯度硫酸蒸馏等工艺过程。

（3）稀有金属材料热质交换设备　稀有金属换热器是在解决高温、强腐蚀等换热问题时研制出来的，但材料价格昂贵使其应用范围受到限制。为了降低成本，已发展了复合材料，如以复合钢板和衬里等形式提供使用。对于制造换热器，目前是钛金属应用较多，锆等其他稀有金属应用较少。

10.2　间壁式换热器

用于显热交换的间壁式换热器，也可用于既有显热交换又有潜热交换的场合，只是考虑到换热设备两端流体的不同，使用的间壁式换热器种类和形式有所不同。例如，空调工程中处理空气的表冷器，其两侧的流体通常是冷冻水或制冷剂和湿空气，由于两者的换热系数不同，所以根据换热器的强化方法，一般在空气侧加装各种形式的肋片，如图10-7所示。

间壁式换热器种类很多，从构造上主要可分为：管壳式、肋片管式、螺旋板式、板翅式、板式等，其中以前三种用得最为广泛。

10.2.1　管壳式换热器

管壳式换热器又分为容积式和壳程式（一根大管中套一根小管）。容积式换热器是一种既能换热又能储存热量的换热设备，从外形不同可分为立式和卧式两种。根据加热管的形式不同又分为：固定管板的壳管式换热器、带膨胀节的壳管式换热器以及浮动头式壳管式换热器。它是由外壳、加热盘管、冷热流体进出口等部分组成。同时它还装有温度计、压力表和安全阀等仪表、阀件。蒸汽（或热水）由上部进大盘管，在流动过程中进行换热，最后变成凝结水（或低温回水）从下部流出盘管。如图10-8所示。

壳程式换热器如图10-9所示，又称为快速加热器。根据管程和壳程的多少，壳程式换热器有不同的形式，图10-9（a）为两壳程四管程，即2-4型换热器，图10-9（b）为三壳程六管程，即3-6型换热器。

管壳式换热器结构坚固，易于制造，适应性强，处理能力大，高温高压情况下也能使

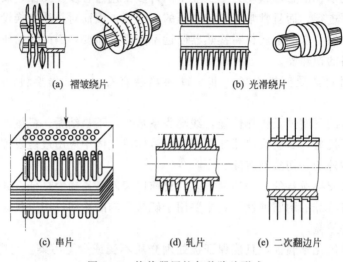

图 10-7   换热器用的各种肋片形式

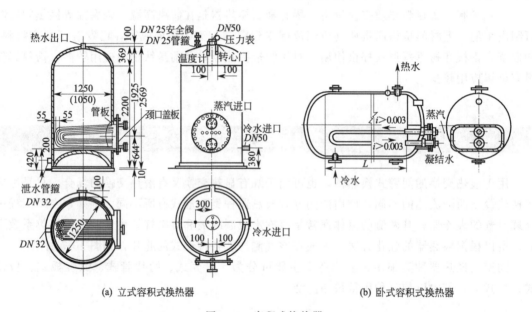

(a) 立式容积式换热器   (b) 卧式容积式换热器

图 10-8   容积式换热器

用，换热表面清洗较方便。其缺点是材料消耗大，不紧凑，占用空间大。容积式换热器运行稳定，常用于要求工质参数稳定、噪声低的场所。壳程式换热器容量较大，常用于容量大且容量较均匀的场所，如卫生热水供应。

10.2.2   肋片管式换热器

图 10-10 所示为肋片管式换热器结构示意图，在管子的外壁加肋片，大大地增加了对流换热系数小的一侧的换热面积，强化了传热，与光管相比，传热系数可提高 1～2 倍。这类换热器的结构紧凑，对于换热面两侧流体换热系数相差较大的场合非常适用。

肋片管式换热器在结构上最主要的问题是：肋片的形状、结构以及和管子的连接方式。肋片形状可分为圆盘形、带槽或孔式、皱纹式、钉式和金属丝式等。与管子的连接方式可分为张力缠绕式、嵌片式、热套胀接、焊接、整体轧制、铸造及机加工等。肋片管的主要缺点是肋片侧阻力大，不同的结构与不同的连接方法，对于流体流动阻力特别是传热性能有很大影响，当肋片与基管接触不良而存在缝隙时，将形成肋片与基管之间的接触热阻而降低肋片的传热系数。

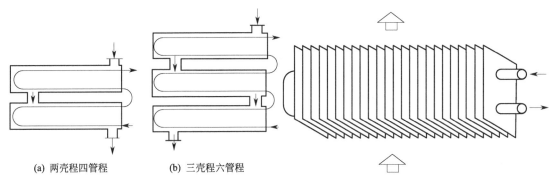

(a) 两壳程四管程　　　　(b) 三壳程六管程

图 10-9　壳程式换热器　　　　　　　图 10-10　肋片管式换热器

10.2.3　螺旋板式换热器

图 10-11 所示为螺旋板式换热器结构原理图，它是由两张平行的金属板卷制而成，构成两个螺旋通道，再加上下盖及连接管组成。冷热两种流体分别在两螺旋通道中流动。如图 10-11 所示为逆流式，流体 1 从中心进入，螺旋流到周边流出；流体 2 则从周边流入，螺旋流到中心流出。这种螺旋流动有利于提高换热系数。同时螺旋流动的污垢形成速度约是管壳式换热器的 1/10。这是因为当流动壁面结垢后，通道截面减小，使流速增加，从而对污垢起到了冲刷作用。此外，这种换热器结构紧凑，单位体积可容纳的换热面积约是管壳式换热器的 2 倍多，而且用钢板代替管材，材料范围广。但缺点是不易清洗、检修困难、承压能力小，储热能力小。常用于城市供热站、浴水加热等。

10.2.4　板翅式换热器

板翅式换热器结构方式很多，但都是由若干层基本换热单元组成。如图 10-12 (a) 所示，在两块平隔板 1 中央放一块波纹形热翅片 3，两端用侧条 2 封闭，形成一层基本换热元件，许多层这样的换热元件叠积焊接起来就构成板翅式换热器，如图 10-12(b) 为一种叠积方式。波纹板可做成多种形式，以增加流体的扰动，增强换热。板翅式换热器由于两侧都有翅片，作为气-气换热器时，传热系数有很大的改善，约为管壳程换

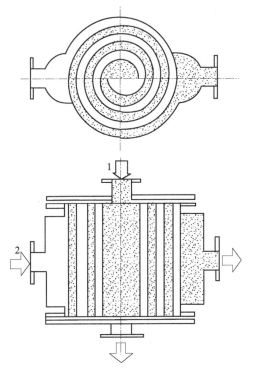

图 10-11　螺旋板式换热器

热器的 10 倍。板翅式换热器结构紧凑，每立方米换热体积中，可容纳换热面积 2500m² ，承压可达 10MPa。其缺点为容易堵塞、清洗困难，检修不易。它适用于清洁和腐蚀性低的流体换热。

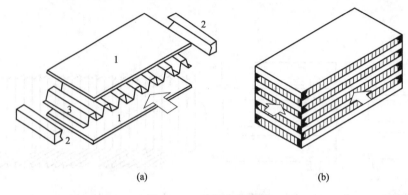

(a)　　　　　　　　　　(b)

图 10-12　板翅式换热器

10.2.5　板式换热器

板式换热器是由具有波形凸起或半球形凸起的若干个传热板叠积压紧组成。传热板片间装有密封垫片。垫片用来防止介质泄漏和控制构成板片流体的流道。如图 10-13 所示，冷热流体分别由上、下角孔进入换热器并相向流过偶、奇数流道，并且分别从上、下角孔流出换热器。传热板片是板式换热器的关键元件板片，形式的不同直接影响到换热系数、流动阻力和承压能力。板式换热器具有传热系数高、阻力小、结构紧凑、金属耗量低、使用灵活性大和拆装清洗方便等优点，故已广泛应用于供热工程、食品、医药、化工、冶金钢铁等部门。目前板式换热器所达到的主要性能数据为：最佳传热系数为 7000W/(m² · ℃)（水→水）；最大处理量为 1000m³/h；最高操作压力为 2.744MPa；紧凑性为 250～1000m²/m³；金属耗量为 16kg/m² 。板式换热器的发展，主要在于继续研究板形与传热性能的关系，以探求更佳的板形，向更高的参数和大容量方向发展，其工作原理如图 10-13 所示。

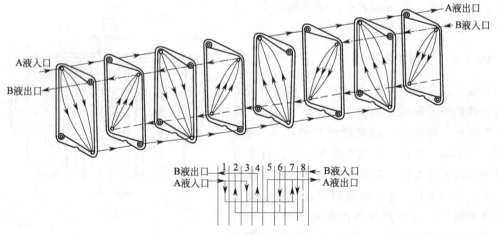

图 10-13　板式换热器的工作原理

10.2.6 浮动盘管式换热器

浮动盘管式换热器是 20 世纪 80 年代从国外引进的一种新型半即热式换热器，它由上（左）、下（右）两个端盖和外筒、热介质导入管、冷凝水（回水）导出管及水平（垂直）浮动盘管组成。端盖、外筒是由优质碳钢和不锈钢制成，热介质导入管和冷凝水（回水）导出管由黄铜管制成。水平（垂直）浮动盘管是由紫铜管经多次成型加工而成。各部分之间均采用螺栓（或螺纹）连接，为该设备的检修提供了可靠的条件，如图 10-14 所示。

该换热器的特点是：换热效率高，传热系数 $K \geqslant 3000\text{W}/(\text{m}^2 \cdot \text{℃})$；设备结构紧凑，体积小；自动化程度高，能很好地调节出水温度；能自动清除水垢，外壳温度低，热损失小。但是，该换热器在运输及安装时严防滚动，同时要求在安装过程中与基础固定牢固，防止运行时产生振动。

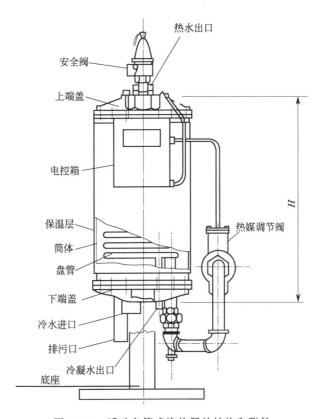

图 10-14 浮动盘管式换热器的结构和附件

10.3 混合式换热器

混合式热交换器是依靠冷、热流体直接接触而进行传热的，这种传热方式避免了传热间壁及其两侧的污垢热阻，只要流体间的接触情况良好，就有较大的传热速率。故凡允许流体相互混合的场合，都可以采用混合式热交换器，例如气体的洗涤与冷却、循环水的冷却、汽-水之间的混合加热、蒸汽的冷凝等。它的应用遍及化工和冶金企业、动力工程、空气调节工程以及其他许多生产部门中。

10.3.1　混合式热交换器的种类

按照用途的不同。可将混合式热交换器分成以下几种不同的类型。

（1）冷却塔（或称冷水塔）　在这种设备中，用自然通风或机械通风的方法，将生产中已经提高了温度的水进行冷却降温之后循环使用，以提高系统的经济效益。例如，热力发电厂或核电站的循环水、合成氨生产中的冷却水等，经过水冷却塔降温之后再循环使用，这种方法在实际工程中得到了广泛的使用。

（2）气体洗涤塔（或称洗涤塔）　在工业上用这种设备来洗涤气体有各种目的，例如用液体吸收气体混合物中的某些组分，除净气体中的灰尘，气体的增湿或干燥等。但其最广泛的用途是冷却气体，而冷却所用的液体以水居多。空调工程中广泛使用的喷淋室，可以认为是它的一种特殊形式。喷淋室不但可以像气体洗涤塔一样对空气进行冷却，而且还可对其进行加热处理。但是，它也有对水质要求高、占地面积大、水泵耗能多等缺点。所以，目前在一般建筑中，喷淋室已不常使用或仅作为加湿设备使用。但是，在以调节湿度为主要目的的纺织厂、卷烟厂等仍大量使用。

（3）喷射式热交换器　在这种设备中，使压力较高的流体由喷管喷出，形成很高的速度，低压流体被引入混合室与射流直接接触进行传热传质，并一同进入扩散管，在扩散管的出口达到同一压力和温度后送给用户。

（4）混合式冷凝器　这种设备一般是用水与蒸汽直接接触的方法使蒸汽冷凝，最后得到的是水与冷凝液的混合物。可以根据需要，或循环使用，或就地排放。

以上这些混合式热交换器的共同优点是结构简单，消耗材料少，接触面大，并因直接接触而有可能使得热量的利用比较完全。因此它的应用日渐广泛，对其传热传质机理的探讨和结构的改进等方面，也进行了较多的研究。但是应该说，混合热交换理论的研究水平，还远远不能与这类设备的广泛流行相适应。有关这类设备的热工计算问题的研究，还有大量工作可做。在这里，本节重点介绍喷淋室和冷却塔这两类混合式热交换器的类型与结构。

10.3.2　喷淋室的类型和构造

（1）喷淋室的构造　图 10-15（a）是应用比较广泛的单级、卧式、低速喷淋室，它由许多部件组成。前挡水板有挡住飞溅出来的水滴和使进风均匀流动的双重作用，因此有时也称它为均风板。被处理空气进入喷淋室后流经喷水管排，与喷嘴中喷出的水滴相接触进行热质交换，然后经后挡水板流走。后挡水板能将空气中夹带的水滴分离出来，防止水滴进入后面的系统。在喷淋室中通常设置一至三排喷嘴，最多四排喷嘴。喷水方向根据与空气流动方向相同与否分为顺喷、逆喷和对喷，从喷嘴喷出的水滴完成与空气的热质交换后，落入底池中。

底池和四种管道相通，它们分别如下。

① 循环水管　底池通过滤水器与循环水管相连，使落到底池的水能重复使用。滤水器的作用是清除水中杂物，以免喷嘴堵塞。

② 溢水管　底池通过溢水器与溢水管相连，以排除水池中维持一定水位后多余的水。在溢水器的喇叭口上有水封罩可将喷淋室内、外空气隔绝，防止喷淋室内产生异味。

③ 补水管　当用循环水对空气进行绝热加湿时，底池中的水量将逐渐减少，由于泄漏

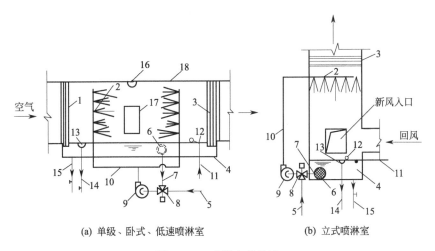

(a) 单级、卧式、低速喷淋室   (b) 立式喷淋室

图 10-15 喷淋室的构造

1—前挡水板；2—喷嘴与排管；3—后挡水板；4—底池；5—冷水管；6—滤水器；
7—循环水管；8—三通混合阀；9—水泵；10—供水管；11—补水管；12—浮球阀；
13—溢水器；14—溢水管；15—泄水管；16—防水灯；17—检查门；18—外壳

等原因也可能引起水位降低。为了保持底池水面高度一定，且略低于溢水口，需设补水管并经浮球阀自动补水。

④ 泄水管　为了检修、清洗和防冻等目的，在底池的底部需设有泄水管，以便在需要泄水时，将池内的水全部泄至下水道。

为了观察和检修的方便，喷淋室还设有防水照明灯和密闭检查门。

喷嘴是喷淋室的最重要部件。我国曾广泛使用 Y-1 型离心喷嘴。近年来，国内研制出了几种新型喷嘴，如 BTL-1 型、PY-1 型、FL 型、FKT 型等。由于使用 Y-1 型喷嘴的喷淋室实验数据较完整，故在后面本章的例题中仍加以引用。

挡水板是影响喷淋室处理空气效果的又一重要部件。它由多折的或波浪形的平行板组成。当夹带水滴的空气通过挡水板的曲折通道时，由于惯性作用，水滴就会与挡水板表面发生碰撞，并聚集在挡水板表面上形成水膜，然后沿挡水板下流到底池。

用镀锌钢板或玻璃条加工而成的多折形挡水板，由于其阻力较大、易损坏，现已较少使用。而用各种塑料板制成的波形和蛇形挡水板，阻力较小且挡水效果较好。

（2）喷淋室的类型　喷淋室有卧式和立式；单级和双级；低速和高速之分。此外，在工程上还使用带旁通和带填料层的喷淋室。

如图 10-15(b) 所示，立式喷淋室的特点是占地面积小，空气流动自下而上，喷水由上而下，因此空气与水的热湿交换效果更好，一般是在处理风量小或空调机房层高允许的地方采用。

双级喷淋室能够使水重复使用，因而水的温升大、水量小，在使空气得到较大焓降的同时节省了水量。因此，它更适宜于用在使用自然界冷水或空气焓降要求较大的地方。双级喷淋室的缺点是占地面积大，水系统复杂。

一般低速喷淋室内空气的流速为 2～3m/s，而高速喷淋室内空气流速更高。图 10-16 是美国 Carrier 公司的高速喷淋室。在其圆形断面内空气流速可高达 8～10m/s，挡水板在高速气流驱动下旋转，靠离心力作用排除所夹带的水滴。图 10-17 是瑞士 Luwa 公司的高速喷淋室，它的风速范围为 3.5～6.5m/s，其结构与低速喷淋室类似。为了减少空气阻力，它的均风板用流线形导流格栅代替，后挡水板为双波型。这种高速喷淋室已在我国纺织行业推广应用。

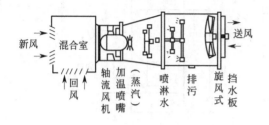
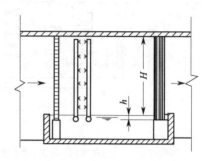

图 10-16　Carrier 公司高速喷淋室　　　　图 10-17　瑞士 Luwa 公司高速喷淋室

带旁通的喷淋室是在喷淋室的上面或侧面增加一个旁通风道，它可使一部分空气不经过喷水处理而与经过喷水处理的空气混合，得到要求处理的空气终参数。

带填料层的喷淋室，是由分层布置的玻璃丝盒组成。在玻璃丝盒上均匀地喷水（图10-18），空气穿过玻璃丝层时与各玻璃丝表面上的水膜接触，进行热湿交换。这种喷淋室对空气的净化作用更好，它适用于空气加湿或蒸发式冷却，也可作为水的冷却装置。

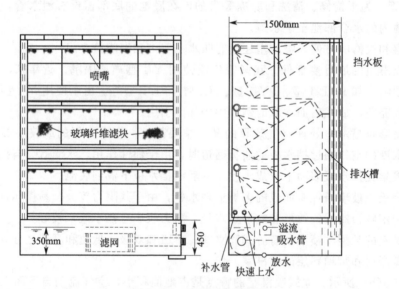

图 10-18　玻璃丝盒喷淋室

10.3.3　冷却塔的类型与结构

（1）冷却塔的类型　　冷却塔有很多种类，根据循环水在塔内是否与水直接接触，可分成干式、湿式。干式冷却塔是把循环水通入安装于冷却塔中的散热器内被空气冷却，这种塔多用于水源奇缺而不允许水分散失或循环水有特殊污染的情况。湿式冷却塔则让水与空气直接接触，它是下面所要讨论的对象。

图 10-19 示出了湿式冷却塔的各种类型。在开放式冷却塔中，利用风力和空气的自然对

流作用使空气进入冷却塔，其冷却效果要受到风力及风向的影响，水的散失比其他形式的冷却塔大。在风筒式自然通风冷却塔中，利用较大高度的风筒，形成空气的自然对流作用使空气流过塔内与水接触进行传热，其特点是冷却效果比较稳定。在机械通风冷却塔中，如图中的（c）是空气以鼓风机送入，而图中的（d）则显示的是以抽风机吸入的形式，所以机械通风冷却塔具有冷却效果好和稳定可靠的特点，它的淋水密度（指在单位时间内通过冷却塔的单位截面积的水量）可远高于自然通风冷却塔。

按照热质交换区段内水和空气流动方向的不同，还有逆流塔、横流塔之分，水和空气流动方向相反的为逆流塔，方向垂直交叉的为横流塔，如图 10-19（e）所示。

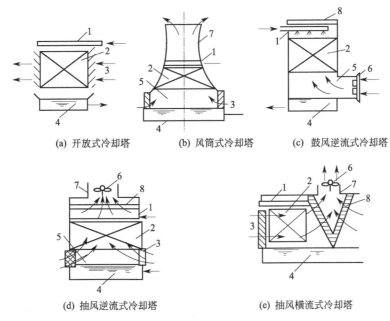

(a) 开放式冷却塔   (b) 风筒式冷却塔   (c) 鼓风逆流式冷却塔

(d) 抽风逆流式冷却塔   (e) 抽风横流式冷却塔

图 10-19　各式冷却塔示意图
1—配水系统；2—淋水装置；3—百叶窗；4—集水池；
5—空气分配区；6—风机；7—风筒；8—收水器

（2）冷却塔的构造　各种形式的冷却塔，一般包括下面所述几个主要部分，这些部分的不同结构，可以构成不同形式的冷却塔。

① 淋水装置　淋水装置又称填料，其作用在于将进塔的热水尽可能形成细小的水滴或水膜，增加水和空气的接触面积，延长接触时间，以增进水气之间的热质交换。在选用淋水装置的形式时，要求它能提供较大的接触面积并具有良好的亲水性能，制造简单而又经久耐用，安装检修方便、价格便宜等。

淋水装置可根据水在其中所呈现的现状分为点滴式、薄膜式及点滴薄膜式三种。

a. 点滴式：这种淋水装置通常用水平的或倾斜布置的三角形或矩形板条按一定间距排列而成，如图 10-20 所示。在这里，水滴下落过程中水滴表面的散热以及在板条上溅散而成的许多小水滴表面的散热约占总散热量的 60%～75%，而沿板条形成的水膜的散热只占总散热量的 25%～30%。一般来说，减小板条之间的距离 S_1、S_2 可增大散热面积，但会增加空气阻力，减小溅散效果。通常取 S_1 为 150mm，S_2 为 300mm。风速的高低也对冷却效果产生影响，一般在点滴式机械通风冷却塔中可采用 1.3～2m/s，自然通风冷却塔中采用

0.5～1.5m/s。

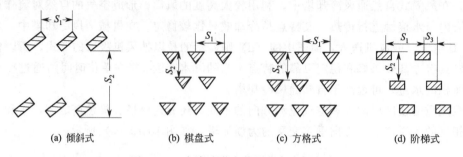

图 10-20 点滴式淋水装置板条布置方式

b. 薄膜式：这种淋水装置的特点是利用间隔很小的平膜板或凹凸形波板、网格形膜板所组成的多层空心体，使水沿着其表面形成缓慢的水流，而冷空气则经多层空心体间的空隙，形成水气之间的接触面。水在其中的散热主要依靠表面水膜、格网间隙中的水滴表面和溅散而成的水滴的散热三个部分，而水膜表面的散热居于主要地位。图 10-21 中示出了其中四种薄膜式淋水装置的结构。对于斜波交错填料，安装时可将斜波片正反叠置，水流在相邻两片的棱背接触点上均匀地向两边分散。其规格的表示方法为"波距×波高×倾角－填料总高"，以 mm 为单位。蜂窝淋水填料是用浸渍绝缘纸制成毛坯在酚醛树脂溶液中浸胶烘干制成六角形管状蜂窝体构成，以多层连续放于支架上，交错排列而成。它的孔眼的大小以正六边形内切圆的直径 d 表示。其规格的表示方法为：d（直径），总高 $H=$ 层数×每层高－层距，例如，$d=20$，$H=12\times100-0=1200$mm。

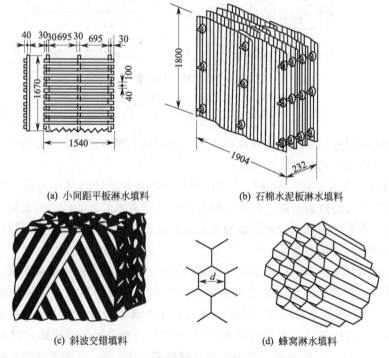

图 10-21 薄膜式淋水装置的四种结构

c. 点滴薄膜式：铅丝水泥网格板是点滴薄膜式淋水装置的一种（图 10-22），它是以

$16^{\#}\sim18^{\#}$ 铅丝作筋制成的 $50mm\times50mm\times50mm$ 方格孔的网板；每层之间留有 $50mm$ 左右的间隙，层层装设而成的。热水以水滴形式淋洒下去，故称点滴薄膜式。其表示方法：G 层数×网孔－层距/mm。例如 $G16\times50-50$。

② 配水系统 配水系统的作用在于将热水均匀地分配到整个淋水面积上，从而使淋水装置发挥最大冷却能力。常用的配水系统有槽式、管式和池式三种。

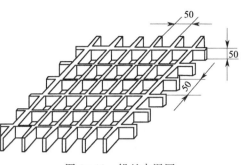

图 10-22 铅丝水泥网格板淋水装置

槽式配水系统通常由水槽、管嘴及溅水碟组成，热水从管嘴落到溅水碟上，溅成无数小水滴射向四周，以达到均匀布水的目的（图 10-23）。

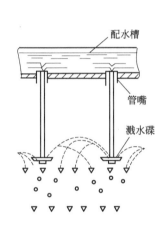

图 10-23 槽式配水系统

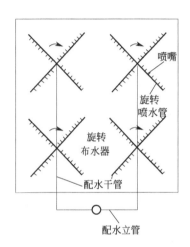

图 10-24 旋转布水的管式配水系统

管式配水系统的配水部分由干管、支管组成，它可采用不同的布水结构，只要布水均匀即可。图 10-24 所示为一种旋转布水的管式配水系统的平面图。

池式配水系统的配水池建于淋水装置正上方，池底均匀地开有 $4\sim10mm$ 孔口（或装喷嘴、管嘴），池内水深一般不小于 $100mm$，以保证洒水均匀。其结构示于图 10-25。

③ 通风筒 通风筒是冷却塔的外壳，气流的通道。自然通风冷却塔一般都很高，有的达 $150m$ 以上。而机械通风冷却塔的风筒一般在 $10m$ 左右。包括风机的进风口和上部的扩散筒，如图 10-26 所示。为了保证进、出风的平缓性和清除风筒口的涡流区，风筒的截面一般用圆锥形或抛物线形。

在机械通风冷却塔中，若鼓风机装在塔的下部区域，操作比较方便，这时由于它送的是较冷的干空气，而不像装在塔顶的抽风机那样是用于排除受热而潮湿的空气，因此鼓风机的工作条件较好。但是，采用鼓风机时，从冷却塔排出的空气流速，仅有 $1.5\sim2.0m/s$ 左右，而且由于这种塔的高度不大，因此只要有微风吹过，就有可能将塔顶排出的热而潮湿的空气吹向下部，以致被风机吸入，造成热空气的局部循环，恶化了冷却效果。

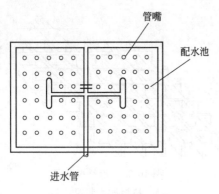

图 10-25　池式配水系统

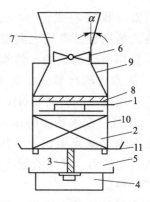

图 10-26　通风塔 (α 为风筒角度)

1—布水器；2—填料；3—隔墙；4—集水池
5—进风口；6—风机；7—风筒；8—收水器；
9—风伞；10—塔体；11—导风板

10.4　换热器常用的计算方法

10.4.1　换热器热工计算的基本公式

换热器热工计算的基本公式为传热方程和热平衡方程。

(1) 传热方程式

$$Q = KF\Delta t_m \tag{10-1}$$

式中　Δt_m——换热器的平均温差，是整个换热面上冷热流体温差的平均值。

它是考虑冷热两流体沿传热面进行换热时，其温度沿流动方向不断变化，故温度差 Δt 也是不断变化的。它不能像计算房屋的墙体的热损失或热管道的热损失等时，都把其 Δt 作为一个定值来处理。换热器的平均温度的数值，与冷、热流体的相对流向及换热器的结构形式有关。

(2) 热平衡方程式

$$Q = m_1 C_{p1}(t_1' - t_1'') = m_2 C_{p2}(t_2'' - t_2') \tag{10-2}$$

式中　m_1，m_2——热、冷流体的质量流量，kg/s；

C_{p1}，C_{p2}——热、冷流体的比热容，J/(kg·℃)；

t_1'，t_2'——热、冷流体的进口温度，℃；

t_1''，t_2''——热、冷流体的进口温度，℃。

10.4.2　平均温差法

换热器平均温差是指换热器冷、热流体温度差的平均值。平均温差的计算是换热器选型计算中不可缺少的一步。在换热器中，冷、热流体由于不断地热交换，热流体温度沿流动方向逐渐下降，而冷流体则沿流动方向逐渐上升，因此传热计算时需取它的平均值 Δt_m 才能使计算误差减少。常用的平均温度差有算术平均温差和对数平均温差两种。下面介绍它们计算的方法和使用特点。

(1) 算术平均温差　以顺流为例，冷、热流体沿换热面的温度变化如图 10-27 所示。图

中温度 t 右下角码 1、2 分别代表热流体和冷流体；右上角码"′"、"″"分别指进口温度和出口温度。以 $\Delta t'=t_1'-t_2'$ 表示换热器进口处冷、热流体的温度差，$\Delta t''=t_1''-t_2''$ 表示换热器出口处冷、热流体的温度差，则算术平均温差 Δt_m 为：

$$\Delta t_m = \frac{\Delta t' + \Delta t''}{2} \tag{10-3}$$

对于逆流式换热器，见图 10-28，可以将温差较大的一端作为进口温差代入上式计算。算术平均温差计算方法简便，但误差较大，在 $\Delta t'/\Delta t'' \geqslant 2$ 时，误差 $\geqslant 4\%$。因此，工程上只有冷、热流体间的温差沿传热面的变化较小时，才采用算术平均温差进行近似计算，否则应采用对数平均温差来计算。

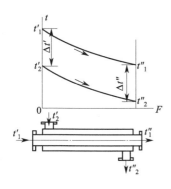

图 10-27 顺流温差的变化

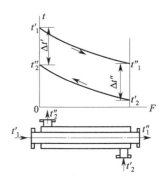

图 10-28 逆流温差的变化

（2）对数平均温差　仍以顺流为例，见图 10-29，在换热面 x 处取一微面 dF，它上面的传热量为：

$$dQ = K\Delta t dF \tag{10-4}$$

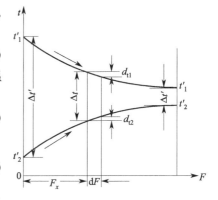

图 10-29 对数平均温差的导出

由于热交换，热流体的温度下降 dt_1，冷流体的温度下降 dt_2，不考虑换热器的热损失，则

$$dQ = -m_1 C_{p1} dt_1 = m_2 C_{p2} dt_2 \tag{10-5}$$

将上式改写成

$$dt_1 = \frac{-dQ}{m_1 C_{p1}} \tag{10-6}$$

$$dt_2 = \frac{dQ}{m_2 C_{p2}} \tag{10-7}$$

则

$$d(\Delta t) = dt_1 - dt_2 = -\left(\frac{1}{m_1 C_{p1}} + \frac{1}{m_2 C_{p2}}\right)dQ \tag{10-8}$$

将式(10-4)代入式(10-8)，整理得

$$\frac{d(\Delta t)}{\Delta t} = -\left(\frac{1}{m_1 C_{p1}} + \frac{1}{m_2 C_{p2}}\right)K dF \tag{10-9}$$

若传热系数 K 和冷、热流体的 $m_1 C_{p1}$、$m_2 C_{p2}$ 不变，则将式(10-9)积分，可得：

$$\ln\left(\frac{\Delta t''}{\Delta t'}\right) = -KF\left(\frac{1}{m_1 C_{p1}} + \frac{1}{m_2 C_{p2}}\right) \tag{10-10}$$

将式(10-8)积分：

$$\Delta t'' - \Delta t' = -\left(\frac{1}{m_1 C_{p1}} + \frac{1}{m_2 C_{p2}}\right)Q \tag{10-11}$$

联立式(10-10) 和式(10-11)，解得：

$$Q = \frac{\Delta t' - \Delta t''}{\ln \dfrac{\Delta t''}{\Delta t'}} KF \tag{10-12}$$

将式(10-12) 与式(10-1) 比较，可知：

$$\Delta t_{\mathrm{m}} = (\Delta t' - \Delta t'') / \ln\left(\frac{\Delta t'}{\Delta t''}\right) \tag{10-13}$$

Δt_{m} 称为对数平均温差（简称 LMTD，Logarithmic Mean Temperature Difference）。在它的推导过程中，有几个基本假定：①换热器与外界完全热绝缘，无散热损失；②传热系数 K 值在换热器整个传热面上保持常值；③除伴有汽化和液化的场合外，流体的 mC_p（表示质量流量为 m kg 的流体升高 1℃所需的热量，常称为流体的热容量）在整个传热面上不变；④在换热器中任一流体都不能既有相变换热，又有单相介质换热。但在实际换热器中，由于进口段流动的不稳定影响，流体的比热容、黏度、热导率等随温度的变化及实际存在的热损失都与假定不符，故对数平均温差值也是近似的，但比算术平均温差值要精确得多，对一般工程计算已足够精确。

对于逆流，也可用同样的方法推导出式(10-13) 形式相同的对数平均温差，但此时 $\Delta t'$ 为较大温差端的温差，$\Delta t''$ 为较小温差端的温差。

10.4.3 能效-传热单元数法(ε-NTU)

换热器热工计算分为设计和校核计算，它们依据的都是式(10-1)、式(10-2)。这其中，除 Δt_{m} 不是独立变量外，如将 KA 及 $m_1 C_{p1}$、$m_2 C_{p2}$ 作为组合变量，独立变量也达 8 个，它们是 4 个温度加上 Q、KA、$m_1 C_{p1}$ 及 $m_2 C_{p2}$。因此，在设计计算时需要设定变量，在校核计算时还要试凑。

将方程无量纲化，可以大大减少方程中独立变量的数目。ε-NTU 法正是利用推导对数平均温差时得出的无量纲化方程建立的一种间壁式换热器热工计算法。这种方法采用了三个无量纲量。

(1) 流体热容比 C_{r}

$$C_{\mathrm{r}} = \frac{(mC_p)_{\min}}{(mC_p)_{\max}} \tag{10-14}$$

(2) 传热效能 NTU

$$\mathrm{NTU} = \frac{KA}{(mC_p)_{\min}} \tag{10-15}$$

(3) 传热效能 ε

$$\varepsilon = \begin{cases} \dfrac{t_2'' - t_2'}{t_1' - t_2'}, & m_2 C_{p2} < m_1 C_{p1} \text{ 时} \\[3mm] \dfrac{t_1' - t_1''}{t_1' - t_2'}, & m_2 C_{p2} > m_1 C_{p1} \text{ 时} \end{cases} \tag{10-16}$$

对于顺流换热器，传热效能 ε 为

$$\varepsilon = \frac{1 - \exp[-\mathrm{NTU}(1 + C_{\mathrm{r}})]}{1 + C_{\mathrm{r}}} \tag{10-17}$$

对于逆流换热器，传热效能 ε 为

$$\varepsilon = \frac{1 - \exp[-\mathrm{NTU}(1 - C_{\mathrm{r}})]}{1 - C_{\mathrm{r}} \exp[-\mathrm{NTU}(1 - C_{\mathrm{r}})]} \quad (C_{\mathrm{r}} < 1) \tag{10-18}$$

传热效能 ε 也称为传热有效度，它表示换热器中的实际换热量与可能有的最大换热量的比值。

各种不同流动组合方式换热器的函数关系线算图，即换热器的 ε-NTU 关系图可参看图 10-30～图 10-35 及有关热交换设计手册。

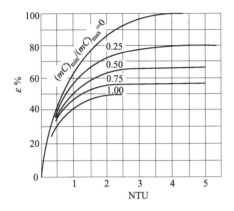

图 10-30　顺流换热器的 ε-NTU 关系图

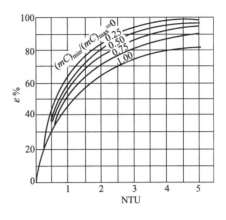

图 10-31　逆流换热器的 ε-NTU 关系图

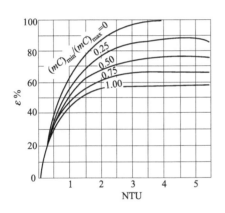

图 10-32　单壳程，2、4、6…管程
换热器的 ε-NTU 关系图

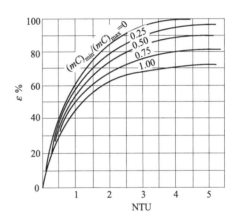

图 10-33　单壳程，4、8、12…管程
换热器的 ε-NTU 关系图

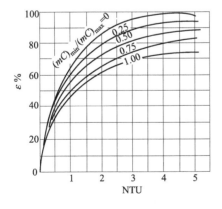

图 10-34　两流体都不混合的交叉
流换热器的 ε-NTU 关系图

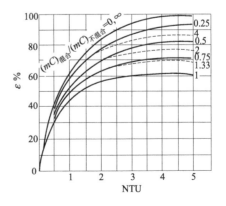

图 10-35　一种流体混合的交叉
流换热器的 ε-NTU 关系图

10.4.4 其他流动方式平均温差的计算及比较

对于交叉流、混合流及不同壳程、管程数等的其他流动方式的换热器，它们的平均温差推导很复杂。工程上大都采用先按逆流算出对数平均温差后，再按流动方式乘以温差修正系数 $\varepsilon_{\Delta t}$ 来确定它们的平均温差，即

$$\Delta t_m = \varepsilon_{\Delta t} (\Delta t' - \Delta t'') / \ln\left(\frac{\Delta t'}{\Delta t''}\right)$$

研究表明，修正系数 $\varepsilon_{\Delta t}$ 是辅助量 P 和 R 的函数：

$$P = \frac{\text{冷流体的加热度}(t_2'' - t_2')}{\text{冷、热流体的加热度}(t_1' - t_1')}$$

$$R = \frac{\text{冷流体的加热度}(t_1' - t_2'')}{\text{冷、热流体的加热度}(t_2'' - t_2')}$$

图 10-36～图 10-39 给出了四种不同流动方式换热器的温差修正系数线算图，供大家查用。其他换热器的 $\varepsilon_{\Delta t}$ 线算图可查传热手册。当 R 超出图中所给范围时，可用 $1/R$ 代替 R，PR 代替 P 查图。$\varepsilon_{\Delta t} = 1$ 时，平均温差等于逆流时的平均温差，因而 $\varepsilon_{\Delta t}$ 的大小可以反映流动形式接近逆流的程度。为考虑经济，设计换热器时一般应使 $\varepsilon_{\Delta t} \geqslant 0.8$。

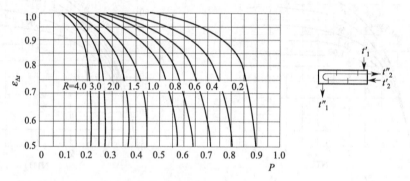

图 10-36　壳侧 1 程，管侧 2、4、6、8、…程的 $\varepsilon_{\Delta t}$ 值

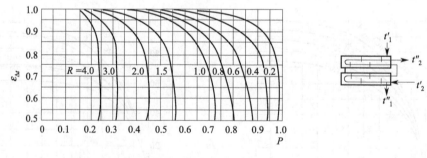

图 10-37　壳侧 2 程，管侧 4、8、12、16、…程的 $\varepsilon_{\Delta t}$ 值

【例 10-1】　在板式换热器中，热水进口温度 $t_1' = 80℃$，流量为 0.7kg/s，冷水进口温度 $t_2' = 16℃$，流量为 0.9kg/s。如要求将冷水加热到 $t_2'' = 36℃$，试求顺流和逆流时的平均温差。

解　根据热平衡，得

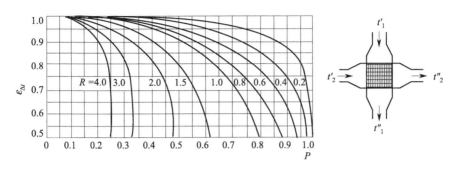

图 10-38　一次交叉流，两种流体各自都不混合的 $\varepsilon_{\Delta t}$ 值

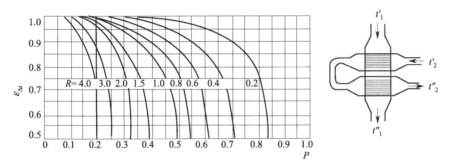

图 10-39　两次交叉流，管侧流体不混合，壳侧流体混合，顺流布置的 $\varepsilon_{\Delta t}$ 值

$$m_1 C_{p1}(t_1' - t_1'') = m_2 C_{p2}(t_2'' - t_2')$$

在题意温度范围内，水的比热容 $C_{p1} = C_{p2} = 4.19\text{kJ}/(\text{kg} \cdot \text{℃})$，故上式为：

$$0.7 \times (80 - t_1'') = 0.9 \times (36 - 16)$$

$$t_1'' = 54.29\text{℃}$$

(1) 顺流　$\Delta t' = 80 - 16 = 64\text{℃}$，$\Delta t'' = 54.29 - 36 = 18.29\text{℃}$，代入式(10-2)，得：

$$\Delta t_m = (64 - 18.29)/\ln(64/18.29) = 36.49(\text{℃})$$

(2) 逆流　$\Delta t' = 80 - 36 = 44\text{℃}$，$\Delta t'' = 54.29 - 16 = 38.29\text{℃}$，代入式(10-2)，得：

$$\Delta t_m = (44 - 38.29)/\ln(44/38.29) = 41.08(\text{℃})$$

【**例 10-2**】　上例中，如改用 1-2 型壳管式换热器，冷水走壳程，热水走管程，求平均温差。

解
$$P = \frac{t_2'' - t_2'}{t_1' - t_1'} = \frac{36 - 16}{80 - 16} = 0.31$$

$$R = \frac{t_1' - t_1''}{t_2'' - t_2'} = \frac{80 - 54.29}{36 - 16} = 1.29$$

由图 10-37 查得 $\varepsilon_{\Delta t} = 0.91$。从上例求得逆流平均温差 41.08℃，知 1-2 型壳管式换热器中的平均温差为：

$$\Delta t_m = 0.91 \times 41.08 = 37.38(\text{℃})$$

由上两例可见，逆流布置时的 Δt_m 比顺流时的大（比【例 10-1】中大 11.2%），其他流动方式也总是不如逆流的平均温差大（比【例 10-2】中小 9%）。此外顺流时冷流体的出口温度 t_2'' 总是低于热流体的出口温度 t_1''，而逆流时 t_2'' 则有可能大于 t_1'' 获得较高的冷流体出口温度。因此，工程上换热器一般尽可能地布置成逆流。但逆流也有缺点，即冷、热流体的最高温度 t_2'' 和集中在换热器的同一端，使得该处的壁温特别高。为了降低这里的壁温，如锅炉中的高温过热器，有时有意改用顺流。

要提出的是，当冷、热流体之一在换热时发生相变，如在蒸发器或冷凝器中，则由于变相流体保持温度不变，顺流或逆流的平均温差及传热效果也就没有差别了。

思考题及习题

- 10-1　间壁式换热器类型有哪些？工作原理如何？
- 10-2　简介混合式换热器。
- 10-3　简述换热器热工计算的一般步骤和方法。
- 10-4　什么叫能效-传热单元数法（ε-NTU）？
- 10-5　在下列各种管壳式换热器中，某种溶液在管内流动并由 20℃ 加热到 50℃。加热介质在壳方流动，其进、出口温度分别为 100℃ 和 60℃，试求下面各种情况下的平均温度差。

  （1）壳方和管方均为单程的换热器。设两流体呈逆流流动。

  （2）壳方和管方分别为单程和四程的换热器。

  （3）壳方和管方分别为二程和四程的换热器。

- 10-6　在间壁式换热器中，用初温为 30℃ 的原油来冷却重油，使重油从 180℃ 冷却到 120℃。重油和原油的流量分别为 10000kg/h 和 14000kg/h，重油和原油的比热容分别为 2.174kJ/（kg·℃）和 1.923kJ/（kg·℃）。两流体逆流流动。传热系数 $K = 116.3W/（m^2·℃）$。求原油的最终温度和传热面积。若两流体系并流流动时，传热系数仍然为 116.3W/（m²·℃）。问传热面积为多少？

- 10-7　某厂有一台列管式热交换器，管子规格为 $\phi25mm \times 2.5mm$，管子材料为碳钢，其热导率为 46W/（m·℃）。在换热器中用水加热某种原料气体，热水走管内，热水对管壁的对流传热系数是 930W/（m²·℃）。原料气走管外，气体对管壁的对流传热系数是 29W/（m²·℃），管内壁结有一层水垢，已知 $R_{垢} = 0.0004m^2·℃/W$。试计算传热系数 K。

- 10-8　某列管式换热器由 19 根直径为 $\phi19mm \times 2mm$、长为 1.2m 的钢管组成。拟用冷水流量为 350kg/h，常压下的乙醇饱和蒸气冷凝成饱和液体。冷水的进、出口温度分别为 15℃ 及 35℃。已知基于管子外表面积的传热系数 $K_{外}$ 为 700W/（m²·℃）。试计算该换热器能否满足要求。

第11章　喷管及扩压管

气体和水蒸气在喷管及扩压管中的绝热流动过程不仅广泛应用于汽轮机、燃气轮机等动力设备中，也应用于通风、空调及燃气等工程中引射器及燃烧器等热力设备。例如蒸汽轮机、燃气轮机等动力设备中，使高温高压的气体通过喷管，产生高速流动，然后利用高速气流冲击叶轮旋转而输出机械功。火箭尾喷管、喷射式抽气器及扩压管等是工程上常见的另一些实例。

本章主要讨论气体在流经喷管等设备时气流参数变化与流道截面积的关系，流动过程中气体能量传递和转化及喷管、扩压管的工作原理及工程应用等问题。

11.1　喷管及扩压管流动的基本规律

在实际喷管中的气体流动是稳定的或接近于稳定的，因此主要研究气体在喷管中的稳定流动过程。稳态稳流（简称稳定流动）是指工质以恒定的流量连续不断地进出系统，系统内部及界面上各点工质的状态参数和宏观运动参数保持一定，不随时间变化。稳定流动情况下，为了简化起见，可认为管道内垂直于轴向的任一截面上的各种参数值都均匀一致，流体参数只沿着管道轴向或流动方向发生变化。这种只沿轴向或流动方向上流体参数有变化的稳态稳流称为一元（一维）稳定流动。这样，气体流动就属于只沿着流动方向发生变化的一维稳定流动问题。这是进行下面研究工作的前提。气体稳定流动过程的基本方程式有连续性方程、能量方程和过程方程。

11.1.1　连续性方程

稳定流动中，任一截面的一切参数均不随时间而变，故流经一定截面的质量流量应为定值，不随时间而变。则据质量守恒原理有：

$$\dot{m}_1 = \dot{m}_2 = \cdots\cdots = \dot{m} = 常数 \tag{11-1a}$$

$$\frac{f_1 c_1}{v_1} = \frac{f_2 c_2}{v_2} = \cdots\cdots = \frac{fc}{v} = 常数 \tag{11-1b}$$

式中　$\dot{m}_1$，$\dot{m}_2$，$\dot{m}$——各截面处质量流量，kg/s；

　　　f_1，f_2，f——各截面处的截面积，m²；

　　　c_1，c_2，c——各截面处的气流速度，m/s；

　　　v_1，v_2，v——各截面处气体的比容，m³/kg。

对微元稳定流动过程有：

$$\frac{dc}{c}+\frac{df}{f}-\frac{dv}{v}=0 \tag{11-2}$$

式(11-1) 和式(11-2) 均为连续性方程的数学表达式，它描述了流道内流体的流速、比容和截面面积之间的关系，它适用于任何工质的可逆与不可逆的稳定流动过程。

11.1.2　稳定流动能量方程

工质在管道中流动，必然遵守开口系统稳定流动能量方程式：

$$q=(h_2-h_1)+\frac{c_2^2-c_1^2}{2}+g(z_2-z_1)+w_s$$

一般情况下，流道的位置改变不大，气体工质的密度也较小，因此气体的位能的改变极小，可以忽略不计。如在流动中气体与外界没有热量交换，又不对外作轴功，则上式可简化为：

$$h_2-h_1=\frac{1}{2}(c_2^2-c_1^2) \tag{11-3}$$

对于微元绝热稳定流动过程，式(11-3) 可以写成：

$$-dh=\frac{1}{2}dc^2 \tag{11-4}$$

式(11-3) 及式(11-4) 就是适用于管道流动的绝热稳定流动能量方程，适用于任何工质不作轴功的可逆或不可逆的绝热流动过程。

11.1.3　绝热过程方程

气体在稳定流动过程中若与外界没有热量交换，且气体流经相邻两截面时各参数是连续变化的，同时又无摩擦和扰动，则过程是可逆绝热过程。由于稳定流动中任一截面上的参数均不随时间而变化，所以任意两截面上气体的压力和比体积的关系可用可逆绝热过程方程式描述，对理想气体取定比热容时则有：

$$pv^k=\text{const} \tag{11-5}$$

过程方程式的微分形式是：

$$\frac{dp}{p}+k\frac{dv}{v}=0 \tag{11-6}$$

上式原则上只适用于理想气体定比热容可逆绝热流动过程，但也用于表示变比热容的理想气体绝热过程，此时 k 是过程范围内的平均值。对水蒸气一类的实际气体在喷管内作可逆绝热流动分析时也近似采用上述关系式，不过式中 k 是纯粹经验值，不具有比热容比的含义。

11.1.4　声速与马赫数

在分析气流在喷管中流动时，声速（或音速）具有重要意义。声速是一种在连续介质（气体、液体和固体）中受到微弱扰动而产生的波动的传播速度。在气体介质中，压力波的传播过程可近似看作定熵过程，拉普拉斯声速方程为：

$$a=\sqrt{\left(\frac{\partial p}{\partial \rho}\right)_s}=\sqrt{-v^2\left(\frac{\partial p}{\partial v}\right)_s} \tag{11-7}$$

对于理想气体上式可写成：

$$a=\sqrt{kpv}=\sqrt{kRT} \tag{11-8}$$

式(11-8)是理想气体中声速方程。可以看出，声速不是一个固定不变的常数，它与气体的性质及其状态有关，也是状态参数。在流动过程中，流道各个截面上气体的状态在不断地变化着，所以各个截面上的声速也在不断地变化。为了区分不同状态下气体的声速，引入"当地声速"的概念。所谓当地声速，就是某一状态下的声速。

在研究气体流动时，通常把气体的流速（c）与当地声速（a）的比值称为马赫数，用符号 M 表示：

$$M=\frac{c}{a} \tag{11-9}$$

马赫数是研究气体流动特性的一个很重要的数值。当 $M<1$，即气流速度小于当地声速时，称为亚声速；当 $M=1$ 时，气流速度等于当地声速；当 $M>1$ 时，气流速度大于当地声速，气流为超声速。

11.1.5 定熵流动基本特征

（1）气体流速变化与状态参数间的关系　对于定熵过程，从热力学第一定律解析式可知 $dh=vdp$，将这一关系代入绝热稳定流动能量方程式(11-4)，可得

$$cdc=-vdp \tag{11-10}$$

上式适用于定熵流动过程。式(11-10)说明，在管道内作定熵流动时，dc 与 dp 的符号始终是相反的。这就是说，气体流速增加则压力必将下降，这就是在喷管中的流动特性；反之，气体流速减小则压力上升，这就是扩压管中的流动特性。

（2）管道截面变化规律　喷管和扩压管的截面变化是由工质状态参数和流速变化所决定的。将式(11-10)左右两边各乘以 $1/c^2$，并将等号右边的分子分母乘以 kp，得：

$$\frac{dc}{c}=\frac{kpv}{kc^2}\frac{dp}{p}$$

利用声速表达式 $a=\sqrt{kvp}$ 及马赫数 $M=c/a$ 的关系，上式可写成：

$$\frac{dc}{c}=-\frac{1}{kM^2}\frac{dp}{p}$$

再应用连续性方程式(11-2)及可逆绝热过程方程式(11-6)，得：

$$\frac{dv}{v}=\frac{dc}{c}+\frac{df}{f} \, 及 \, \frac{dp}{p}=-k\frac{dv}{v}$$

代入上式整理得：

$$\frac{df}{f}=(M^2-1)\frac{dc}{c} \tag{11-11}$$

式(11-11)指出了管道截面变化与气流速度的变化关系。从上式可见，当流速变化时，气流截面面积的变化规律不但与流速是高于当地声速还是低于当地声速有关，还与流速是增加还是降低，即是喷管还是扩压管有关。

喷管的目的是使流体降压增速（$dp<0$，$dc>0$）。若气流通过喷管，此时气体因绝热膨胀，压力降低、流速增加，所以气流截面的变化规律是：

$M<1$，亚声速流动，$df<0$，气流截面收缩；

$M=1$，声速流动，$df=0$，气流截面缩至最小；

$M>1$，超声速流动，$df>0$，气流截面扩张。

相应地，对喷管的要求是：对亚声速气流要做成渐缩喷管；对超声速气流要做成渐扩喷管；对气流由亚声速连续增加至超声速时要做成渐缩渐扩喷管（缩放喷管），或叫做拉伐尔喷管。喷管截面形状与气流截面形状相符合，才能保证气流在喷管中充分膨胀，达到理想加速的效果。拉伐尔喷管的最小截面处称为喉部，喉部处气流速度即是声速。

扩压管的目的是使气流减速增压（$dp>0$，$dc<0$）。若气流通过扩压管，此时气体因绝热压缩，压力升高、流速降低，气流截面的变化规律是：

$M>1$，超声速流动，$df<0$，气流截面收缩；

$M=1$，声速流动，$df=0$，气流截面缩至最小；

$M<1$，亚声速流动，$df>0$，气流截面扩张。

同样，对扩压管的要求是：对超声速气流要制成渐缩形；对亚声速气流要制成渐扩形；当气流由超声速连续降至亚声速时：要做成渐缩渐扩形扩压管。但这种扩压管中气流流动情况复杂，不能按理想的可逆绝热流动规律实现由超声速到亚声速的连续转变。

有关喷管和扩压管的截面积变化与流速的关系见表 11-1。

表 11-1　喷管和扩压管流速变化与截面积变化的关系

管道形状 \ 流动状态 \ 管道种类	$M<1$	$M>1$	渐缩渐扩喷管 $M<1$ 转 $M>1$ 渐缩渐扩扩压管 $M>1$ 转 $M<1$
喷管 $dp<0$ $dc>0$	 $p_1>p_2$　$\dfrac{df}{f}<0$	 $p_1>p_2$　$\dfrac{df}{f}>0$	 $p_1>p_2$
扩压管 $dp>0$ $dc<0$	 $p_1<p_2$　$\dfrac{df}{f}>0$	 $p_1<p_2$　$\dfrac{df}{f}<0$	 $p_1<p_2$

无论是喷管还是扩压管，在最小截面处正是气流从亚声速变化为超声速，或者从超声速变化为亚声速的转折点，流速恰好等于当地声速，通常称之为临界截面。该截面的参数叫做临界状态参数，如临界速度 c_c，临界压力 p_c 和临界截面 f_c 等。此处 $M=1$，即 $c=a$。

11.2　喷管及扩压管的计算

11.2.1　临界压力比

$$\beta=\frac{p_c}{p_0} \tag{11-12}$$

式中 β——临界压力比，其值与气体性质有关，见表 11-2；

p_c——临界压力，kPa；

p_0——工质出口流速为 0 时的喷管出口压力，即定熵滞止压力，kPa。

在设计或选择喷管时，临界压力比很重要，是确定喷管外形的依据。

表 11-2 气体的临界压力比 β

气体种类	k	β	气体种类	k	β
单原子气体	1.67	0.487	过热蒸汽	1.3	0.546
双原子气体	1.4	0.528	饱和蒸汽	1.135	0.577
多原子气体	1.3	0.546	湿蒸汽	$1.035+0.1x$	

注：x—干度。

11.2.2 定熵滞止参数

气流掠过物体表面时，由于摩擦、撞击等使气体相对于物体的速度降低为零的现象称为滞止现象。该过程就是定熵滞止过程，如图 11-1 过程 1→0 所示，0 点为定熵滞止状态。

忽略滞止过程中的散热，则可认为过程为绝热滞止过程。绝热滞止状态下气体的状态参数称为绝热滞止参数或简称为滞止参数。由绝热流动的能量关系式，滞止发生时气体的温度及压力都要升高，致使物体的温度及受力状况受到影响。

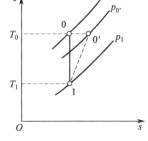

$$\frac{1}{2}(c_1^2 - c_0^2) = h_0 - h_1$$

由滞止状态，知 $c_0 = 0$，可得到绝热滞止焓 h_0 的关系式为

$$h_0 = h_1 + \frac{1}{2}c_1^2 \tag{11-13}$$

图 11-1 定熵滞止过程

可见，绝热滞止焓等于绝热流动中任一位置气体的焓和流动动能的总和，因此也称总焓。

绝热滞止时气体的温度称为绝热滞止温度，用 T_0 表示，当比热容为定值时，由焓和温度的关系，可得

$$C_p(T_0 - T_1) = \frac{1}{2}c_1^2 \quad \text{或} \quad T_0 = T_1 + \frac{c_1^2}{2C_p} \tag{11-14}$$

又根据定熵过程方程，可求得：

$$p_0 = p_1\left(\frac{T_0}{T_1}\right)^{\frac{k}{k-1}} \tag{11-15}$$

$$v_0 = v_1\left(\frac{T_1}{T_0}\right)^{\frac{k}{k-1}} \quad \text{或} \quad v_0 = \frac{RT_0}{p_0}$$

11.2.3 喷管的正确选择

工程上，往往是已知工质的进口压力等参数和喷管出口外介质的压力，又称背压 p_b，在此就对这种情况下喷管的选择进行介绍。

（1）方法一

① 进口参数和气体在喷管的流动过程，确定出口压力 p_2；

② 根据气体种类，查得其临界压力比 β；

③ 由定熵过程，确定滞止压力 p_0；

④ 比较 p_b/p_0 与 β 或（p_b 与 p_c）的大小，确定喷管形式。具体选择见表 11-3。

表 11-3　喷管正确选用方法一

序号	条　件	喷管选型结论
1	当 $p_b/p_0 \geqslant \beta$ 时，或（$p_b \geqslant p_c$）	选渐缩型喷管
2	当 $p_b/p_0 < \beta$ 时，或（$p_b < p_c$）	选缩放型喷管

（2）方法二　当已知气体进口流动状态时，选型见表 11-4。

表 11-4　喷管正确选用方法二

序号	条　件	喷管选型	扩压管选型
1	当进口气体流速 $v < \sqrt{kRT}$ 为亚声速时	选渐缩型喷管	选渐扩型管
2	当进口气体流速 $v > \sqrt{kRT}$ 为超声速时	选渐扩型喷管	选渐缩型管
3	由亚声速转超声速，即 $M<1 \to M>1$	选缩放型喷管	选渐放渐缩型管
4	由超声速转亚声速，即 $M>1 \to M<1$	选渐放渐缩型管	选渐缩渐放型管

【例 11-1】　若压力 $p_1=0.5$MPa，温度 $t_1=50$℃的空气以初速度 $c_1=80$m/s 进入喷管进行定熵流动，然后喷入大气，已知大气压力 $B=0.1$MPa，试确定应选何种喷管。

解　首先求滞止参数

$$T_0 = T_1 + \frac{c_1^2}{2C_p} = (50+273) + \frac{80^2}{2 \times \frac{7}{2} \times 287} = 326.2 \text{ (K)}$$

由式（11-15）得

$$p_0 = p_1 \left(\frac{T_0}{T_1}\right)^{\frac{k}{k-1}} = 0.5 \times \left(\frac{326.2}{323}\right)^{\frac{1.4}{1.4-1}} = 0.518 \text{ (MPa)}$$

空气为双原子气体，从表 11-2 查得 $\beta=0.528$，故

$$p_c = \beta p_0 = 0.528 \times 0.518 = 0.274 \text{ (MPa)}$$

而

$$p_b = B = 0.1\text{MPa}$$

这样由于 $p_b < p_c$，所以应选用缩放型喷管。

【例 11-2】　空气流经某扩压管，已知进口状态 $p_1=0.1$MPa，$T=300$K，$c_1=500$m/s。在扩压管中定熵流动，出口处的气流速度 $c_2=50$m/s。试确定采用何种形式的扩压管。

解　当地声速为

$$a_1 = \sqrt{kRT} = \sqrt{1.4 \times 287 \times 300} = 347 \text{ (m/s)}$$

则进口马赫数为 $M_1 = \dfrac{c_1}{a_1} = \dfrac{500}{347} = 1.44 > 1$，是超声速气流。而出口处气流速度 $c_2=50$m/s，肯定为亚声速气流（$M<1$）。因此应选渐缩渐扩型扩压管。

思考题及习题

11-1　绝热稳定流动过程中，采用了哪些基本方程式？这些方程式说明了流动过程的哪方面特性？

11-2　什么是声速？有什么重要意义？

11-3　喷管和扩压管有何区别？

11-4　在定熵流动过程中，通道各截面上的滞止参数是否都相同？

11-5　渐缩喷管、渐扩喷管、渐缩渐扩喷管各适用于什么场合？使用这些喷管的条件是什么？

11-6　水蒸气的压力 $p=0.1\text{MPa}$，温度 $t=120℃$，以 $c=500\text{m/s}$ 的速度流动，求其滞止焓、滞止温度和滞止压力。

11-7　空气的压力 $p_1=3\text{MPa}$，$t_1=120℃$，经喷管流入背压 $p_b=0.1\ \text{MPa}$ 的介质中。空气流量 $m=1.5\text{kg/s}$，并忽略流速。试确定喷管类型和定熵滞止参数。

第12章　压缩机

制冷系统完成的是一个从低温环境吸取热量，在高温环境放出热量的过程。在这个系统中，压缩机是心脏，起到一个链接的作用，它是装置中的关键核心设备。它是否能正常工作将直接影响整个系统是否能正常工作。

本章主要介绍压缩机的分类和用途，讨论各类压缩机的基本构造、工作过程和运行特性等内容。

12.1　压缩机的分类及用途

在蒸气压缩式制冷装置中，压缩机是主要部件之一。由于压缩机不断地吸入和排出气体，才使制冷循环得以周而复始地进行，所以它是整个装置的"心脏"。对系统的运行性能、噪声、振动、使用寿命和节能有着决定性的作用。

制冷压缩机形式很多，根据蒸气压缩的原理，压缩机可分为容积型和速度型两种基本类型。

在容积型压缩机中，低压气体直接受到压缩，体积被强制缩小，从而达到提高压力的目的。它又分为活塞式（往复式）和回转式两种。回转式又有螺杆式、滚动转子式、涡旋式等形式。活塞式压缩机是最常用的一种容积式压缩机，但近年来回转式压缩机发展很快，特别在高效化、小型化、轻量化方面，滚动活塞式（滚动转子式）、涡旋式和螺杆式等占有很大的优势。

在速度型压缩机中，气体压力的提高是由气体的速度转化而来的，即由气体的动能转变为气体的位能，主要形式有离心式。

图12-1所示为目前在制冷和空调领域常用压缩机的分类和结构示意图。

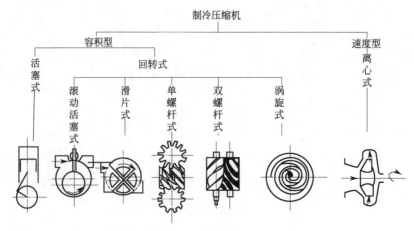

图 12-1　常用压缩机的分类和结构示意图

表 12-1 所示为各类压缩机在制冷空调工程中的制冷量范围。从表中可以看出，在制冷量小于 200kW 的领域中，活塞式、滚动活塞式和涡旋式占主要地位，大于 150kW 以上则是离心式和螺杆式的领域。

表 12-1　各类压缩机在制冷空调工程中的制冷量范围

压缩机形式＼用途	家用冷藏箱、冻结箱	房间空调器	汽车空调设备	住宅用空调器和热泵	商用制冷和空调设备	大型空调设备
活塞式	100W				200kW	
滚动活塞式	100W		10kW			
涡旋式		5kW			70kW	
螺杆式					150kW	1400kW
离心式						350kW 及以上

12.2　活塞式压缩机

活塞式制冷压缩机是应用曲柄连杆机构，带动活塞在汽缸内作往复运动而进行压缩气体的。它具有使用温度范围广、技术成熟可靠、有良好的使用性能和能量指标，所以应用较广。但由于振动的存在和结构的复杂性，限制了它的转速及制冷量的扩大，使用领域也逐步被结构简单、性能优越的其他形式压缩机所替代。

12.2.1　活塞式制冷压缩机的分类

（1）按使用的制冷剂分　分为氨压缩机、氟利昂压缩机、异丁烷压缩机等。不同制冷剂对压缩机的材料及结构要求不同。

（2）按汽缸布置方式分　分为卧式、直立式和角度式三种类型。卧式压缩机的汽缸轴线呈水平布置。直立式的汽缸轴线呈垂直布置，用符号 Z 表示。角度式压缩机的汽缸轴线呈一定角度布置，有 V、W、S、星形之分；角度式的布置方式能使压缩机结构紧凑，体积和占地面积小，振动小，运转平稳，因此为现代中、小型高速多缸压缩机广泛采用。

（3）按压缩机的密封方式分　分为开启式和封闭式两大类。后者又分为半封闭式和全封闭式两种结构形式。

（4）按输气量的大小分　输气量在 $1m^3/min$ 以下的为微型压缩机，输气量在 $1\sim10m^3/min$ 的为小型压缩机，输气量在 $10\sim100m^3/min$ 的为中型压缩机，输气量在 $100m^3/min$ 以上的为大型压缩机。

（5）按气体压缩的级数分　分为单级压缩和多级（一般为两级）压缩制冷压缩机。如果用一台压缩机来实现两级压缩，则又称为单机双级制冷压缩机。

（6）按活塞行程分　分为短行程和长行程两种。短行程压缩机的活塞行程与汽缸直径之比为 $0.7\sim0.8$；长行程则为 $0.9\sim1.0$。长行程压缩机具有更高的容积效率，在低温工况下具有更好的经济性。

所有活塞式制冷压缩机均用一定的数字和符号表示其型号，以便用户选择，如表 12-2 所示。

表 12-2   活塞式制冷压缩机型号表示法

压缩机型号	汽缸数	工质种类	汽缸布置形式	汽缸直径/cm	备 注
8AS-12.5	8	氨(A)	S形	12.5	直接传动
6AW-17	6	氨(A)	W形	17	直接传动
4FV-10B	4	氟利昂(F)	V形	10	皮带传动
3FW5(B)	3	氟利昂(F)	W形	5	半封闭式

12.2.2   活塞式制冷压缩机的结构

一个典型的活塞式制冷压缩机通常包括以下几部分。

① 机体   它是压缩机的机身，用来安装和支承其他零部件以及容纳润滑油。

② 传动机构   压缩机借助该机构传递动作，对气体作功，它包括曲轴、连杆、活塞等。

③ 配气机构   它是保证压缩机实现吸气、压缩、排气过程的配气部件，它包括吸、排气阀片，阀板和气阀弹簧等。

④ 润滑油系统   它是对压缩机各传动摩擦偶合件进行润滑的输油系统，它包括油泵、油过滤器和油压调节部件等。

⑤ 卸载装置   它是对压缩机汽缸进行卸载、调节冷量、便于启动的传动机构，它包括卸载油缸、油活塞、推杆和顶针、转环等零件。

⑥ 轴封装置   在开启式压缩机中，轴封装置用来密封曲轴穿出机体处的间隙，防止泄漏，它包括托板、弹簧、橡胶圈和石墨环等。

下面介绍几种常见的活塞式压缩机。

(1) 开启式制冷压缩机   开启式压缩机的曲轴功率输入端伸出机体，通过联轴器或带轮和原动机相连接。它的特点是容易拆卸、维修，但密封性较差，工质易泄漏，因此曲轴外伸端有轴封装置。

图 12-2 示出 812.5ACG (8AS12.5) 型压缩机的总体结构剖面图。曲轴箱和汽缸体是一个整体铸件，结构形式为扇形，相邻汽缸中心线夹角为 45°，吸、排气腔设置其中，形成一个坚固的机体，用来承装各个零部件，底部用来存放润滑油，曲轴箱两侧开有孔口，用于压缩机内部零件的装配和拆检，并用侧盖封闭，一只侧盖上还装有油面指示器和油冷却器，分别用来检查油面的高低及冷却润滑油。压缩机的曲轴用球墨铸铁整体铸造，两曲拐夹角为180°，用两个滑动轴承支承。每个曲拐上装有四个工字形连杆，每个连杆通过活塞销带动一个铝合金的筒形活塞，使活塞在汽缸套内作往复运动。活塞上面装有三道气环和一道油环。汽缸中装有汽缸套，吸气阀布置在汽缸套上部的凸缘处，排气阀布置在汽缸套的顶部。吸入的氨气经进气管和过滤网进入吸气腔（汽缸套周围的空腔），然后经吸气阀进入汽缸中。排气阀通过缓冲弹簧被汽缸盖压紧，在汽缸盖与排气阀之间形成一个排气腔。排气阀与缓冲弹簧组成一个安全假盖，在发生液击、汽缸内压力过分升高时，假盖自动开启（抬起），排走液体，不致使压缩机零件受到损坏。吸、排气阀均采用环状阀结构形式，排气阀座的环形通道与活塞顶部的凹陷形相吻合，当活塞运动到上止点时，活塞顶部伸到内环形通道内，以减少压缩机的余隙容积。压缩后的氨气经排气阀先排入排气腔中，再经排气管排出。在排气腔与吸气腔之间装有安全阀，当排气压力超过规定值时，安全阀自动打开，部分氨气经安全阀流入吸气腔中。在曲轴伸出机体的部位装有摩擦环式轴封，以防制冷剂泄漏。压缩机采用压力润滑，油泵为转子式，与曲轴的自由端装在一起，由曲轴直接带动。曲轴箱中的润滑油经

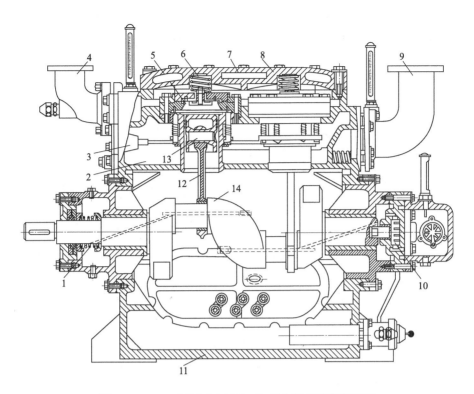

图 12-2　812.5ACG（8AS12.5）型制冷压缩机剖面图

1—轴封；2—进气腔；3—油压推杆机构；4—排气管；
5—汽缸套及进排气阀组合件；6—缓冲弹簧；7—水套；8—汽缸盖；
9—进气管；10—油泵；11—曲轴箱；12—连杆；13—活塞；14—曲轴

粗滤油网及吸油管，被油泵吸入，升压后经精过滤器后从曲轴两端进入，送至各需要润滑的部位，然后落入曲轴箱中，供循环使用。

812.5ACG（8AS12.5）型压缩机带有卸载装置。在它的汽缸套周围装有顶开吸气阀片的顶杆、转动环及油压推杆机构等，由油缸-推杆机构控制，起到调节压缩机输气量（制冷量）及压缩机空载启动的目的。油缸中的压力油由油泵供给。压缩机采用直接传动方式，通过联轴器由电动机直接传动。

这种缸径的系列有 2、4、6、8 缸，行程有 100mm、110mm 两种，按氨、R12、R22 三种工质通用要求设计，使用不同制冷剂时，只需更换相应的安全阀及气阀弹簧等。

（2）半封闭式制冷压缩机　半封闭式制冷压缩机的机体和电动机的外壳铸成一体，电动机的转子直接装在压缩机曲轴的悬臂部分，因而不需要轴封和联轴器。它比开启式压缩机结构更为紧凑，密封性能好，噪声低，比全封闭式压缩机易于拆卸和修理。由于封闭式压缩机无法从机外观察到压缩机的转向，因此要求采用强制润滑的润滑油泵，能在正、反转时都能正常供油。另外，由于封闭式压缩机中的电动机绕组和油及制冷剂直接接触，因此它不仅不适用于氨制冷机，而且绕组的绝缘材料必须耐油及耐氟利昂的侵蚀。

图 12-3 示出 B87F-20（8FS7B）型压缩机的总结构图。由图 12-3 可以看出，它除了机体和电动机外壳铸成一体、没有轴封装置、吸入蒸气经过电动机后再被压缩机吸入外，其他的结构形式与 812.5ACG（8AS12.5）开启式压缩机相似。曲轴为双曲拐型，夹角为 180°，由球墨铸铁整体铸造，每曲拐上配有 4 个工字形连杆，连杆大头为剖分式，活塞为铝合金制

造，顶部呈凹陷形，汽缸中装有缸套，气阀的结构与布置与 8AS12.5 压缩机相同，也设有能量调节机构。润滑系统采用压力供油方式，用正、反转均能供油的月牙形内齿轮油泵。

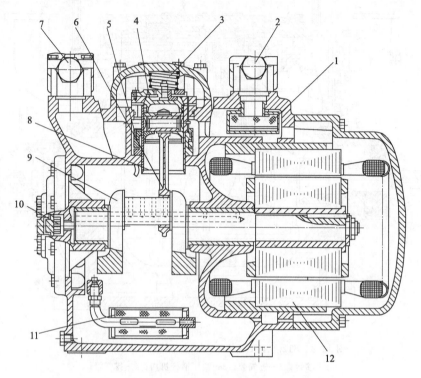

图 12-3　B87F-20（8FS7B）型压缩机总体结构图

1—吸气滤网；2—吸气阀；3—假盖弹簧；4—活塞；

5—卸载装置；6—连杆；7—排气阀；8—缸套；

9—曲轴；10—油泵；11—过滤器；12—电动机

　　图 12-4 示出另一种半封闭式压缩机的总结构图。它与图 12-3 相比较有很多不同之处。压缩机为两缸、直立式，曲轴为偏心轴。连杆大头为整体式，装配时由轴头套入。活塞顶部

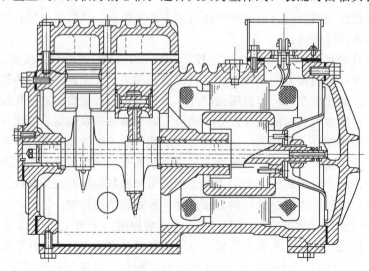

图 12-4　半封闭式压缩机总结构图

为平顶结构。机体底部开有较大孔口，便于压缩机零件的装拆和检修，孔口用封盖封闭。吸、排气阀均装在汽缸顶部的阀板上，用汽缸盖上的隔条将其隔开。该隔条又将汽缸盖内部空腔分为吸气腔及排气腔两个部分，分别与吸、排气管相连。该压缩机没有输气量调节装置。润滑系统一方面采用电动机转子轴端的甩油盘，把润滑油从电动机室底部溅起，收集在电动机一侧的端盖贮油槽内，通过轴上的油孔流向各摩擦表面；另一方面采用连杆大头上特设的溅油勺，将曲轴箱中的油飞溅到所需润滑表面。为避免电动机室内润滑油被吸入蒸气大量带走和减少吸入蒸气的预热，压缩机的吸气直接由吸气管进入汽缸而不通过电动机。电动机的冷却靠与电动机定子接触的机体外表面的散热肋片，将热量向周围空气散发。这种方式有利于压缩机输气系数的提高，可使压缩机排气温度降低，但电动机冷却效果较差，不适宜于较大功率的压缩机。

（3）全封闭式制冷压缩机　全封闭式制冷压缩机的特点，是将压缩机与电动机一起组装在一个密闭的罩壳内，形成一个整体，从外表上看只有压缩机进、排气管和电动机引线。

图 12-5 为国产 2FV5Q 型全封闭压缩机剖面图。压缩机的外部罩壳由钢板冲压而成，分上下两部分，装配完毕后焊死。它比半封闭压缩机更为紧凑，密封性更好。电动机布置在上部，这样可避免电动机绕组浸泡在润滑油中，且轴下端可作为油泵使用。电动机定子的外壳

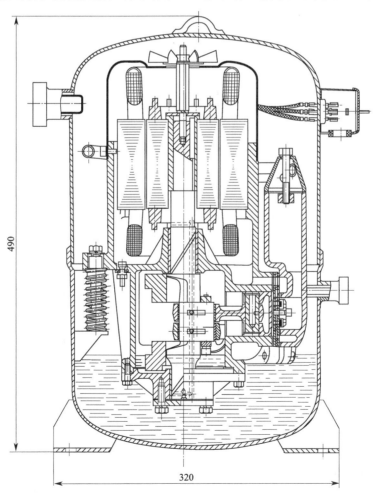

图 12-5　2FV5Q 型全封闭压缩机剖面图

与汽缸体铸成一体，汽缸呈卧式布置。主轴为偏心轴，垂直安装，上端安装电动机转子，偏心轴上安放两个连杆，成 V 形布置。主轴中间开有油道，平衡块用螺钉固定在偏心轴的两侧。连杆大头为整体式，直接套在偏心轴上。活塞为筒形平顶结构，因直径较小，活塞上不设气环和油环，仅开两道环形槽道，使润滑油充满其中，起到密封和润滑作用。气阀采用带臂环片阀结构，它的阀板由三块钢板钎焊而成。压缩机的主、副轴承及连杆等摩擦部位的润滑，靠主轴下端偏心油道的离心泵油的作用进行。为了减振和消声，利用电动机室内空腔容积作为吸气消声器，排气通道上装有稳压室。整个机心安装在弹性减振器上，以减少工作时的振动。

12.2.3　活塞式制冷压缩机的热力性能

（1）几个概念

① 活塞的上止点及下止点　活塞在汽缸内上下往复运动时，最上端的位置称为上止点，最下端的位置称为下止点。

② 活塞行程　上止点与下止点之间的距离称为活塞行程。它也是活塞向上或向下运动一次所走的路程。通常用 S 表示。

③ 汽缸工作容积　上、下止点之间汽缸工作室的容积。用 V_g 表示，可按下式计算：

$$V_g = \frac{\pi}{4} D^2 S \tag{12-1}$$

式中　D——汽缸直径。

④ 余隙容积与相对余隙容积　当活塞运动到上止点位置时，活塞顶与气阀座之间的容积称余隙容积，用 V_c 表示。余隙容积与汽缸工作容积之比，称为相对余隙容积，用 c 表示。

（2）活塞式制冷压缩机的工作过程

① 理想工作过程　压缩机的理想工作过程是假设：第一，压缩机没有余隙容积；第二，吸气与排气过程中没有阻力损失；第三，吸气与排气过程中与外界没有热量交换；第四，机器没有泄漏损失。

压缩机的理想工作过程如图 12-6 所示。图 12-6（a）为活塞运动时汽缸内气体压力与容积的变化。整个工作过程分进气、压缩、排气三个过程。

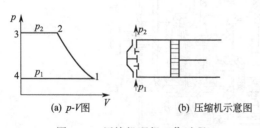

(a) p-V图　　(b) 压缩机示意图

图 12-6　压缩机理想工作过程

当活塞由上止点位置（点 4）向右移动时，压力为 p_1 的低压蒸气便不断地由蒸发器经吸气管道和吸气阀进入汽缸、直到活塞运动到下止点（点 1）为止，4-1 过程称为吸气过程。活塞在曲柄连杆机构的带动下开始向左移动，吸气阀关闭，汽缸工作容积逐渐缩小，密闭在汽缸内的气体的压力逐渐升高，当压力升高到等于排气管中的压力 p_2 时（点 2），排气阀门自动打开开始排气，1-2 过程称为压缩过程。活塞继续向左运动，汽缸内气体的压力不再升高，而是不断地排出汽缸，直到活塞运动到上止点（点 3）时为止，2-3 过程称为排气过程。当活塞重新由上止点开始向下止点运动时，又重新开始了吸气过程，如此周而复始循环不止。

② 实际工作过程　压缩机的实际工作过程与理想工作过程存在着较大的区别。实际工作过程如图 12-7 所示。由于实际压缩机中存在着余隙容积，当活塞运动到上止点时，余隙

容积内的高压气体留存于汽缸内，活塞由上止点开始向下运动时，吸气阀在压差作用下不能立即开启，首先存在一个余隙容积内高压气体的膨胀过程，当图 12-7 压缩机实际工作过程汽缸内气体压力降到低于蒸发压力 p_1 时，吸气阀才自动开启，开始吸气过程。由此可知，压缩机的实际工作过程是由膨胀、吸气、压缩、排气四个工作过程组成的。图 12-7 中的 3′-4′表示膨胀过程；4′-1′表示吸气过程；1′-2′表示压缩过程；2′-3′表示排气过程。

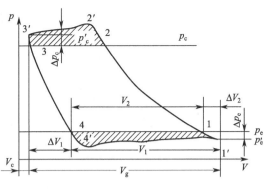

图 12-7　压缩机实际工作过程

12.3　回转式压缩机

活塞式制冷压缩机在制冷技术中获得了广泛的应用，但由于它的往复运动机构的不平衡质量惯性力，限制了转速的提高及单机制冷量的扩大。因此，为适应制冷技术发展的需要，回转式和离心式压缩机便得到了应用和发展。

回转式制冷压缩机亦属于容积式压缩机，发展很快，特别在高效化、小型化、轻量化方面。常用的回转式压缩机有螺杆式、滚动活塞式（滚动转子式）和涡旋式三种。其中，螺杆式容量在 $100\sim1200kW$，主要用于空调及热泵机组；涡旋式容量在 $4\sim40kW$；转子式容量在 5kW 以下。回转式压缩机与活塞式压缩机相比，容积效率高、运转平稳，可实现高速化及小型化。回转式压缩机为滑动密封，对运动部件加工精度较高。采用回转式制冷压缩机已成为压缩机的发展潮流。

12.3.1　螺杆式压缩机

螺杆式制冷压缩机是一种容积型回转式制冷压缩机。它利用一对设置在机壳内的螺旋形阴阳转子啮合转动来改变齿槽的容积和位置，完成蒸气的吸入、压缩和排气过程。

（1）螺杆式压缩机的构造　螺杆式压缩机属于容积型。它是依靠容积的改变来压缩气体的，开启式结构如图 12-8 所示。它由机体（汽缸体）、一对阴阳转子、吸排气端座、平衡活塞、能量调节机构、轴承、联轴器等零部件组成。

在机体 1 的内部，平行配置着两个螺旋形阴、阳转子 2。转子型线多为单边、非对称摆线——圆弧齿形，其中具有凸齿的转子叫阳转子，它的轴外伸，通过联轴器 10 与原动机相连，功率由此端输入，因此又叫主动转子；具有凹齿的转子叫阴转子，又称从动转子。两转子按一定的传动比（阳转子与阴转子的齿数一般为 4∶6）反向转动。在主动转子和从动转子的两端部，分别装有主轴承 7（滑动轴承），用来承受径向力。在排气端装有一对推力圆柱滚子轴承 8，用以承受轴向推力。主动转子的吸气端还装有平衡活塞 4，用来减轻由于排气侧和吸气侧之间的压力差所引起的轴向推力，从而减轻推力圆柱滚子轴承所承受的轴向力。汽缸体的前后设有吸排气端座。吸气孔口开在吸气端座 3 的上方，排气孔口开在排气端座 6 的下方，制冷剂按对角线方向流动。阳转子伸出端的端盖处设

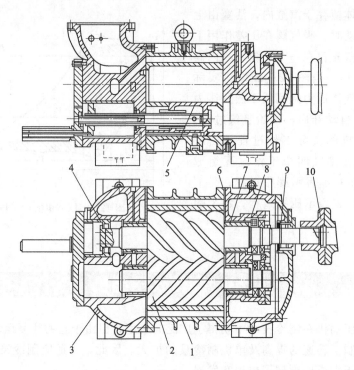

图 12-8 螺杆式制冷压缩机剖面图

1—机体；2—阴、阳转子；3—吸气端座；4—平衡活塞；5—滑阀；6—排气端座；

7—主轴承；8—推力圆柱滚子轴承；9—轴封；10—联轴器

置有摩擦环式轴封装置 9，以防制冷剂的外泄或外界空气漏入系统。在转子底部装有输气量调节机构——滑阀 5，通过油缸、活塞、传动杆，使滑阀能够轴向移动，在滑阀上还开有向汽缸内喷油的喷油孔。

（2）螺杆压缩机的工作过程 螺杆式制冷压缩机的主要运动部件是装于机体内的相互啮合的一对转子。转子的齿槽与机体内圆柱面及端壁面之间的空间容积，构成了压缩机的工作容积，称为基元容积。

阳转子的齿周期性地侵入阴转子的齿槽，并且随着转子的旋转，空间接触线不断地向排气端推移，致使转子的基元容积逐渐缩小，基元容积内气体的压力不断提高，达到压缩气体的目的。它的整个工作过程可分为吸气、压缩、排气三个阶段，如图 12-9 所示。

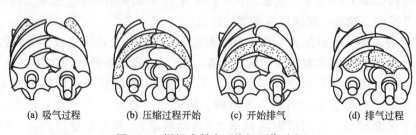

(a) 吸气过程　　(b) 压缩过程开始　　(c) 开始排气　　(d) 排气过程

图 12-9 螺杆式制冷压缩机工作过程

① 吸气过程 阴、阳转子各有一个基元容积，共同组成一对基元容积。当该基元容积与吸入口相通时，气体经吸入口进入该基元容积对。因转子的旋转，转子的齿连续地脱离另一转子的齿槽，使齿间基元容积逐渐扩大，气体不断地被吸入，这一过程称为吸气过程，如

图 12-9(a) 所示。当转子旋转一定角度后，齿间基元容积达最大值，并越过吸入孔口位置，与吸入孔口断开，吸气过程结束（压缩过程开始），如图 12-9(b) 所示。此时阴、阳转子的齿间容积彼此并未相通。

② 压缩过程　转子继续转动，两个孤立的齿间基元容积相互沟通，随着两转子的相互啮合，基元容积不断缩小，气体受到压缩，该压缩过程直到转子旋转到使基元容积与排气孔口相通的一瞬间为止，如图 12-9(c) 所示。

③ 排气过程　当基元容积和排气孔口相通时，排气过程开始，该过程一直进行到两个齿完全啮合、基元容积对的容积值为零时为止，如图 12-9(d) 所示。

（3）螺杆式压缩机的特点　就压缩气体的原理而言，螺杆式制冷压缩机与活塞式制冷压缩机同属于容积型压缩机，但就其运动形式来看，它又与离心式制冷压缩机类似，转子作高速旋转运动，所以螺杆式制冷压缩机兼有活塞式和离心式压缩机两者的特点。

螺杆式制冷压缩机有下列优点：

① 具有较高转速（3000～4400r/min），可与原动机直联，因此，它的单位制冷量的体积小、重量轻、占地面积小、输气脉动小；

② 没有吸、排气阀和活塞环等易损件，故结构简单、运行可靠、寿命长；

③ 因向汽缸中喷油，油起到冷却、密封、润滑的作用，因而排气温度低；

④ 只有旋转运动，没有往复运动部件，故不存在不平衡质量惯性力和力矩，对基础要求低，可提高转速；

⑤ 具有强制输气的特点，输气量几乎不受排气压力的影响；

⑥ 对湿行程不敏感，易于操作管理；

⑦ 没有余隙容积，也不存在吸气阀片及弹簧等阻力，因此容积效率较高；

⑧ 输气量调节范围宽，且经济性较好，小流量时也不会出现像离心式压缩机那样的喘振现象。

螺杆式制冷压缩机有下列缺点：

① 运行时噪声大、能耗高；

② 油泵供油时，油路系统复杂，机组体积庞大；

③ 转子加工精度高；

④ 泄漏量大；

⑤ 内压比固定，存在压缩不足或过压缩的可能性。

12.3.2　滚动活塞式压缩机

（1）工作原理　滚动活塞压缩机也叫滚动转子压缩机，它是利用汽缸工作容积的变化来实现吸气、压缩和排气过程的。汽缸工作容积的变化，是依靠一个偏心装置的圆筒形转子在汽缸内的滚动来实现的。

图 12-10 为偏心滚动活塞压缩机结构示意图。圆筒形汽缸 1 上有吸气孔 7 和排气孔 3。排气孔道内装有簧片式排气阀 4，汽缸内偏心配置的转子 2 装在偏心轴的偏心轮上。当转子绕汽缸中心线 O 转动时，转子在汽缸内表面上滚动，两者具有一条接触线，因而在汽缸与转子之间便形成了一个月牙形空间，其大小不变，但位置随转子的滚动而变化，该月牙形空腔即为压缩机的汽缸容积。在汽缸的吸、排气孔之间开有一个纵向槽道，槽中装有能上下滑动的滑片 5，靠弹簧 6 紧压在转子 2 的表面。滑片就将月牙形空间分隔成两个部分：一部分

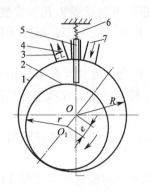

图 12-10　偏心滚动活塞
压缩机结构示意图
1—汽缸；2—转子；3—排气孔；
4—排气阀；5—滑片；6—弹簧；
7—吸气孔

和吸气孔口相通，称为吸气腔；另一部分通过排气阀片与排气孔口相通，称为压缩-排气腔。当转子转动时，两个腔的工作容积都在不断地发生变化。当转子与汽缸的接触线转到超过吸气孔口位置时，吸气腔与吸气孔口连通，吸气过程开始，吸气容积随转子的继续转动而不断增大；当转子接触线转到最上端位置时，吸气容积达到最大值，此时工作腔内充满了气体，压力与吸气管中压力相等；当转子继续转动到吸气孔口下边缘时，上一转中吸入的气体开始被封闭，随着转子的继续转动，这一部分空间容积逐渐减少，其内的气体受到压缩，压力逐渐提高；当压力升高到等于（或稍高于）排气管中压力时，排气阀片自动开启，压缩过程结束，即排气过程开始；当转子接触线达到排气孔口的下边缘时，排气过程结束。此时，转子离开最上端位置还相差一个很小的角度，排气腔内还有一定的容积，它就是滚动转子式压缩机的余隙容积。余隙容积内残留的高压气体将膨胀进入吸气腔中。

由上述分析可知，转子每转两周，完成气体的吸入、压缩和排出过程，但吸气与压缩及排出过程是在滑片两侧同时进行的，因而仍然可以认为转子每转一周完成一个吸气、压缩、排气过程，即完成一个循环。

（2）滚动活塞式压缩机的特点　滚动活塞压缩机与往复活塞压缩机相比，具有下列优点：

① 零部件少，结构简单；

② 易损零件少，运行可靠；

③ 没有吸气阀片，余隙容积小，输气系数较高；

④ 在相同的冷量情况下，压缩机体积小、重量轻、运转平稳。

滚动活塞压缩机有下列缺点：

① 加工精度要求较高；

② 密封线较长，密封性能较差，泄漏损失较大。

因此，大、中型滚动转子式压缩机适用于冷库；小型滚动转子式压缩机多用于冰箱和家用空调器中。

12.3.3　涡旋式压缩机

（1）结构及工作原理　涡旋式压缩机的结构如图 12-11 所示。它由运动涡旋盘（动盘）、固定涡旋盘（静盘）、机体、防自转环、偏心轴等零部件组成。

动盘 1 和静盘 2 的涡线呈渐开线形状，安装时使两者中心线距离一个回转半径 e，相位差 180°。这样，两盘啮合时，与端板配合形成一系列月牙形柱体工作容积。静盘 2 固定在机体 3 上，涡线外侧设有吸气室，端板中心设有排气孔。动盘 1 由一个偏心轴 5 带动，使之绕静盘的轴线摆动。为了防止动盘的自转，结构中设置了防自转环 4。该环的上、下端面上具有两对相互垂直的键状突肋，分别嵌入动盘的背部键槽和机体的键槽内。制冷剂蒸气由涡旋体的外边缘吸入到月牙形工作容积中，随着动盘的摆动，工作容积逐渐向中心移动，容积逐渐缩小，使气体受到压缩，最后由静盘中心部位的排气孔轴向排出。

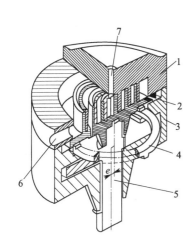

图 12-11 涡旋式压缩机的结构
1—动盘；2—静盘；3—机体；4—防自转环；
5—偏心轴；6—进气口；7—排气口

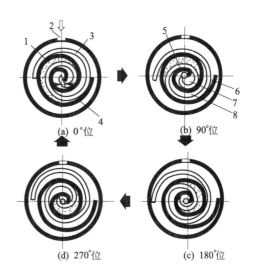

图 12-12 涡旋式压缩机工作原理示意图
1—压缩室；2—进气口；3—动盘；4—静盘；
5—排气口；6—吸气室；7—排气室；8—压缩室

涡旋式压缩机的工作过程如图 12-12 所示。当动盘位置处于 0°位 [图 12-12(a)]，涡线体的啮合线在左右两侧，由啮合线组成了封闭空间，此时完成了吸气过程；当动盘顺时针方向公转 90°时，密封啮合线也移动 90°，处于上、下位置，如图 12-12(b) 所示，封闭空间的气体被压缩，与此同时，涡线体的外侧进行吸气过程，内侧进行排气过程；动盘公转 180°时 [图 12-12(c)]，涡线体的外、中、内侧分别继续进行吸气、压缩和排气过程；动盘继续公转至 270°时 [图 12-12(d)]，内侧排气过程结束，中间部分的气体压缩过程也告结束，外侧吸气过程仍在继续进行；当动盘转至原来如图 12-12(a) 所示位置时，外侧吸气过程结束，内侧排气过程仍在进行。如此反复循环。

由以上分析可以看出，涡旋压缩机的工作过程仅有进气、压缩、排气三个过程，而且是在主轴旋转一周内同时进行的，外侧空间与吸气口相通，始终处于吸气过程，内侧空间与排气口相通，始终处于排气过程，而上述两个空间之间的月牙形封闭空间内，则一直处于压缩过程。因而可以认为吸气和排气过程都是连续的。

（2）涡旋式压缩机的特点　涡旋式制冷压缩机有如下优点：

① 相邻两室的压差小，气体的泄漏量少；

② 由于吸气、压缩、排气过程是同时连续地进行，压力上升速度较慢，因此转矩变化幅度小、振动小；

③ 没有余隙容积，故不存在引起输气系数下降的膨胀过程；

④ 无吸、排气阀，效率高，可靠性高，噪声低；

⑤ 由于采用气体支承机构，故允许带液压缩，一旦压缩腔内压力过高，可使动盘与静盘端面脱离，压力立即得到释放；

⑥ 机壳内腔为排气室，减少了吸气预热，提高了压缩机的输气系数。

涡旋式制冷压缩机有如下缺点：

① 涡线体型线加工精度非常高，必须采用专用的精密加工设备；

② 密封要求高，密封机构复杂。

涡旋式制冷压缩机是 20 世纪 80 年代才发展起来的新型压缩机。它与活塞式制冷压缩机比较，在相同工作条件、相同制冷量下，体积可减少 40％，重量减轻 15％，输气系数提高 30％，绝热效率提高约 10％，因此它在冰箱、空调器、热泵等领域有着广泛的应用前景。

12.4 离心式压缩机

离心式制冷压缩机是一种速度型压缩机，利用高速旋转的叶轮对蒸汽作功使蒸汽获得动能，而后通过扩压器将动能转变为压力能来提高蒸汽的压力。其冷量属中、大型范畴，广泛用于大型空气调节系统和石油化学工业。

12.4.1 离心式压缩机的工作原理

离心式制冷压缩机的工作原理与容积式压缩机不同，它是依靠动能的变化来提高气体的压力的。它由转子与定子等部分组成。当带叶片的转子（工作轮）转动时，叶片带动气体运动，把功传递给气体，使气体获得动能。定子部分则包括扩压器、弯道、回流器、蜗壳等，它们是用来改变气流的运动方向及把速度能转变为压力能的部件。制冷剂蒸气由轴向吸入，沿半径方向甩出，故称离心式压缩机。

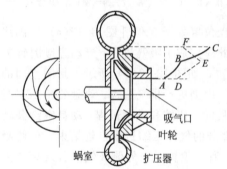

图 12-13　气体通过叶轮和扩压器时压力和速度的变化

图 12-13 示出气体通过叶轮和扩压器时压力和速度的变化情况，其中 ABC 为气体的压力变化线，DEF 为气体的速度变化线。气体通过叶轮时，压力由 A 升至 B，速度由 D 升至 E；气体由叶轮流出，通过扩压器时，压力由 B 升至 C，而速度由 E 降为 F。

12.4.2 离心式压缩机的特性

（1）工况变动时对性能的影响　工况变动时，离心式制冷压缩机的性能也将发生变化，它与活塞式制冷压缩机有类似之处。

① 蒸发温度对性能的影响　当转速和冷凝温度不变时，制冷量随蒸发温度的变化情况如图 12-14（a）所示。从图中可以看出，蒸发温度愈低，制冷量下降愈剧烈。蒸发温度对性能的影响较大。

② 冷凝温度对性能的影响　当转速和蒸发温度不变时，制冷量随冷凝温度变化时的情况如图 12-14（b）所示。从图中可以看出，当冷凝温度高于设计值时，离心式制冷压缩机的制冷量将急剧下降。

③ 转速对性能的影响　由于离心式压缩机产生的能量头与转速的平方成正比，因此随转速的降低能量头急剧下降，因而制冷量也将急剧下降，如图 12-14（c）所示。

（2）喘振与堵塞　图 12-15 示出离心式制冷压缩机的特性曲线。若压缩机在设计工况 A

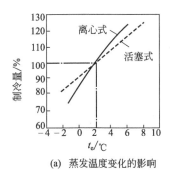 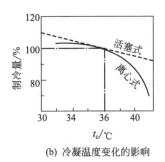 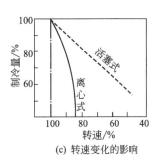

(a) 蒸发温度变化的影响　　(b) 冷凝温度变化的影响　　(c) 转速变化的影响

图 12-14　离心式与活塞式压缩机性能的比较

点下工作时，气流方向和叶片流道方向一致，不出现边界层脱离现象，效率达最高值。当流量减小时（工作点向 A_1 移动），气流速度和方向均发生变化，使非工作面上出现脱离现象，当流量减少到临界值（A_1）点时，脱离现象扩展到整个流道，使损失大大增加，压缩机产生的能量头不足以克服冷凝压力，致使气流从冷凝器倒流。倒流的气体与吸进来的气体混合，流量增大，叶轮又可压送气体。但由于吸入气体量没有变化，流量仍然很小，故又将产生脱离，再次出现倒流现象，如此周而复始。这种气流来回倒流撞击的现

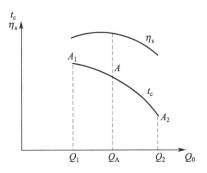

图 12-15　压缩机工况变化时的特性曲线

象称为"喘振"，它将使压缩机产生强烈的振动和噪声，严重时会损坏叶片甚至整个机组。

为了防止当压缩机工况发生变化或调节压缩机制冷量（减少负荷）时发生喘振现象，机组中可采取反喘振措施。例如从压缩机出口旁通一部分气流直接进入压缩机的吸入口，加大它的吸入量，从而避免喘振现象的发生。所谓堵塞，即流量已达最大值，如图 12-15 中的 A_2 点，此时，压缩机流道中某个最小截面处的气流速度达到了声速，流量不可能继续增加。从堵塞点（最大流量点）到喘振点（最小流量点）这一范围，称为离心压缩机的稳定工作区。它的大小也是压缩机性能好坏的标志之一。

（3）制冷量的调节　离心式制冷压缩机制冷量的调节方法很多，如改变压缩机转速、进气节流、改变叶轮进口前可转导叶的转角、改变冷凝器的冷却水量、吸气旁通等。

改变叶轮进口前可转导叶的转角的方法调节，经济性较好，调节范围较宽，方法又较简单，故被广泛采用。这是在叶轮进口前装有一组放射性可转动叶片，当改变它的角度时，就改变了进入叶轮气流的方向，致使叶轮产生的能量头发生变化，达到制冷量调节的目的。

12.4.3　离心式制冷压缩机的特点

离心式制冷压缩机有下列优点：

① 无往复运动部件、动平衡特性好、振动小、基础要求简单；

② 无进排气阀、活塞、汽缸等磨损部件，故障少、工作可靠、寿命长；

③ 机组单位制冷量的重量、体积及安装面积小；

④ 机组的运行自动化程度高，制冷量调节范围广，且可连续无级调节，经济方便；

⑤ 在多级压缩机中容易实现一机多种蒸发温度；

⑥ 润滑油与制冷剂基本上不接触，从而提高了冷凝器及蒸发器的传热性能；

⑦ 对大型离心式制冷压缩机，可由蒸汽透平或燃气透平直接带动，能源使用经济、合理；

离心式制冷压缩机有下列缺点：

① 单机容量不能太小，否则会使气流流道太窄，影响流动效率；

② 因依靠速度能转化成压力能，速度又受到材料强度等因素的限制，故压缩机的一级压力比不大，在压力比较高时，需采用多级压缩；

③ 通常工作转速较高，需通过增速齿轮来驱动；

④ 当冷凝压力太高或制冷负荷太低时，机器会发生喘振而不能正常工作；

⑤ 制冷量较小时，效率较低；

综上所述，在蒸发温度不太低和冷量需求量很大时，选用离心式制冷压缩机是比较适宜的。

------- **思考题及习题** -------

- 12-1 制冷压缩机可按哪些方法进行分类？
- 12-2 活塞式制冷压缩机的总体结构可以分成哪几个部分？各有什么功能？
- 12-3 开启式、半封闭式、全封闭式制冷压缩机的特点是什么？
- 12-4 试述活塞式压缩机的理想工作过程。
- 12-5 回转式制冷压缩机有哪几种类型？各有何特点？
- 12-6 简述螺杆式制冷压缩机构造和工作过程。
- 12-7 何为喘振现象，有何危害？
- 12-8 离心式制冷压缩机有何特点？

第13章　制冷装置

制冷作为一种技术是指用人工的方法在一定时间和一定空间内将某物体或流体冷却，使其温度降到环境温度以下，并保持这个温度。随着我国社会经济和科学技术的快速发展，制冷技术的应用也日益广泛。制冷技术的实现依靠制冷装置，压缩式制冷是技术上最成熟、应用最普遍的装置。本章主要介绍压缩式制冷装置，讨论各类制冷装置的基本构造、工作原理和运行特性等内容。

蒸气压缩式制冷循环是由压缩、放热、节流和吸热四个主要热力过程组成，每一个热力过程都是在对应的设备中完成，它们被称为制冷系统设备，决定着制冷系统能否形成。另外还有一些辅助设备，如各种分离器、贮液器、回热器、过冷器、安全阀等，它们在制冷系统中的作用是提高系统运行稳定性、经济性和安全性。

13.1　制冷换热器

制冷系统的基本换热设备是冷凝器和蒸发器，辅助换热设备有过冷器、回热器、中间冷却器等。制冷换热器与其他热力设备中的换热器相比具有以下特点：

第一，制冷换热器的工作压力、温度范围比较窄，一般压力约在 0.1～2.0MPa，温度在 −60～50℃左右；

第二，介质间的传热温差较小，一般在几度至十几度范围；

第三，制冷换热器应与压缩机匹配。

制冷换热器以表面式居多，其结构形式名目繁多。不同结构形式换热器的传热能力及单位金属耗量，对制冷装置的制造成本和运行经济性带来直接影响。因此，提高换热器的经济性，强化传热过程，寻求新的结构形式，乃是当今制冷装置设计和制造中的重要研究课题。

制冷设备使用的材料随介质不同而异。氨对黑色金属无侵蚀作用，而对铜及其合金的侵蚀性强烈，所以氨制冷装置中设备都用钢材制成。而氟利昂对一般金属材料无侵蚀作用，可以使用铜或铜合金制造。对于以海水作为冷却介质的冷凝器仍然可采用铜管或铜镍合金管，而氨冷凝器采用铜管时，必须采取加厚和增加镀锌保护等措施。以盐水作为载冷剂的氟利昂蒸发器，铜管上也应增加锌保护层，以延长使用寿命。

研制高效节能换热设备、发展新的热交换元器件和新形式的换热器，是当今制冷技术发展的重要内容。例如，蒸发器表面多孔管（即超流 E 管）、干式蒸发器螺旋槽管、空冷冷凝器的波纹形和条缝形翅片、水冷冷凝器表面锯齿形管（即超流 C 管）、高翅化系数低螺纹管、利于提高管内蒸气流速的扁椭圆管、外焊钻孔间断翅片的异形换热管、全铝冷凝器等的开发。以及工艺先进、结构紧凑、效率高的板式和板翅式换热器在制冷装置中的大量应用，全面展示了当代制冷科技进步的新成就，反映了现代制冷装置发展的新水平。

13.1.1 冷凝器

冷凝器是制冷装置的主要热交换设备之一。它的任务是将压缩机排出的高压过热制冷剂蒸气，通过其向环境介质放出热量而被冷却、冷凝成为饱和液体，甚至过冷液体。

按照冷凝器使用冷却介质和冷却方式的不同，有水冷式、空气冷却式和蒸发式三种。

(1) 水冷式冷凝器　这种形式的冷凝器用水作为冷却介质，带走制冷剂冷凝时放出的热量。冷却水可以一次性使用，也可以循环使用。用循环水时，必须配有冷却塔或冷水池，保证水不断得到冷却。根据其结构不同，主要有壳管式和套管式两种。

① 壳管式冷凝器　制冷装置中使用的制冷剂不同，其结构特点也有所不同。一般立式壳管式冷凝器适用于大型氨制冷装置，而卧式壳管式冷凝器则普遍使用于大、中型氨或氟利昂制冷装置中。管板与传热管的固定方式一般采用胀接法，以便于修理和更换传热管。壳管式冷凝器如图 13-1 所示。

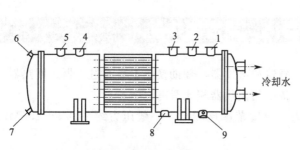

(a) 卧式壳管式氨冷凝器

1—放空气管接口；2—压力表接口；3—安全阀接口；4—均压管接口；5—进气管接口；6—放气旋塞接口；7—放水旋塞接口；8—出液管接口；9—放油管接口

(b) 立式壳管式冷凝器

1——出液管接口；2—压力表接口；3—进气管接口；4—配水箱；5—安全阀接口；6—均压管接口；7—放空气阀接口；8—放油阀接口

图 13-1　壳管式冷凝器

采用铜管时传热系数可提高 10％左右。铜管易于在管外加工肋片，以利于氟利昂侧的传热，一般在采用铜质肋片管以后，其氟利昂侧换热系数较相同规格光管大 1.5～2 倍。铜质滚轧低肋管剖面尺寸及结构如图 13-2 所示。

② 套管式冷凝器　它是由不同直径的管子套在一起，并弯制成螺旋形或蛇形的一种水冷式冷凝器。如图 13-3 所示，制冷剂蒸气在套管间冷凝，冷凝液从下面引出，冷却水在直径较小的管道内自下而上流动，与制冷剂成逆流式，因此传热效果较好。

(2) 空气冷却式冷凝器　这种冷凝器以空气为冷却介质，制冷剂在管内冷凝，空气在管外流动，吸收管内制冷剂蒸气放出的热量。由于空气的换热系数较小，管外（空气侧）常常要设置肋片，以强化管外换热。分为空气自由运动和空气强制运动两种形式。

① 空气自由运动的空冷冷凝器　该冷凝器利用空气在管外流动时吸收制冷剂排放的热量后，密度发生变化引起空气的自由流动而不断地带走制冷剂蒸气的凝结热。它不需要风机，没有噪声，多用于小型制冷装置。目前应用非常普遍的是丝管式结构的空气自由运动式冷凝器。如图 13-4 所示。

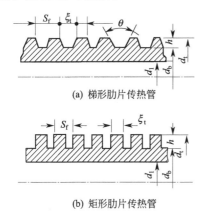

(a) 梯形肋片传热管

(b) 矩形肋片传热管

图 13-2　铜质滚轧低肋管剖面尺寸及结构

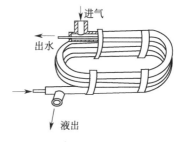

图 13-3　套管式冷凝器

② 空气强制运动的空冷冷凝器　如图 13-5 所示，它由一组或几组带有肋片的蛇管组成。制冷剂蒸气从上部集管进入蛇管，其管外肋片用以强化空气侧换热，补偿空气表面传热系数过低的缺陷。在结构方面，沿空气流动方向的管排数愈多，则后面排管的传热量愈小，使换热能力不能得到充分利用。为提高换热面积的利用率，管排数以取 4～6 排为好。

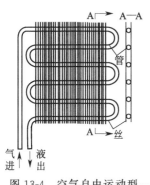

图 13-4　空气自由运动型
丝管式冷凝器

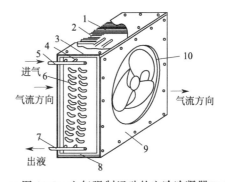

图 13-5　空气强制运动的空冷冷凝器

1—肋片；2—传热管；3—上封板；4—左端板；5—进气集管；
6—弯头；7—出液集管；8—下封板；9—前封板；10—通风机

（3）蒸发式冷凝器　蒸发式冷凝器以水和空气作为冷却介质。它利用水蒸发时吸收热量使管内制冷剂蒸气凝结。水经水泵提升再由喷嘴喷淋到传热管的外表面，形成水膜吸热蒸发变成水蒸气，然后被进入冷凝器的空气带走。未被蒸发的水滴则落到下部的水池内。箱体上方设有挡水栅。用于阻挡空气中的水滴散失。蒸发式冷凝器结构原理如图 13-6 所示。

应注意以下问题：

第一，进口空气的湿球温度 t_{s1} 与当地气象条件有关；

第二，风量配备与 t_{s1} 有关，t_{s1} 越高则所要求的送风量就越大，送风耗能也越多，所以

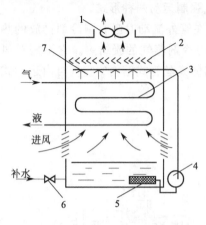

图 13-6　蒸发式冷凝器结构原理图
1—通风机；2—挡水栅；3—传热管组；
4—水泵；5—滤网；6—补水阀；
7—喷水嘴

送风量的配备应从节能和性能要求两方面综合考虑；

第三，水量配备应以保证润湿全部换热表面为原则。随意增大配水量会造成水泵功耗上升，水的飞散损失增大，运行成本提高。

13.1.2　蒸发器

蒸发器按其冷却的介质不同分为冷却液体载冷剂的蒸发器和冷却空气的蒸发器。根据制冷剂供液方式的不同，有满液式、干式、循环式和喷淋式等。

（1）满液式蒸发器　按其结构分为卧式壳管式、水箱直管式、水箱螺旋管式等几种结构形式。它们的共同特点是在蒸发器内充满了液态制冷剂，运行中吸热蒸发产生的制冷剂蒸气不断地从液体中分离出来。由于制冷剂与传热面充分接触，具有较大的换热系数。但不足之处是制冷剂充注量大，液柱静压会给蒸发温度造成不良影响。

① 壳管式满液式蒸发器　一般为卧式结构，见图 13-7。制冷剂在壳内管外蒸发；载冷剂在管内流动，一般为多程式。载冷剂的进出口设在端盖上，取下进上出走向。制冷剂液体从壳底部或侧面进入壳内，蒸气由上部引出后返回到压缩机。壳内制冷剂始终保持约为壳径 70%～80% 的静液面高度。

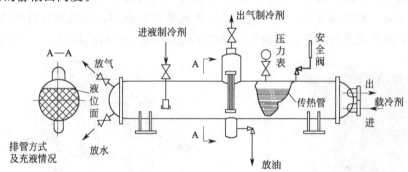

图 13-7　卧式满液式蒸发器结构

应注意以下问题：

第一，以水为载冷剂，其蒸发温度降低到 0℃ 以下时，管内可能会结冰，严重时会导致传热管胀裂；

第二，低蒸发压力时，液体在壳体内的静液柱会使底部温度升高，传热温差减小；

第三，与润滑油互溶的制冷剂，使用满液式蒸发器存在着回油困难；

第四，制冷剂充注量较大。同时不适于机器在运动条件下工作，液面摇晃会导致压缩机冲缸事故。

② 水箱式蒸发器　水箱式蒸发器可由平行直管或螺旋管组成（又称为立式蒸发器），见图 13-8。它们均沉浸在液体载冷剂中工作，由于搅拌器的作用，液体载冷剂在水箱内循环流动，以增强传热效果。制冷剂液体在管内蒸发吸热，使管外载冷剂降温。

（2）干式蒸发器　干式蒸发器是一种制冷剂液体在传热管内能够完全气化的蒸发器。其传热管外侧的被冷却介质是载冷剂（水）或空气，制冷剂则在管内吸热蒸发，其每小时流量

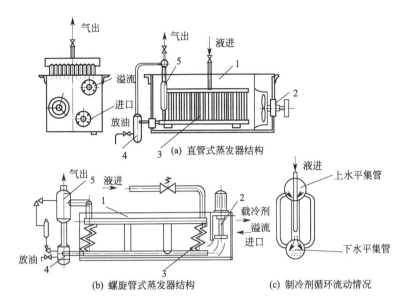

图 13-8 直管式、螺旋管式蒸发器及其制冷剂循环流动情况

1—载冷剂容器；2—搅拌器；3—直管式（或螺旋管式）蒸发器；

4—集油器；5—气液分离器

约为传热管内容积的 20%～30%。增加制冷剂的质量流量，可增加制冷剂液体在管内的湿润面积。同时其进出口处的压差随流动阻力增大而增加，以至使制冷系数降低。

干式蒸发器按其被冷却介质的不同分为冷却液体介质型和冷却空气介质型两类。

① 冷却液体介质的干式蒸发器 图 13-9 示出了壳管式干式蒸发器的直管式和 U 形管式的结构形式。它们的共同特点是壳内装有多块圆缺形折流板，目的在于提高管外载冷剂流速、增强换热效果。

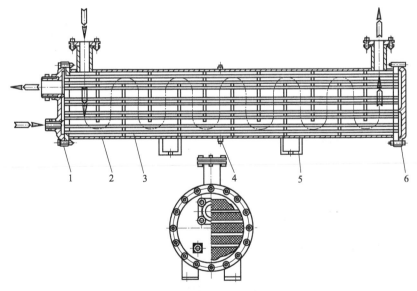

图 13-9 壳管式干式蒸发器

1—端盖；2—圆筒体；3—蒸发管；4—旋塞；5—支座；6—端盖

干式壳管式蒸发器的特点是：a. 能保证进入制冷系统的润滑油顺利返回压缩机；b. 所需要的制冷剂充注量较小，仅为同能力满液式蒸发器的 1/3；c. 用于冷却水时，即使蒸发温度达到

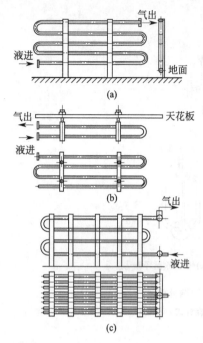

图 13-10 冷却自由运动空气的蒸发器

0℃，也不会发生冻结事故；d. 可采用热力膨胀阀供液，这比满液式的浮球阀供液更加可靠。

② 冷却空气介质的干式蒸发器 这类蒸发器按空气的运动状态分为冷却自由运动空气的蒸发器和冷却强制流动空气的蒸发器两种形式。

a. 冷却自由运动空气的蒸发器：如图 13-10 所示，由于被冷却空气呈自由运动状态，其传热系数较低。所以这种蒸发器被制成光管蛇形管管组，通常称做冷却排管。一般用于冷藏库和低温试验装置中。

冷却排管具有存液量少，其充液量约为排管内容积的 40％左右，操作维护方便等优点。但存在管内制冷剂流动阻力大，蒸发后的蒸气不易排出。同时由于管外空气为自由运动，传热系数较低，一般在 $6.3\sim8.1$W(m^2·K) 范围。

b. 冷却强制流动空气的蒸发器（又称冷风机）：如图 13-11 所示，由于光管式空气冷却器传热系数 K 很低，为加强空气侧的换热，往往需要在管外设置肋片以提高传热系数值。但是在一般情况下，设置肋管后因片距较小会引起较大的流动阻力，必须采取措施强制空气以一定的流速通过肋片管族，以便于获得较好的换热效果。

这种蒸发器具有结构紧凑，传热效果好，可以改变空气的含湿量，应用范围广等优点。但从制造工艺要求分析，肋片与传热管的紧密接触是提高其传热效果的关键。

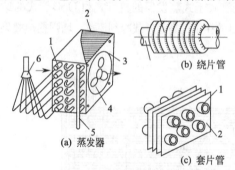

图 13-11 冷却强制流动空气
蒸发器及其肋片管形式
1—传热管；2—肋片；3—挡板；
4—通风机；5—集气管；6—分液器

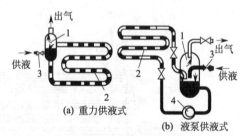

图 13-12 循环式蒸发器
1—气液分离器；2—循环式蒸发器；
3—供液阀；4—液泵

（3）循环式蒸发器 这种蒸发器中，制冷剂在其管内反复循环吸热蒸发直至完全气化，故称作循环式蒸发器。如图 13-12 所示。循环式蒸发器多应用于大型的液泵供液和重力供液冷库系统或低温环境试验装置。

循环式蒸发器的优点在于蒸发器管道内表面能始终完全润湿，表面传热系数很高。但体积较大，制冷剂充注量较多。

13.1.3 其他换热器

（1）回热器 回热器一般是指氟利昂制冷装置中的气-液热交换器，它的主要作用是使进入热力膨胀阀前的液体得到必要的过冷，以减少闪发气体产生，保证节流效果的正常发挥。同时还可使回气达到过热状态后进入压缩机，以防止压缩机液击故障。由于回热器中是相同介质的气-液进行热交换，根据制冷装置的容量大小不同，有盘管式、套管式、液管与回气管焊接式几种结构形式。

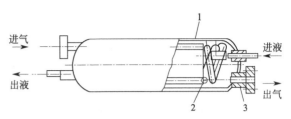

图 13-13 盘管式回热器结构

1—壳体；2—盘管；3—进、出气接管及法兰

盘管式回热器均采用壳内盘管结构，如图 13-13 所示。其外壳采用无缝钢管，盘管用铜管绕制而成，制冷剂液体在管内流动，蒸气在管外横掠流过盘管螺线管族。

（2）中间冷却器 它是两级压缩制冷装置的关键设备，用于同时冷却低压级压缩机的排气和高压制冷剂液体，使之获得较大的过冷度。中间冷却器内具有的压力称做中间压力，该压力下制冷剂液体保持一定的液面高度。其结构见图 13-14。

低压压缩机排气经顶部的进气管直接通入氨液中，被冷却后与所蒸发的氨气由上侧面接管送到高压压缩机的吸气侧。用于冷却高压氨液的盘管置于中间冷却器底部的氨液中，其进出口一般经过下封头伸到壳外。进气管上部开有一个平衡孔，以防止中冷器内氨液在停机后压力升高时进入低压级压缩机排气管。

（3）冷凝-蒸发器 它既是装置中低温级循环的冷凝器，又是高温级循环的蒸发器。常见的结构形式有绕管式、直管式和套管式三种。

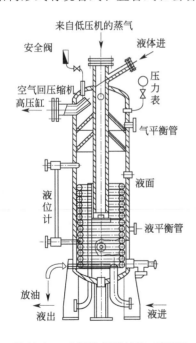

图 13-14 中间冷却器结构（氨用）

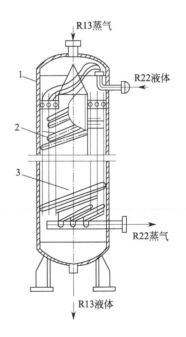

图 13-15 绕管式冷凝-蒸发器结构

1—圆筒形壳体；2—盘管；3—管芯

① 绕管式冷凝-蒸发器 其结构如图 13-15 所示，它是将一个四头螺旋型盘管绕在一个管芯上放置在一圆筒形壳体内。一般用于氟利昂复叠式（即 R22/R23）系统，R22 由盘管上

方管口进入管内蒸发吸热，产生的蒸气由下方管口导出，R23 在盘管外表面冷凝后由壳体底部排出。

② 直管式冷凝-蒸发器 在结构上是将直管管族设置在壳筒内，以取代盘管式中的螺旋盘管，其形式与壳管式冷凝器基本相同。

③ 套管式冷凝-蒸发器 它结构简单，易于制造。但当为蛇形套管管组结构时，外形尺寸较大，所以它仅适用于小型复叠式制冷装置。

（4）板式换热器 这种换热器早在一百多年前就已问世，直到近几年随着加工工艺水平的提高，出现了无垫片全焊接的板式换热器，如图 13-16 所示，才使得这种高效换热器在制冷装置中得以应用。板式换热器一般作为冷凝器、蒸发器或冷却器等，在制冷及空调用冷水机组中的应用相当普遍。

由于板式换热器具有体积小、重量轻、传热效率高、可靠性好、工艺过程简单、适合于批量生产，很受国内各制冷设备厂商的重视。目前已在国产模块化空调冷水机组和空气-水热泵机组等装置上批量使用，对促进我国制冷、空调事业的发展将起到重要的作用。

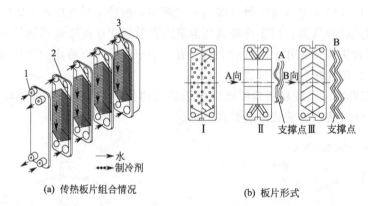

(a) 传热板片组合情况　　　　(b) 板片形式

图 13-16　板式换热器结构及其板片形式

1—进出口接管；2—传热板片；3—封板；

Ⅰ—瘤形板片；Ⅱ—水平平直波纹板片；Ⅲ—人字形板片

13.2　节　流　机　构

节流机构是制冷装置中的重要部件之一，它的作用是将冷凝器或贮液器中冷凝压力下的饱和液体（或过冷液体），节流后降至蒸发压力和蒸发温度，同时根据负荷的变化，调节进入蒸发器制冷剂的流量。

按照节流机构的供液量调节方式可分为以下五个类型。

① 手动调节的节流机构 一般称做手动节流阀，以手动方式调整阀孔的流通面积来改变向蒸发器的供液量，其结构与一般手动阀门相似，多用于氨制冷装置。

② 用于液位调节的节流机构 通常称作浮球调节阀。它利用浮球位置随液面高度变化而变化的特性控制阀芯开闭，达到稳定蒸发器内制冷剂的液量的目的。它可作为单独的节流机构使用，也可作为感应元件与其他执行元件配合使用，适用于中型及大型氨制冷装置。

③ 用蒸气过热度调节的节流机构　这种节流机构包括热力膨胀阀和电热膨胀阀。它通过蒸发器出口蒸气过热度的大小调整热负荷与供液量的匹配关系，以此控制节流孔的开度大小，实现蒸发器供液量随热负荷变化而改变的调节机制。主要用于氟利昂制冷系统及中间冷却器的供液量调节。

④ 用电子脉冲进行调节的节流机构　在现代舒适性空调装置中，有一种以数字化检测空调舒适度（如房间内的温度、湿度、气流状况、人员增减、人体衣着条件等）作为房间空气调节控制基础的新型舒适节能型空调装置。它根据检测到的房间舒适度（即 PMV 值大小），相应改变压缩机转速，产生最佳舒适状态所需的制冷（制热）量，从而有效地避免了开停调节式空调器因开停温差产生的能量浪费。

⑤ 不进行调节的节流机构　这类节流机构如节流管（俗称毛细管）、恒压膨胀阀、节流短管及节流孔等。一般在工况比较稳定的小型制冷装置（如家用电冰箱、空调器等）中使用。它具有结构简单、维护方便的特点。

13.2.1　手动节流阀

手动节流阀又称手动调节阀或膨胀阀，是最老式的节流机构，其外形与普通截止阀相似，如图 13-17 所示。它由阀体、阀芯、阀杆、填料函、填料压盖、上盖和手轮等零件组成。节流阀与截止阀的不同之处，在于它的阀芯为针形或具有 V 形缺口的锥体，而且阀杆采用细牙螺纹。这样当旋转手轮时，可使阀门的开启度缓慢地增大或减小，以保证良好的调节性能。

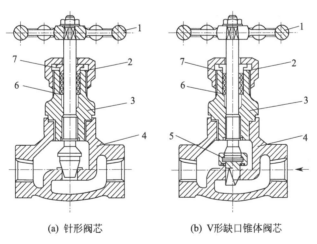

(a) 针形阀芯　　　　　(b) V形缺口锥体阀芯

图 13-17　手动节流阀的结构

1—手轮；2—上盖；3—填料阀；4—阀体；5—阀芯；6—阀杆；7—填料压盖

13.2.2　浮球节流阀

浮球节流阀（或称浮球调节阀）是用于具有自由液面的蒸发器（如卧式壳管式蒸发器、直立管式或螺旋管式蒸发器）的供液量的自动调节。通过浮球调节阀的调节作用，在这些设备中可以保持大致恒定的液面。同时浮球调节阀有起节流降压的作用。浮球调节阀广泛使用于氨制冷装置中。可分为直通式和非直通式两种。如图 13-18 所示。

直通式浮球调节阀结构比较简单，但由于液体的冲击作用引起壳体内液面波动较大，使

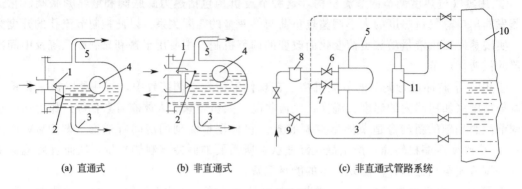

图 13-18　浮球调节阀

1—阀针；2—支点；3—液体连接管；4—浮子；5—气体连接管；6—进液阀；7—出液阀；8—过滤器；

9—手动节流阀；10—蒸发器；11—远距离液面指示器

调节阀的工作不太稳定，而且液体从壳体流入蒸发器，是依靠静液柱的高度差，因此液体只能供到容器的液面以下。非直通式浮球调节阀工作比较稳定，而且可以供液到蒸发器的任何部位。

13.2.3　热力膨胀阀

热力膨胀阀属于一种自动膨胀阀，又称热力调节阀或感温调节阀，是应用最广的一类节流机构。它是利用蒸发器出口制冷剂蒸气的过热度调节阀孔开度以调节供液量的，故适用于没有自由液面的蒸发器，如干式蒸发器、蛇管式蒸发器和蛇管式中间冷却器等。根据热力膨胀阀内膜片下方引入蒸发器进口或出口压力，分为内平衡式或外平衡式两种。

（1）热力膨胀阀的工作原理　内平衡式热力膨胀阀由感温包、毛细管、阀座、膜片、顶杆、阀针及调节机构等构成。膨胀阀接在蒸发器的进液管上，感温包中充注的工质与系统中制冷剂相同，感温包设置在蒸发器出口处的管外壁上。

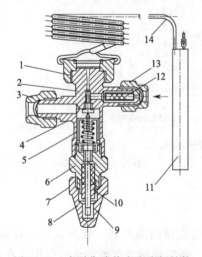

图 13-19　内平衡式热力膨胀阀结构

1—气箱座；2，4—阀体；3，13—螺母；5—阀针；

6—调节杆座；7—填料；8—阀帽；9—调节杆；10—填料压盖；

11—感温包；12—过滤网；14—毛细管

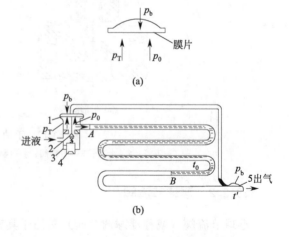

图 13-20　内平衡式热力膨胀阀工作原理图

1—弹性金属膜片；2—阀芯；

3—弹簧；4—调节杆；5—感温包

膨胀阀出口处温度 t_1 与蒸发温度 t_0 之间存在着温差 Δt_g，通常称作过热度。

感温包感受到 t_1' 后，使整个感应系统处于 t_1' 对应的饱和压力 p_b。该压力通过毛细管传到膜片上侧，在膜片侧面施有调整弹簧力 p_T 和蒸发压力 p_0，三者处于平衡时有 $p_b = p_T + p_0$。

从热力膨胀阀的工作原理可以看出，其阀芯的调节动作来源于 $p_b = p_1 + p_0$。而在膜片上下侧的压力平衡是以蒸发器内压力 p_0 作为稳定条件，所以称之为内平衡式热力膨胀阀。如图 13-19，图 13-20 所示。

在许多制冷装置中，蒸发器的管组长度较大，从进口到出口存在着较大的压降 Δp_0，造成蒸发器进出口温度各不相同，p_0 不是一个固定值。即在这种情况下若使用上述内平衡式热力膨胀阀，则会因蒸发器出口温度过低而造成 $p_b \ll p_T + p_0$，造成热力膨胀阀的过度关闭，以至丧失对蒸发器实施供液量调节的能力。

外平衡式热力膨胀阀将内平衡式热力膨胀阀膜片驱动力系中的蒸发压力 p_0，改为由外平衡管接头引入的蒸发器出口压力 p_w 取代，以此来消除蒸发器管组内的压降 Δp_0 所造成的膜片力系失衡，而带来的使膨胀阀失去调节能力的不利影响。如图 13-21，图 13-22 所示。

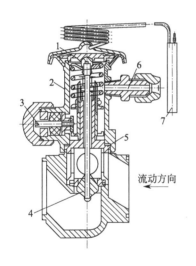

图 13-21　外平衡式热力膨胀阀结构

1—阀杆螺母；2—弹簧；3—调节杆；4—阀杆；

5—阀体；6—外平衡接头；7—感温包

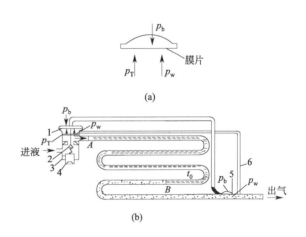

图 13-22　外平衡式热力膨胀阀工作原理图

1—弹性金属膜片；2—阀芯；3—弹簧；

4—调节杆；5—感温包；6—平衡管

由于 $p_w = p_0 - \Delta p_0$，尽管蒸发器出口过热度偏低，但膜片力系变成为 $p_b = p_T + (p_0 - \Delta p_0)$，即 $p_b = p_T + p_w$ 时，仍然能保证在允许的装配过热度范围内达到平衡。在这个范围内，当 $p_b > p_T + p_w$ 时，表示蒸发器热负荷偏大，出口过热度偏高，膨胀阀流通面积增大，使制冷剂供液量按比例增大。反之按比例减小。

（2）热力膨胀阀的选择与使用

① 为了稳定蒸发器的工作，在确定热力膨胀阀容量时，一般应取蒸发器热负荷的 1.2～1.3 倍。

② 为了保证感温包采样信号的准确性，当蒸发器出口管径小于 22mm 时，感温包可水

平安装在管的顶部；当管径大于 22mm 时，则应将感温包水平安装在管的下侧方 45°的位置，然后外包绝热材料。绝对不可随意安装在管的底部。也要注意避免在立管，或多个蒸发器的公共回气管上安装感温包。

③ 外平衡式热力膨胀阀的外平衡管应接于感温包后约 100mm 处，接口一般位于水平管顶部，以保证调节动作的可靠性。

④ 为了使热力膨胀阀节流后的制冷剂液体均匀地分配到蒸发器的各个管组，通常是在膨胀阀的出口管和蒸发器的进口管之间设置一种分液接头。

13.2.4   热电膨胀阀和电子脉冲式膨胀阀

(1) 热电膨胀阀   热电膨胀阀也称电动膨胀阀。它是利用热敏电阻的作用来调节蒸发器供液量的节流装置。热敏电阻→膜室加热量→膜的运动→阀孔大小→供液量变化。如图 13-23所示。

热电膨胀阀具有结构简单、反应速度快的优点。为了保证良好的控制性能，热敏电阻需要定期更换。

(2) 电子脉冲式膨胀阀   电子脉冲式膨胀阀由步进电动机、阀芯、阀体、进出液管等主要部件组成。如图 13-24 所示。

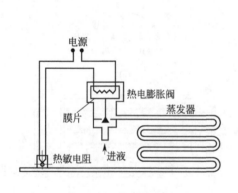

图 13-23   热电膨胀阀

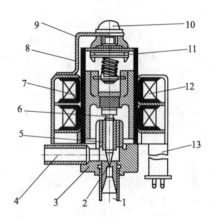

图 13-24   电子脉冲式膨胀阀结构

1—进液管；2—阀孔；3—阀体；4—出液管；5—套丝；
6—阀芯；7—转子；8—屏蔽套；9—尾板；10—定位螺钉；
11—限位器；12—定子线圈；13—导线

在制冷装置运行过程中，由传感器取到实时信号，输入微型计算机进行处理后，转换成相应的脉冲信号，驱动步进电动机获得一定的步距角，形成对应的阀芯上升或下降的移动距离，得到合适的制冷剂在阀孔的流通面积和与热负荷变化相匹配的供液量，实现装置的高精度能量调节。

由于变流量调节时间以秒计算，可以有效地杜绝超调现象发生。对于一些需要精细流量调节的制冷装置，采用此种膨胀阀，可以得到满意可靠的高效节能效果。

13.2.5   毛细管

毛细管又叫节流管，其内径常为 0.5～5mm，长度不等，材料为铜或不锈钢。由于它不具备自身流量调节能力，被看作为一种流量恒定的节流设备。

毛细管节流是根据流体在一定几何尺寸的管道内流动产生摩阻压降改变其流量的原理，当管径一定时，流体通过的管道短则压降小，流量大；反之，压降大且流量小。在制冷系统中取代膨胀阀作为节流机构。

设计用毛细管节流的制冷系统时应注意：

① 系统的高压侧不要设置贮液器，以减少停机时制冷剂迁移量，防止启动时发生"液击"；

② 制冷剂的充注量应尽量与蒸发容量相匹配，必要时可在压缩机吸气管路上加装气液分离器；

③ 对初选毛细管进行试验修正时，应保证毛细管的管径和长度与装置的制冷能力相吻合，以保证装置能达到规定的技术性能要求；

④ 毛细管内径必须均匀，其进口处应设置干燥过滤器，防止水分和污物堵塞毛细管。

13.3　辅　助　设　备

蒸气压缩式制冷装置中，除制冷压缩机及各种用途的换热器和节流机构外，还需要一些辅助设备来完善其技术性能，并保证其可靠的运行。它们是润滑油的分离及收集设备，制冷剂的贮存、净化和分离设备等。

13.3.1　润滑油的分离及收集设备

制冷机工作时需要润滑油在机内起润滑、冷却和密封作用。系统在运行过程中润滑油往往随压缩机排气进入冷凝器甚至蒸发器，使它们的传热效果降低，影响整个制冷装置技术性能的发挥。

（1）油分离器　油分离器是为了将制冷压缩机排出的高压蒸气中的润滑油进行分离，以保证装置安全高效地运行。

根据降低气流速度和改变气流方向的分油原理，高压蒸气中的油粒在重力作用下得以分离。一般气流速度在 1m/s 以下，就可将蒸气中所含直径在 0.2mm 以上的油粒分离出来。通常使用的油分离器有惯性式、洗涤式、滤过式和离心式四种。

图 13-25 为惯性式油分离器。气态制冷剂进入壳体以后，流速突然下降并改变气流运动方向，将其中携带的润滑油分离下来集于底部，靠浮球阀或手动阀排回制冷压缩机的曲轴箱。

图 13-26 是洗涤式油分离器，适用于氨制冷系统。它是由进气管、出气管、进液管、伞形罩和放油管等组成。进液管至少应比冷凝器的出液管低 200～300mm，以便氨液可借重力流入油分离器，保证其中液面有一定高度。

图 13-27 是滤过式油分离器，它是一种高效油分离器。这种油分离器的壳体内装有滤层，滤层的充填物可以是小瓷环、金属丝网或金属切屑，其中以编织的金属丝网为最佳。

图 13-28 是离心式油分离器，它的分油效率也很高，多用于制冷量较大的系统。高压气态制冷剂沿切线方向进入油分离器以后，经螺旋状隔板自上向下旋转流动，借离心力作用将滴状润滑油甩到壳体壁面，聚积成较大的油滴，下沉到分离器的底部。

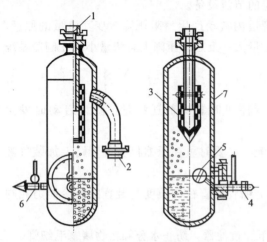

图 13-25　惯性式油分离器

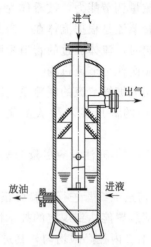

图 13-26　洗涤式油分离器

1—进口；2—出口；3—滤网；4—手动阀；
5—浮球阀；6—回油阀；7—壳体

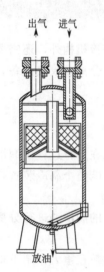

图 13-27　滤过式油分离器

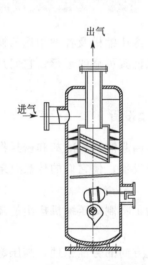

图 13-28　离心式油分离器

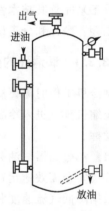

图 13-29　集油器

（2）集油器　对于氟利昂制冷系统，油分离器分离出的润滑油一般都是通过分离器下部的手动阀或浮球式自动放油阀直接送回压缩机的曲轴箱。

而在氨制冷系统中，除了油分离器以外，冷凝器、贮液器和蒸发器等设备的底部均积存有润滑油，为了收集和放出这些润滑油，应装置集油器。

集油器为钢板制成的筒状容器，其上部设有进油管、放油管、回气管和压力表接管等，如图 13-29 所示。

目前生产的集油器有三种规格，其直径分别为 150mm、200mm 和 300mm。制冷量小于 250～300kW，采用直径 150mm 者；制冷量大于 600～700kW，采用直径 300mm 者。

13.3.2　制冷剂的贮存及分离设备

贮液器俗称贮液筒，用于贮存制冷剂液体。按其功能分高压贮液器和低压贮液器两种。

（1）高压贮液器　用途是贮存高压液体，设置在冷凝器之后，保证制冷系统在冷负荷变化时制冷剂供液量调节的需要，也有利于减少定期检修时向系统补充制冷剂的次数。其结构和连接方法如图 13-30 所示。

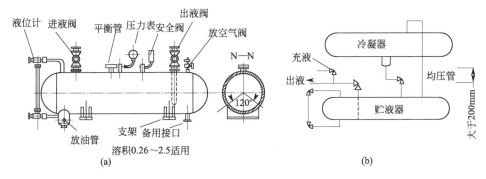

图 13-30　贮液器结构（a）及贮液器与冷凝器的连接（b）

高压贮液器的容量应该满足下列的几个条件：

① 高压贮液器的容量一般应能收容系统中全部量的充液；

② 在有多台蒸发器时，高压贮液器的容量可为最大蒸发器的充液量与贮液器中正常液量之和；

③ 为了防止温度变化时，因热膨胀造成危险，贮液器的贮存量不应超过贮液器本身容积的 80%；

（2）低压贮液器　这种设置在低压侧的贮液器，一般用于大型氨制冷装置中，如氨泵循环的冷藏库等。结构与高压贮液器基本相同，仅仅是工作压力较低。其用途除氨泵供液系统中贮存进入蒸发器前的低压液体之外，还有专供蒸发器融霜或检修时用于排液；或用于贮存低压回气经气液分离器分离出来的氨液。

低压贮液器的存液量一般应不少于氨液泵每小时循环量的 30%，其最大允许存贮量为筒体容积的 70%。

（3）气液分离器　卧式壳管型满液式蒸发器的上部一般设有集气包，可以起到气液分离的作用，若满液式蒸发器本身没有气液分离装置时，在蒸发器出口应设置气液分离器，靠气流速度的降低和方向的改变，将低压气态制冷剂中携带的液滴分离出来，以防止压缩机发生湿压缩或液击现象。其结构如图 13-31 所示。

13.3.3　制冷剂的净化设备

制冷剂的净化设备主要是用来清除制冷系统中不凝性气体、水分和机械杂质等的设备。

（1）空气分离器　由于系统渗入空气或润滑油分解等，制冷系统中总会有不可凝气体（主要是空气）存在，这些气体在冷凝器表面附近聚集，形成气膜热阻，降低了冷凝器的传热效果，引起压缩机排气压力和排气温度的升高，致使制冷机的消耗功率增加，制冷量降低。

压力越高，温度越低，气态制冷剂与空气混合物中空气的质量分数越大。也就是说，在高压条件下放空气时，损失的制冷剂最少。不凝性气体分离器就是保证在高压和低温条件下放空气的设备。

不凝性气体分离器实际上是个冷却设备。分离器圆形筒体为钢板卷焊制成，内装有冷却盘管，外覆保温层，其工作原理见图13-32。

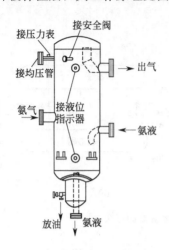

图 13-31   气液分离器

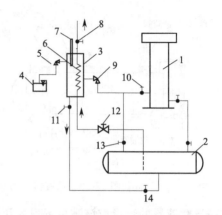

图 13-32   不凝性气体分离器工作原理

1—冷凝器；2—贮液器；3—不凝性气体分离器；
4—玻璃容器；5—放空气阀；6—蒸发盘管；7—温度计；
8—出气阀；9，10，11，13，14—阀门；12—膨胀阀

采用开启式制冷压缩机，尤其是经常处于低温和低于大气压力下运行的制冷系统，都应该装设不凝性气体分离器。对于空气调节用全封闭或半封闭制冷压缩机，一般可不装设不凝性气体分离器。

（2）过滤器   制冷压缩机的进气口应装有过滤器，以防止铁屑、铁锈等污物进入压缩机，损伤阀片和汽缸。膨胀阀等各种调节控制用阀前也应安装过滤器，以防止污物阻塞阀孔或破坏阀芯的严密性。氨过滤器为2~3层钢丝网，网孔为0.4mm；氟利昂过滤器则采用铜丝网，滤气时的网孔为0.2mm，滤液时网孔为0.1mm。

气态制冷剂通过滤网的速度为1~1.5m/s，液体通过滤网的速度应小于0.1m/s。

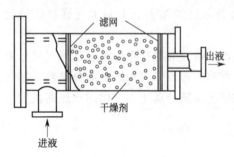

图 13-33   干燥过滤器

（3）干燥器   制冷系统中不但有污物，还会有水分，这是由于系统干燥不严格以及制冷剂不纯（含有水分）造成的。水能溶解于氟利昂制冷系统中，它的溶解度与温度有关，温度下降，水的溶解度就小。含有水分的制冷剂在系统中循环流动，当流至膨胀阀孔时，温度急剧下降，其溶解度相对降低，于是一部分水分被分离出来停留在阀孔周围，并且结冰堵塞阀孔，严重时不能向蒸发器供液，造成故障。同时，水长期溶解于制冷剂中会分解而产生盐酸等，不但腐蚀金属，还会使冷冻油乳化，因此要利用干燥器将制冷剂的水分吸附干净，其结构如图13-33所示。

思考题及习题

13-1   制冷系统常用的换热设备有哪些？各有何特点？

13-2   冷凝器的作用是什么？有哪几种类型？试比较它们的优缺点和适用场合。

13-3 蒸发器的作用是什么？根据制冷剂供液方式的不同分哪几种形式？

13-4 节流机构的作用是什么？常用的节流机构有哪些类型？各有何特点？

13-5 试述热力膨胀阀的工作原理。

13-6 油分离器有哪几种类型？集油器有何作用。

13-7 贮液器有哪几种类型？各适用于什么场合？

13-8 制冷剂的净化设备有哪些？说明其适用场合。

第14章 其他常用设备及装置

14.1 汽 轮 机

汽轮机是一种以具有一定温度和压力的水蒸气为工质，将热能转变为机械能的回转式原动机。它在工作时先把蒸汽的热能转变成动能，然后再使蒸汽的动能转变成机械能。

14.1.1 汽轮机的基本工作原理和类型

（1）汽轮机的基本工作原理　最简单的汽轮机（单级汽轮机）如图14-1所示，它由喷嘴、动叶片、叶轮和轴等基本部件组成。具有一定压力和温度的蒸汽通入喷嘴膨胀加速，这时蒸汽的压力、温度降低，速度增加，使热能转变成动能。然后，具有较高速度的蒸汽由喷嘴流出，进入动叶片流槽，在弯曲的动叶片流道内，改变汽流方向，给动叶片以冲动力，如图14-2所示，产生了使叶轮旋转的力矩。带动主轴旋转，输出机械功，即在动叶片中蒸汽推动叶片旋转作功，完成动能到机械能的转换。

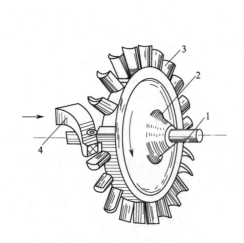

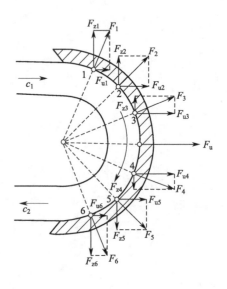

图14-1　单级汽轮机结构示意图
1—轴；2—叶轮；3—动叶片；4—喷嘴

图14-2　蒸汽对动叶片的作用力

由上述可知，汽轮机在工作时，首先在喷嘴叶栅中蒸汽的热能转变成动能。然后在动叶栅中蒸汽的动能转变成机械能。喷嘴叶栅和与它相配合的动叶片完成了能量转换的全过程，于是便构成了汽轮机作功的基本单元。通常称这个作功单元为汽轮机的级。

（2）单级汽轮机　由一个级构成的汽轮机称为单级汽轮机。按工作原理不同，单级汽轮机有以下几种类型。

① 蒸汽只在喷嘴中膨胀，动叶片仅受蒸汽冲动力的作用，这种汽轮机叫纯冲动式汽轮机。

② 蒸汽的热能一半在喷嘴中转换成动能，另一半在动叶片中转换成动能，使动叶片既受冲动力又受反动力作用，这种汽轮机叫反动式汽轮机。

③ 蒸汽的热能除大部分在喷嘴中转换为动能外，还有少部分在动叶片中膨胀，使动叶片除了主要受冲动力作用外，也受少许反动力的作用，这种汽轮机称为带有反动度的冲动式汽轮机，简称为冲动式汽轮机。

单级冲动式汽轮机，蒸汽动能在动叶片中不能完全被转换，蒸汽离开动叶片后仍具有较大的余速，造成较大的余速损失，为充分利用排汽余速的动能，可采用复速级汽轮机。图14-3所示为具有双列速度级的单级汽轮机示意图。它在冲动式单级后，再加装一列固定在汽缸上的导向叶片和一列装在同一叶轮上的第二列动叶片。其工作过程是：蒸汽在喷嘴中膨胀加速后，进入第一列动叶片作功，蒸汽速度降低。然后，蒸汽进入固定在汽缸上的导向叶片中，改变汽流方向后被导入第二列动叶片，利用余速继续作功，增加了汽轮机的功率，降低了余速损失。这种汽轮机一般用于焓降较大的单级汽轮机。

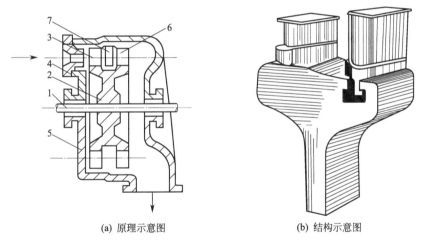

(a) 原理示意图　　　　　　　　(b) 结构示意图

图 14-3　具有双列速度级的单级汽轮机

1—轴；2—叶轮；3—第一列动叶片；4—喷嘴；5—汽缸；6—第二列动叶片；7—导向叶片

（3）多级汽轮机　单级冲动式汽轮机的功率较小，即使采用双列速度级后所能增加的功率也很有限，且单级汽轮机损失较大。因此，为使汽轮机能发出更大的功率，需要将许多单级串联起来，制作成多级汽轮机。

图14-4为一多级汽轮机结构示意图。它主要由汽缸、转子、隔板等组成，各级按序依次排列。工作时，蒸汽进入多级汽轮机，依次流过所有的级，膨胀作功，压力逐级降低，当蒸汽流出最末级动叶片时已变成流速较低的乏汽，排出汽缸。多级汽轮机的功率为各级功率的总和。因而，随着单机容量的不断增加，多级汽轮机级数也越来越多，如某汽轮机厂生产的 N300-16.7-537/537 型汽轮机共有 30 级。

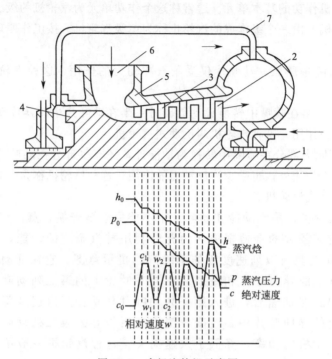

图 14-4   多级汽轮机示意图

1—鼓形转子；2—动叶片；3—喷嘴；4—平衡活塞；5—汽缸；6—蒸汽室；7—连接管

14.1.2   汽轮机的分类

汽轮机不仅用于火电厂，也被广泛应用于其他行业，因而汽轮机的类型繁多。实际应用中，常按下列方法来对汽轮机进行分类。

（1）按工作原理分

① 冲动式汽轮机   按冲动作功原理工作的汽轮机称为冲动式汽轮机。它工作时，蒸汽的膨胀主要在喷嘴中进行，少部分在动叶片中膨胀。

② 反动式汽轮机   按反动作功原理工作的汽轮机称为反动式汽轮机。它工作时，蒸汽的膨胀在喷嘴、动叶片中各进行大约一半。

③ 冲动反动联合式汽轮机   由冲动级和反动级组合而成的汽轮机称为冲动反动联合式汽轮机。

（2）按热力过程分

① 凝汽式汽轮机   进入汽轮机作功的蒸汽，除少量漏汽外，全部或大部分排入凝汽器的汽轮机。蒸汽全部排入凝汽器的又称纯凝汽式汽轮机；采用回热加热系统，除部分抽气外，大部分蒸汽排入凝汽器的汽轮机，称为凝汽式汽轮机。

② 背压式汽轮机   蒸汽在汽轮机中作功后，以高于大气压的压力排出，供工业或采暖使用，这种汽轮机称为背压式汽轮机。若排汽供给中、低压汽轮机使用时，又称为前置式汽轮机。

③ 调整抽汽式汽轮机   将部分做过功的蒸汽在一种或两种压力（此压力可在一定范围内调整）下抽出，供工业或采暖用汽，其余蒸汽仍排入凝汽器，这类汽轮机叫调整抽汽式汽轮机。调整抽汽式汽轮机和背压式汽轮机统称为供热式汽轮机。

④ 中间再热式汽轮机　将在汽轮机高压缸部分做过功的蒸汽，引至锅炉再热器再次加热到某一温度，然后再重新返回汽轮机的中、低压缸部分继续作功，这类汽轮机叫中间再热式汽轮机。其再热次数可以是一次、两次或多次，但一般多采用一次中间再热。

（3）按蒸汽初参数分

① 低压汽轮机　新蒸汽压力为 1.176～1.47MPa。

② 中压汽轮机　新蒸汽压力为 1.96～3.92MPa。

③ 高压汽轮机　新蒸汽压力为 5.88～9.8MPa。

④ 超高压汽轮机　新蒸汽压力为 11.76～13.72MPa。

⑤ 亚临界压力汽轮机　新蒸汽压力为 15.68～17.64MPa。

⑥ 超临界压力汽轮机　新蒸汽压力在 22.06MPa 以上。

（4）按蒸汽流动方向分

① 轴流式汽轮机　蒸汽流动总体方向大致与轴平行。

② 辐流式汽轮机　蒸汽流动总体方向大致与轴垂直。

③ 周流式汽轮机　蒸汽大致沿叶轮轮周方向流动。

此外，还有一些分类方法，例如按汽缸的数目分为单缸、双缸汽轮机，按汽轮机转轴数目分为单轴、双轴汽轮机等。

14.1.3　汽轮机的型号

表示汽轮机基本特性的符号叫汽轮机的型号。我国目前采用拼音和数字来表示汽轮机的型号，其表示方法由三段组成：

$$\underset{\text{第一段}}{\underline{\times\ \times\text{-}\times\times\times}}/\underset{\text{第二段}}{\underline{\times\times\times}/\times\times\times}\text{-}\underset{\text{第三段}}{\underline{\times}}$$

第一段表示汽轮机形式(见表 14-1)及额定功率（MW），第二段表示蒸汽参数（见表 14-2），第三段表示改型序号。

表 14-1　汽轮机型号中表示其形式的代号

汽轮机形式	我国汽轮机新型号中形式代号	汽轮机形式	我国汽轮机新型号中形式代号
	第一个拼音字母		第一个拼音字母
凝汽式	N	背压式	B
一次调整抽汽式	C	调整抽汽背压式	CB
二次调整抽汽式	CC		

表 14-2　我国汽轮机新型号中蒸汽参数的表示方法

汽轮机形式	蒸汽参数表示方法	汽轮机形式	蒸汽参数表示方法
凝汽式	进汽压力/进汽温度	二次调整抽汽式	进汽压力/高压调整抽汽压力/低压调整抽汽压力
中间再热式	进汽压力/进汽温度/中间再热温度		
一次调整抽汽式	进汽压力/调整抽汽压力	背压式	进汽压力/排汽压力

注：压力：绝对压力；温度：℃。

下面举例说明国产机型号。"N300-16.7/537/537-3 型"表示：凝汽式，额定功率为 300MW，主蒸汽压力为 16.7MPa，主、再热蒸汽温度为 537℃，第三次改型设计。"N/C300/220-16.7-537/537 型"表示：一次调整抽汽凝汽式，额定功率 300MW，最大供热工况电负荷 220MW，主蒸汽压力 16.7MPa，主、再热蒸汽温度为 537℃。

14.1.4　汽轮机的主要设备及系统

（1）汽轮机调节系统　由于交流电能不能大量储存，因此发电厂必须根据外界负荷及时地生产相应数量的电能。在火电厂中，汽轮发电机组的工作是由蒸汽在汽轮机转子上产生的作用力矩和发电机转子受到负载的反作用力矩之间的平衡关系所决定的。当这两个力矩相等时，汽轮发电机组在一定的转速下稳定运转。但外界用户的用电情况总是经常不断地变化，因此发电机的负载力矩随外界用户的变化也在不断地变化，如果汽轮机蒸汽力矩不能随着相应地变化，机组的稳定运转就遭到破坏，从而导致汽轮机转速的变化。例如，当外界负荷增加时，发电机的负载力矩增加，若汽轮机的蒸汽力矩未变，则汽轮机的转速就会降低，相反，当外界负荷减小时，汽轮机的转速就要上升。

然而，汽轮发电机组在运行时，它的转速只允许在很小的范围内变化。因为转速偏离规定值就会引起电能质量变化，使供电频率与电压不能满足用户的要求；此外转速过高或过低也影响机组本身的安全。因此，为了保证供电质量，确保机组安全运行，汽轮机都装有调节系统，其基本任务是：在外界负荷变化时，及时地调节汽轮机功率，以满足用户用电量变化的需要，同时保证汽轮发电机组的工作转速在正常允许范围之内。

（2）汽轮机旁路系统　大容量中间再热机组都采用单元制系统，锅炉或汽轮机发生故障时，机炉必须同时停止运行。为了便于机组启、停、事故处理和适应某些特殊运行方式，绝大多数再热机组都设置了旁路系统。

所谓旁路系统是指锅炉所产生的蒸汽部分或全部绕过汽轮机或再热器，通过减温减压设备（旁路阀）直接排入凝汽器的系统。实际上旁路系统是单元机组在启动和事故情况下起调节和保护作用的一种系统。其主要作用可归纳如下。

① 保证锅炉最小负荷的蒸发量。在机组启停和甩负荷时，由于汽轮机耗汽量只是额定耗汽量的 5%～8%，而锅炉满足水动力循环可靠性及燃烧稳定性要求的最低负荷一般是额定蒸发量的 30% 左右，设置旁路系统可使锅炉和汽轮机独立运行。

② 保护再热器。在汽轮机启动和甩负荷情况下，经旁路系统把新蒸汽减温减压后送入再热器，防止再热器干烧，保护再热器。

③ 加快启动速度，改善启动条件。通过旁路系统可在汽轮机冲转前维持主蒸汽和再热蒸汽参数达到一个预定的水平，以满足各种启动方式的需要，在汽轮机不同状态的启动过程中，旁路系统可调节汽轮机进汽参数，以适应汽轮机的需要。例如，机组在热态启动时，利用旁路系统可以方便地提高主蒸汽、再热蒸汽温度，使蒸汽参数与汽缸金属温度相匹配，从而提高机组运行的安全性和灵活性。

④ 锅炉安全阀作用。机组甩负荷或锅炉超压时，旁路快速打开，排出锅炉内蒸汽防止锅炉超压。

⑤ 回收工质和部分热量，减小排汽噪声。

⑥ 保证蒸汽品质。在汽轮机冲转前建立一个汽水循环清洗系统，待蒸汽品质合格后，方可进入汽轮机，以免汽轮机受到损害。

综上所述，旁路系统不但能够改善机组的安全性能，而且能够保证机组启停的灵活性和运行的稳定性。例如，在负荷瞬变时，旁路系统可以处理过渡工况剩余的蒸汽量；在汽轮发电机甩负荷时，锅炉可以维持运行，以便故障排除后立即向汽轮机送汽，恢复向电网供电；在电网故障时，可以维持汽轮发电机带厂用电运行，这样不仅提高了机组的可用率，而且也提高了电网的稳定性。

（3）凝汽器　从热力学的角度看，提高循环热效率的主要方法之一是提高工质的初状态和降低工质的终参数。要实现降低工质终参数的目的，就要想办法在汽轮机的排汽口建立真空。凝汽器真空的建立，在机组启动阶段与正常运行中其机理是不同的。现分述如下。

在机组启动时，凝汽器真空的建立依赖于抽气器将凝汽器中的空气抽出，此时建立真空的快慢由抽气器的容量及真空系统的严密情况决定。

机组冲转后，有排汽进入凝汽器中，排汽受到冷却介质的冷却而凝结成水。汽体凝结成水后，其体积大大地缩小，原来由蒸汽充满的容器空间就形成了高度真空。由于冷却介质不断地将进入凝汽器中排汽的热量带走，使得凝结过程能不间断地进行，这样凝汽器中的真空就建立起来了。简单地说，此时凝汽器中的真空是由排汽凝结成水形成的，其真空水平的高低受冷却介质的温度、流量、机组排汽量、凝汽器传热情况、真空系统严密状况及抽气器的工作状况等因素制约。

但实际上，汽轮机组排汽中总是带有一些不可凝结的气体，处于高度真空状态下的凝汽器及其他部件也不可能做得完全密封，总有一些空气通过不严密的部位漏入真空系统中。这两部分气体的存在，给凝汽器的安全、经济运行带来了如下一些不利的影响：

① 影响凝汽器的传热工况，使凝汽器端差增大，机组的热效率降低；

② 有空气分压力的存在，而蒸汽按自身分压力凝结，使凝结水产生过冷度；

③ 空气的存在降低了凝汽器的除氧效果，使得凝结水中溶解了一些气体，凝结水中溶解氧的存在，造成了凝结水系统中设备与管道的氧腐蚀，影响机组的安全运行；

④ 空气的存在直接降低了凝汽器的真空。

显然，这些气体如果不能及时排出，逐渐积累。最终将使凝汽器的真空严重恶化，影响机组的安全、经济运行。

实际的真空系统中，是用抽气器将这些不凝结的气体抽到凝汽器系统外的。也就是说用抽气器将凝汽器中不断聚集的一些不凝结气体，不停地抽出，使凝汽器中不可凝结气体的含量维持在尽可能少的水平上。当真空系统中产气量与抽气量相平衡后，系统中的真空也就大体上维持在冷却介质温度所决定的水平上。由此看来，真空系统中抽气器的作用有两点：①在机组启动时建立凝汽器的真空；②在机组正常运行时，维持凝汽器的真空。

综上所述，凝汽器中真空的维持，一是靠冷却介质不间断地将排汽的热量带走，使得蒸汽的凝结过程能不间断地进行；二是靠抽气器将不凝结气体不间断地排出，使这些气体不至于在凝汽器中积累而造成真空的破坏。

14.1.5　汽轮机的损失、效率和经济指标

（1）汽轮机的损失　汽轮机在实际工作过程中，会产生多种形式的损失，提高汽轮机效率，必须有效地降低汽轮机的各种损失。汽轮机损失分为外部损失和内部损失两种，对蒸汽的热力过程和状态不发生影响的损失叫外部损失；对蒸汽的热力过程和状态发生影响的损失叫内部损失。

汽轮机的内部损失包括进汽机构的节流损失、排汽管压力损失和级内损失三种。

① 进汽机构的节流损失　蒸汽通过主汽门和调节汽门时，受汽门的节流作用，压力由 p_0 降至 p_0'，如图 14-5 所示。节流前后虽焓值基本不变，但汽轮机理想焓降由 ΔH_t 变为 $\Delta H_t'$，由此造成的损失称作进汽机构的节流损失。通常设计中 $\Delta p_0 = (0.03 \sim 0.05)p_0$。

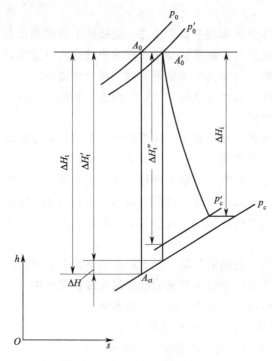

图 14-5　考虑进、排汽损失后的 $h\text{-}s$ 图

② 排汽管压力损失　汽轮机内做完功的乏汽从最末级动叶片排出后，经排管引至凝汽器。排汽在排汽管中流动时，会因摩擦和涡流而造成压力降低 $\Delta p_0 = p'_c - p_c$。这部分压力降用于克服排汽管的阻力，没有作功，故称作排汽管的压力损失。

③ 汽轮机的级内损失　在汽轮机级内会产生以下这些损失。

a. 叶高损失。是指喷嘴和动叶栅根部和顶部由于产生涡流所造成的损失，其大小与叶高有关。一般地，当叶高小于 12～14mm 时，叶高损失将大大增加，叶高大于 15mm 时，可有效减小叶高损失。

b. 叶形损失。由于叶片沿轮缘成环形布置，使流道截面呈扇形，见图 14-6，因而沿叶高方向各处的节圆周速度、进汽角都不同于叶片平均直径处的数值，这样会引起汽流撞在叶片进口产生能量损失，而且汽流还会产生半径方向的流动，引起流动损失，这些损失称为叶形损失。减小叶形损失的有效办法是采用扭曲叶片。

c. 叶栅损失。由相同叶形的静叶片或动叶片排列成的栅状汽流通道叫叶栅，叶栅损失是蒸汽在流道内发生摩擦等造成的动能减少。

d. 余速损失。因离开动叶片的蒸汽仍具有一定的速度所引起动能的损失，这个损失叫余速损失。

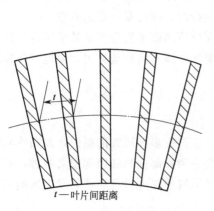

t —叶片间距离

图 14-6　叶栅流道断面形状示意图

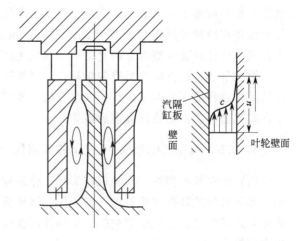

图 14-7　叶轮摩擦损失示意图

e. 叶轮摩擦损失。高速转动的叶轮与其四周的蒸汽相互摩擦，带动这些蒸汽旋转将消耗一部分叶轮有用功。此外，附贴在叶轮表面的蒸汽受离心力的作用被甩向叶轮外缘，靠近喷嘴或隔板的汽流则向叶轮中心移动，形成涡流，如图 14-7 所示，从而增加了叶轮的有用

功消耗。这两种损失统称叶轮摩擦损失。

f. 撞击损失。当汽轮机工作情况变化时，蒸汽进入动叶栅的相对进汽角 β 相应变化，从而与实际制成的动叶片进口角不相符。汽流不能平滑进入动叶槽道，而是撞击在动叶片进汽边的背弧（$\beta_1' < \beta_1$）或内弧（$\beta_1 < \beta_1'$）上，见图 14-8，引起附加能量损失，称之为撞击损失。

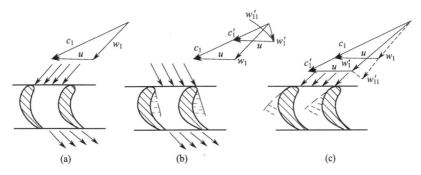

图 14-8　撞击损失示意图

g. 部分进汽损失。若喷嘴连续布满隔板（或汽缸）的整个圆周，则称为全周进汽，若喷嘴只布置在某个弧段内，其余部分不装喷嘴，则为部分进汽，如图 14-9 所示。在实际汽轮机运行中，通过汽门控制某一段或几段喷嘴的进汽，造成部分进汽。由部分进汽引起的损失叫部分进汽损失，所以对于全周进汽的级，这项损失为零。部分进汽损失由动叶片经过不装喷嘴弧段时发生的"鼓风"损失和动叶片由非工作弧段进入喷嘴的工作弧段时发生的斥汽损失组成。

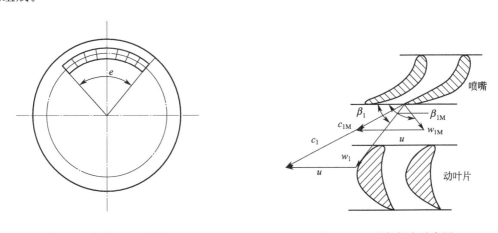

图 14-9　部分进汽示意图　　　　　图 14-10　湿气损失示意图

h. 湿汽损失。在湿蒸汽区工作的级，湿汽的水滴不能在喷嘴中膨胀加速，不仅减少了作功的蒸汽量，而且消耗携带它的汽流的动能，此外，汽流从喷嘴流出来时，水滴的速度比蒸汽流速小，因而进入动叶片时，它将打在叶片入口的背弧上（图 14-10），不仅对叶片产生制动作用，而且冲蚀叶片，这些损失称为湿汽损失。在设计上采用提高排汽干度、增加去湿装置等措施来减少湿汽损失。

i. 漏汽损失。由于喷嘴和动叶片（带反动度的级）前后存在压差，则会有一部分蒸汽不经喷嘴和动叶片的流道，而经过各种间隙绕过隔板和动叶片流走，不参与主流作功，由此形成的能量损失称漏汽损失，如图 14-11 所示。绕过隔板产生的损失称为隔板漏汽损失；绕过叶片产生的损失称为叶顶损失。

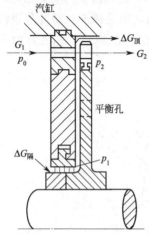

图 14-11 漏汽损失示意图

④ 汽轮机的外部损失 包括机械损失和外部漏汽损失两种。

a. 机械损失 汽轮机运行时，要克服支持轴承和推力轴承的摩擦阻力，以及带动主油泵、调速器等，都将消耗一部分有用功而造成损失。这种损失称为机械损失。现代大功率机组，机械损失相对较小，机械效率一般在 99％～99.5％左右。

b. 外部漏汽损失 汽轮机的主轴在穿出汽缸两端时，为了防止动静部分摩擦，总要留有一定的间隙，虽然装上端部汽封后这个间隙很小，但由于压差的存在，在高压端总有部分蒸汽向外漏出，在汽轮机低压汽封处，由于机内压力低于大气压，为防止空气漏入机内，均向低压汽封处通入蒸汽密封，这部分蒸汽大部分漏入汽缸，也有少量漏入大气。漏出的蒸汽不作功，其所造成的损失叫做外部漏汽损失。

(2) 汽轮机和发电机组的效率

① 汽轮机的相对内效率 汽轮机在能量转换时，由于存在损失，因此理想焓降不能全部变为有用功，而实际变为有用功的焓降为有效焓降。显然，有效焓降与理想焓降之比可以反映汽轮机热力过程完善程度，称之为汽轮机的相对内效率。

② 汽轮机相对有效效率 由于汽轮机机械损失，轴端功率要小于内功率，所以，把轴端功率与理想功率之比称为汽轮机的相对有效效率。

(3) 汽轮发电机组的汽耗率和热耗率

① 汽耗率 汽轮发电机组每发 1kW·h 电所消耗的蒸汽量，称为汽耗率 d，单位为 kg/(kW·h)。每小时消耗的蒸汽量称为汽耗量 D，单位为 kg/h。

汽耗率是衡量汽轮发电机组经济性的指标之一。若汽轮发电机组的各种效率很高，汽耗率就较低；反之则汽耗率就较高。

② 热耗率 汽轮发电机组每发 1kW·h 电所耗热量，称为热耗率 q，单位为 kJ/(kW·h)。

14.1.6 汽轮机运行的监控和调节

汽轮机正常运行中的一些重要参数，如主蒸汽参数、凝汽器真空、轴向位移、胀差及监视段压力等，对汽轮机安全、经济运行起着决定性的作用。因此，运行中必须对这些参数认真监视并及时调整，使其保持在规定范围内。

(1) 主蒸汽参数 在汽轮机正常运行中，不可避免地会发生蒸汽参数短暂地偏离额定值的现象。当偏离不大、没有超过允许范围时，不会引起汽轮机部件强度方面的危险性，否则，会引起运行可靠性和安全性两个方面的问题。

当初始压力和排汽压力不变时，主汽温度变化使得整个热循环热源温度变化，循环热效率变化。主蒸汽温度升高，机内理想焓降增大，作功能力增强。相反，主蒸汽温度降低时，作功能力降低，效率降低。

在调节汽门全开情况下，随着初温的升高，通过汽轮机的蒸汽流量减少，调节级叶片可能过负荷。随着温度升高，金属的强度急剧降低。另外高温下金属还会发生蠕变现象。所以猛烈的过载和超温对它们都是很危险的，目前制造厂均规定了温度高限，一般不超过额定汽温 5~8℃。

在调节汽门开度一定时，初温降低则流量增大，调节级焓降减少，末级焓降增加，末级容易过负荷；另外初温降低排汽湿度增大，增大了末级叶片的冲蚀损伤；初温降低，还会引起轴向推力的增大。因此初温降低，不仅影响机组运行的经济性，而且威胁机组的安全运行。为保证安全，一般初温低于额定值 15~20℃ 时，应开始减负荷。东方汽轮机厂 300MW 机组要求主蒸汽温度降至 510℃ 开始减负荷，降至 450℃ 时，减负荷到零，继续下降至 430℃ 时，打闸停机。

在调节汽门开度一定时，当初温和背压不变而初压升高时，汽轮机所有各级都要过负荷，其中最末级过载最严重，同时初压升高对汽轮机管道及其他承压部件的安全也造成威胁。初压降低时，不会影响机组的安全性，但机组出力要降低。因此，运行中主蒸汽压力要求按机组规定压力运行，特别是滑压运行机组要严格按照变压运行曲线维持机组运行。

（2）凝汽器真空　凝汽器真空即汽轮机排汽压力，由于蒸汽负荷的变化、凝汽器铜管积垢、真空系统严密性恶化、冷却水温的变化等，其数值可以在很宽的范围内变化，直接影响机组的安全经济运行。

当真空降低时，汽轮机总的焓降将减少，并且这个焓降的减少主要发生在最末几级。此时这些级的应力将减少，反动度增大。当真空急剧降低时，反动度的变化会引起较大的轴向推力变化，推力轴承可能发生危险。此外，真空严重恶化时，排汽温度升高，还会引起机组中心的变化，从而引起不被允许的振动。因此运行中只能允许机组真空在一定范围内下降，否则必须减负荷，甚至执行紧急停机。东方汽轮机厂 300MW 汽轮机规定真空降至 85.3kPa 时，开始减负荷，降至 70.6kPa 负荷应减至零，降至 68.6kPa 时，执行紧急停机。

当真空提高时，汽轮机末级的焓降增大，有可能过载。特别是当末级达到临界流动工况时，焓降的进一步增加将仅能由末级来承受。

凝汽器真空的变化对汽轮机运行的经济性有很大的影响。主要表现在真空变化引起作功能力的变化。因此，实际运行中必须经常保持凝汽器铜管清洁、保持真空系统严密性合格，在同样的投入下得到较高的真空，提高机组运行经济性。

（3）监视段压力　在凝汽式汽轮机中，除最后一二级外，调节级汽室压力和各段抽汽压力均与主蒸汽流量成正比例变化。根据这个原理，在运行中通过监视调节级汽室压力和各段抽汽压力，就可以有效地监督通流部分工作是否正常。因此，通常称各抽汽段和调节级汽室的压力为监视段压力。

在一般情况下，制造厂都根据热力和强度计算结果，给出各台汽轮机在额定负荷下，蒸汽流量和各监视段的压力值，以及允许的最大蒸汽流量和各监视段压力。由于每台机组各有特点，所以即使是相同型号的汽轮机在同一负荷下的各监视段压力也不完全相同。因此，对每台机组均应参照制造厂给定的数据，在安装或大修后，通流部分处于正常情况下进行实测，求得负荷、主蒸汽流量和监视段压力的关系，以此作为平时运行监督的标准。

如果在同一负荷（流量）下监视段压力升高，则说明该监视段以后通流面积减少，多数情况是结了盐垢，有时也会由于某些金属零件碎裂和机械杂物堵塞了通流部分或叶片损坏变形等所致。如果调节级和高压缸各抽汽压力同时升高，则可能是中压调节汽门开度受到限制。因而当某台加热器停用时，若汽轮机的进汽流量不变，将使相应抽汽段的压力升高。

不但要看监视段压力绝对值的升高是否超过规定值，还要监视各段之间的压差是否超过了规定值。如果某个段的压差超过了规定值，将会使该段隔板和动叶片的工作应力增大，造成设备的损坏事故。

汽轮机结垢严重（一般中、低压机组监视段压力相对升高 15%，高压及其以上机组相对升高 10%）时，必须进行清除，通常采用下列方法：汽轮机停机揭缸，用机械方法；盘车状态下，热水冲洗；低转速下，热湿蒸汽冲洗；带负荷湿蒸汽冲洗。

（4）轴向位移及轴瓦温度的监视

① 轴向位移   汽轮机转子的轴向位移，现场习惯称为窜轴。窜轴指标是用来监视推力轴承工作状况的，作用在转子上的轴向推力是由推力轴承来承担的，从而保证机组动静部分之间可靠的轴向间隙。轴向推力过大或轴承自身的工作失常将会造成推力瓦块的烧损，使汽轮机发生动静部分碰磨的设备损坏事故。

大容量汽轮机均设有轴向位移指示器（窜轴保护），其作用是监视推力瓦的工作状况，窜轴超过允许极限值时立即动作强迫停机，不使机组发生通流部分严重损坏的事故。不同形式的机组窜轴指示器的零位位置亦不同。例如国产 300MW 机组是将转子靠向工作瓦块来定零位的，这样轴向位移所指示的正数值中包括推力瓦受力后瓦块的支承座、垫片、瓦架的弹性位移量和事故情况下瓦块的磨损值。轴向位移所指示的正数值大小反映了汽轮机运行时推力盘处轴向位移量。因此窜轴指示器都装在靠近推力瓦处。一般综合式推力瓦推力间隙取 0.4～0.6mm 左右。

汽轮机主蒸汽压力高、主蒸汽温度低，尤其是汽缸进水会产生巨大的轴向推力，对于高中压缸对头布置的再热机组来说，由于发生水冲击事故时，瞬间增大的轴向推力是发生在高压缸内，即轴向推力方向与高压缸内汽流方向一致，因此推力瓦的非工作面将承受巨大的轴向作用力，而非工作面瓦块一般承载能力较小，所以这种水击事故就更加危险。为此，再热机组要求在非工作面瓦块一侧也能承受与工作瓦块等量的推力。

当再热蒸汽压力高、温度低或中压缸进水时，则推力的作用方向和中压缸汽流方向一致，这时推力瓦的工作面将承受巨大的轴向推力。此外，真空低或通流部分结垢时，也会使轴向推力发生较大的变化。

机组运行中，发现窜轴增加时，应对汽轮机进行全面检查，倾听内部声音，测量轴承振动，同时注意监视推力瓦块温度和回油温度的变化，一般规定推力瓦块乌金温度不超过 95℃，回油温度不超过 75℃，当温度超过允许值时，即使窜轴指示不大，也应减少负荷使之恢复正常。若窜轴指示超过允许值引起保护动作掉闸时，应立即解列发电机停机。当窜轴指示超过允许值，而保护未动作时，要认真检查、判断，确认指示值正确时，则应立即紧急停机。

② 轴瓦温度   汽轮机轴在轴瓦内高速旋转，引起了汽轮机油和轴瓦温度的升高。轴瓦温度过高时，将威胁轴承的安全。东方汽轮机厂产 300MW 汽轮机轴瓦乌金温度最高允许值为 110℃，超过此值时，应立即执行紧急停机。运行中通常也采用监视润滑油温升的方法来间接监视轴瓦温度，一般润滑油的温升，不得超过 10～15℃，但由于油温滞后于金属温度，不能及时反映轴瓦温度的变化，因而只能作为辅助监视。

为了使轴瓦正常工作，对轴瓦供油温度作了明确规定，一般轴承进油温度为 35～45℃，对于大机组，考虑其油膜工作的稳定性，轴承的进油温度应维持在 40～45℃。

14.2 内 燃 机

内燃机热效率高、适应性好、功率范围广,已广泛应用于工农业、交通运输业和国防建设事业等方面。由于内燃机的使用范围广泛,世界各国的需求量十分巨大并不断增长。在各经济部门和国防工业中,内燃机都占有极其重要的地位。

14.2.1 内燃机及其特点

(1) 内燃机的定义   内燃机是将燃料(液体或气体)引入汽缸内燃烧,再通过燃气膨胀、推动活塞和曲柄连杆机构,从而输出机械功的热力发动机。

广义上的内燃机不仅包括往复活塞式内燃机、旋转活塞式发动机和自由活塞式发动机,也包括旋转叶轮式的燃气轮机、喷气式发动机等,但通常所说的内燃机是指活塞式内燃机。

活塞式内燃机以往复活塞式最为普遍。活塞式内燃机将燃料和空气混合,在其汽缸内燃烧,释放出的热能使汽缸内产生高温高压的燃气。燃气膨胀推动活塞作功,再通过曲柄连杆机构或其他机构将机械功输出,驱动从动机械工作。各种内燃机,如图 14-12 所示。

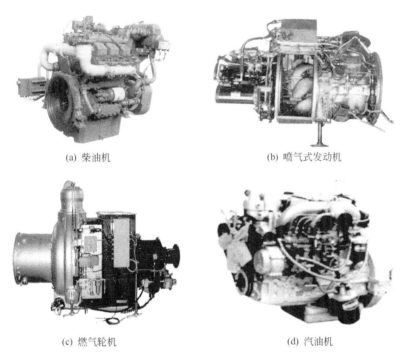

(a) 柴油机   (b) 喷气式发动机

(c) 燃气轮机   (d) 汽油机

图 14-12   各种内燃机示意图

(2) 内燃机的特点

① 内燃机的主要优点   内燃机的工质在循环中的平均吸热温度远高于蒸汽发动机中的蒸汽的平均吸热温度,因此内燃机的热效率通常高于蒸汽发动机,一般达到 20%～30%,甚至更高;内燃机启动迅速,中、小型内燃机通常在几十秒至几分钟内即能启动,并投入全负荷运转,机动性强;内燃机用水极少或根本不用水,运行维护比较简便。

② 内燃机的主要缺点   对燃料要求高,不能直接燃用劣质燃料和固体燃料;由于间歇换气以及制造上的困难,单机功率的提高受到限制,现代内燃机的最大功率一般小于 $4\times$

10^4kW，而燃气轮机的单机功率可以达到数千瓦；内燃机低速运转时输出转矩下降较多，往往不能适应被带负荷的转矩特性；内燃机不能反转，故在许多场合下需设置离合器和变速机构，使系统复杂化，而活塞式蒸汽机的低速与反转性能就显著优于内燃机；此外，一般热力发动机都存在所谓"公害性"，而内燃机的噪声和废气中的有害成分对环境污染尤其突出。

14.2.2 内燃机的分类

（1）按结构特点分

① 筒形活塞柴油机 优点：结构简单，紧凑，轻便。缺点：活塞裙部起向导作用，在侧推力的作用下，活塞与缸套磨损较大。主要用于中、高速柴油机。

② 十字头活塞柴油机 优点：活塞与缸套间无侧推力，因为由十字头导向，故磨损较小，不易擦伤和老死；可在汽缸下部设横隔板，以免汽缸内的脏油、烟灰、燃气等漏入曲轴箱，污损曲轴箱底部的润滑油。缺点：使柴油机高度和重量增大，结构复杂。多为船用大型低速柴油机。

（2）按缸数分 按内燃机缸数分为单缸机和多缸机。其中，多缸机分布形式主要有：直列式、V 形、W 形、X 形、星形等。

（3）按燃料分 按内燃机燃用的燃料分为柴油机、汽油机和燃气机。

（4）按工作原理分 按工作原理分为四冲程和二冲程内燃机。

（5）其他分类方式 按进气方式分为增压和非增压式内燃机；按点火方式分为点燃和压燃式内燃机；按用途分为固定式内燃机和移动式内燃机；按标定转速分为高速机（$n \geq$ 1000r/min）、中速机（300r/min$\leq n \leq$1000r/min）和低速机（$n \leq$300r/min）；按曲轴转向分为左转、右转、可逆转和不可逆转式内燃机。

14.2.3 内燃机的工作原理

内燃机不能从停车状态自行转入运转状态，必须由外力转动曲轴，使之启动。这种产生外力的装置称为启动装置。常用的有电启动、压缩空气启动、汽油机启动和人力启动等方式。

内燃机的工作循环由进气、压缩、燃烧和膨胀、排气等过程组成。这些过程中只有膨胀过程是对外作功的过程，其他过程都是为更好地实现作功过程而需要的过程。按实现一个工作循环的行程数，工作循环可分为四冲程和二冲程两类。

（1）四冲程柴油机的工作原理 四冲程是指在进气、压缩、作功（膨胀）和排气四个行程内完成一个工作循环，此间曲轴旋转两圈。

① 进气行程 进气行程时，进气门开启，排气门关闭，流过空气滤清器的空气，或经化油器与汽油混合形成的可燃混合气，经进气管道、进气门进入汽缸。进气过程中进气压力大致保持不变，为了利用气流的惯性来提高充气量，进气阀在活塞过了下止点以后才关闭。

② 压缩行程 压缩行程时，进气、排气阀关，活塞上行，缸内气体被迅速压缩，气压上升，同时气温升高，达到柴油的自燃温度时，柴油便自行燃烧膨胀。

③ 膨胀行程 膨胀行程时，进气、排气阀均关闭，缸内燃料迅速燃烧膨胀，气体压力急剧上升，推动活塞自上止点往下止点运动。膨胀行程是在压缩上止点前喷油或点火，使混合气燃烧，产生高温、高压，推动活塞下行并作功。

④ 排气行程 排气行程时，排气阀早开晚关；排气阻力的存在，比如有消声器，使排气阀必须提前打开，以减少活塞排气的阻力，活塞推挤汽缸内废气经排气门排出，而活塞在完成排气过程时，主要靠惯性。此后再由进气行程开始，进行下一个工作循环。

（2）二冲程柴油机的工作原理 二冲程是指在进气、压缩、作功（膨胀）和排气两个行程内完成一个工作循环，此期间曲轴旋转一圈。

首先，当活塞在下止点时，进、排气口都开启，新鲜空气由进气口充入汽缸，并扫除汽缸内的废气，使之从排气口排出；随后活塞上行，将进、排气口均关闭，汽缸内空气开始受到压缩，直至活塞接近上止点时点火或喷油，使汽缸内可燃混合气燃烧；然后汽缸内燃气膨胀，推动活塞下行作功；当活塞下行使排气口开启时，废气即由此排出，活塞继续下行至下止点，即完成一个工作循环。

14.2.4 内燃机动力性指标

内燃机的动力性能是指内燃机发出的功率（扭矩），表示内燃机在能量转换中量的大小，标志动力性能的参数有功率、平均有效压力、转速和活塞平均速度等。

（1）内燃机功率

① 功率 内燃机单位时间内所作的功称功率。

② 指示功率 指示功率为内燃机在汽缸中单位时间内所作的功。

③ 有效功率 指示功率减去消耗于内部零件的摩擦损失、泵气损失和驱动附件等机械损失后，从发动机曲轴输出的功率称为有效功率。有效功率（N_e）可用下式表示。

$$N_e = (n \div 30) \times M_e \times 10 \tag{14-1}$$

式中 n——转速；

M_e——有效扭矩。

有效功率可以利用测功器测定，水力测功器可先测出有效扭矩 M_e，再用上式计算出有效功率。

④ 标定功率 内燃机出厂时铭牌上写明厂方标定的有效功率称为标定功率，标定功率主要有以下几种。

15min 功率：内燃机允许连续运转 15min 的最大有效功率。适用于汽车爬坡功率和军用车辆及快艇的追击功率。

1h 功率：内燃机允许连续运转 1h 的最大有效功率。适用于船用主机、工程机械和机动车的最大使用功率。

12h 功率：内燃机允许连续运转 12h 的最大有效功率。可作为工程机械，机车和拖拉机正常使用功率。

持续功率：内燃机允许长期运转的最大有效功率。可作为长期连续运转的远洋船舶、发电站和农林排灌内燃机的持续使用功率。

（2）平均有效压力 作用于活塞顶上的假想的大小不变的压力，这个压力使活塞移动一个行程所作的功等于每次循环所作的有效功，这个压力称为有效压力。

$$p_e = \frac{30\tau N_e}{i V_h n} \tag{14-2}$$

式中 i——汽缸数；

V_h——汽缸工作容积，L；

p_e——平均有效压力，MPa；

n——发动机转速，r/min；

τ——发动机冲程（四冲程 $\tau=4$，二冲程 $\tau=2$）。

（3）转速 内燃机曲轴每分钟的转速，用 r/min 表示。转速对内燃机性能和结构影响很大，而且其范围十分广泛，一般在 86～6000r/min。

最高转速一般指内燃机受调速控制时，柴油机所能达到的最高转速。最低稳定转速指内燃机能稳定工作的最低转速。在最低稳定转速和最高转速之间为内燃机的转速工作范围。

（4）活塞平均速度 活塞在汽缸中运动速度是不断变化的，在行程中间较大，在止点附近速度较小，止点处为零。若已知内燃机转速 n 时，则活塞平均速度可由以下公式计算：

$$C_m=2Sn/60=Sn/30 \tag{14-3}$$

式中 C_m——活塞平均转速，m/s；

S——行程，m。

活塞平均速度是表征内燃机高速性的一项主要指标。根据活塞平均速度，可将柴油机分为高速、中速和低速三种类型，其具体数值大致如下。

低速机：$C_m \leqslant 6.5\text{m/s}$；

中速机：$6.6\text{m/s} < C_m < 10\text{m/s}$；

高速机：$C_m \geqslant 10\text{m/s}$。

14.2.5 内燃机经济性指标

经济性能是指发出一定功率时燃料消耗的多少，表示能量转换中质的优劣，经济性指标一般指内燃机的燃油消耗率和润滑油消耗率。

（1）燃油消耗率 燃油消耗率简称比油消耗，它是内燃机工作时每千瓦小时所消耗燃油量的质量（g），称为燃油消耗率，g/(kW·h)。以指示功率计算出的燃油消耗率称为指示燃油消耗率；以有效功率计算出的燃油消耗率称为有效燃油消耗率。

（2）润滑油消耗率 内燃机在标定工况时，每千瓦时所消耗润滑油量的质量（g），称为润滑油消耗率，g/(kW·h)。润滑油消耗的主要方式如下。

① 润滑油经活塞环窜入燃烧室或由气阀导管流入缸内烧掉，未烧掉的则随废气排出；

② 有一部分燃油在曲轴箱内雾化或蒸发，而由曲轴箱通风口排出，一般为 0.5～4g/(kW·h)。

内燃机未来的发展将着重于改进燃烧过程，提高机械效率，减少散热损失，降低燃料消耗率；开发和利用非石油制品燃料，扩大燃料资源；减少排气中有害成分，降低噪声和振动，减轻对环境的污染；采用高增压技术，进一步强化内燃机，提高单机功率；研制复合式发动机、绝热式涡轮复合式发动机等；采用微处理机控制内燃机，使之在最佳工况下运转。

14.3 热　管

热管技术是 1963 年美国 LosAlamos 国家实验室的 G. M. Grover 发明的一种称为"热管"的传热元件，它充分利用了热传导原理与制冷介质的快速热传递性质，透过热管将发热物体的热量迅速传递到热源外，其导热能力超过任何已知金属的导热能力。

热管技术以前被广泛应用在宇航、军工等行业，自从被引入散热器制造行业以来，使得人们改变了传统散热器的设计思路，摆脱了单纯依靠高风量电机来获得更好散热效果的单一散热模式，采用热管技术使得散热器即便采用低转速、低风量电机，同样可以得到满意效果，使得困扰风冷散热的噪声问题得到良好解决，开辟了散热行业新天地。现在常见于CPU 的散热器上。

14.3.1 热管的组成

热管一般由管壳、端盖和吸液芯组成。热管内部被抽成负压状态，充入适当的液体，这种液体沸点低、容易挥发。管壁有吸液芯，其由毛细多孔材料构成。热管一端为蒸发端，另外一端为冷凝端。

（1）管壳 热管的管壳大多为金属无缝钢管，根据不同需要可以采用不同材料，如铜、铝、碳钢、不锈钢、合金钢等。管子可以是标准圆形，也可以是异形的，如椭圆形、正方形、矩形、扁平形、波纹管等。管径可以从 2~200mm，甚至更大。长度可以从几毫米到100m 以上。低温热管换热器的管材在国外大多采用铜、铝作为原料。采用有色金属作管材主要是为了满足与工作液体相容性的要求。

（2）端盖 热管的端盖具有多种结构形式，它与热管的连接方式也因结构形式而异。端盖外圆尺寸可稍小于管壳内径，配合后，管壳的突出部分可作为氩弧焊的熔焊部分，不必再填焊条，焊口光滑平整质量容易保证。

旋压封头是国内外常采用的一种形式，它是在旋压机上直接旋压而成，这种端盖形式外型美观，强度好、省材省工，是一种良好的端盖形式。

（3）吸液芯 吸液芯是热管的一个重要组成部分。吸液芯的结构形式将直接影响热管和热管换热器的性能。近年来随着热管技术的发展，各国研究者在吸液芯结构和理论研究方面做了大量工作，下面对一些典型的结构做出简略的介绍。

① 紧贴管壁的单层及多层网芯 多层网的网层之间应尽量紧贴，网与管壁之间亦应贴合良好，网层数有1~4 层或更多，各层网的目数可相同或不同。若网层多，则液体流通截面大，阻力小，但径向热阻大。用细网时毛细抽吸力大，但流动阻力亦增加。如在近壁数层用粗孔网，表面一层用细孔网，这样可由表面细孔网提供较大的毛细抽吸压力，通道内的粗孔网使流动阻力较小，但并不能改善径向热阻大的缺点。网芯式结构的管芯可得到较高的毛细力和较高的毛细提升高度，但因渗透率较低，液体回流阻力较大，热管的轴向传热能力受到限制。此外其径向热阻较大，工艺重复性差又不能适应管道弯曲的情况，故在细长热管中逐渐由其他管芯取代。

② 烧结粉末管芯 由一定目数的金属粉末烧结在管内壁面而形成与管壁一体的烧结粉末管芯，也有用金属丝网烧结在管内壁面上的管芯。此种管芯有较高的毛细抽吸力，并较大地改善了径向热阻，克服了网芯工艺重复性差的缺点。但因其渗透率较差，故轴向传热能力仍较轴向槽道管芯及干道式管芯的小。

③ 轴向槽道式管芯 在管壳内壁开轴向细槽以提供毛细压头及液体回流通道，槽的截面形状可为矩形、梯形、圆形及变截面槽道。槽道式管芯虽然毛细压头较小，但液体流动阻力甚小，因此可达到较高的轴向传热能力。因径向热阻较小，工艺重复性良好，可获得精确的几何参数。此种管子弯曲后性能基本不变，但由于其抗重力工作能力较差，不适于倾斜（热端在上）工作。但对于空间的零重力条件则是非常适用的，因此广泛用于空间飞行器。

④ 组合管芯   一般管芯往往不能同时兼顾毛细抽吸力和渗透率，为了有高的毛细抽吸力，就要选用更细的网或金属粉末，但它的渗透率仍较差。组合多层网虽然在这方面有所提高，可是其径向热阻大。组合管芯能兼顾毛细力和渗透率，从而能获得高的轴向传热能力，而且大多数管芯的径向热阻甚小。它基本上把管芯分成两部分，一部分起毛细抽吸作用，另一部分起液体回流通道作用。

14.3.2   热管的工作原理

从热传递的三种方式来看（辐射、对流、导热），导热最快。热管就是利用蒸发制冷，使得热管两端温度差很大，使热量快速导热。

将管内抽成负压（$1.13 \times 10^{-1} \sim 10^{-4}\,Pa$）后充以适量的工作液体，使紧贴管内壁的吸液芯毛细多孔材料中充满液体后加以密封。管的一端为蒸发段（加热段），另一端为冷凝段（冷却段），根据应用需要在两段中间可布置绝热段。当热管的一端受热时吸液芯中的液体蒸发汽化，蒸气在微小的压差下流向另一端放出热量凝结成液体，液体再沿多孔材料靠毛细力的作用流回蒸发段。如此不断循环，热量由热管的一端传至另一端。热管在实现这一热量转移的过程中，包含了以下 6 个相互关联的主要过程：

① 热量从热源通过热管管壁和充满工作液体的吸液芯传递到（液-汽）分界面；

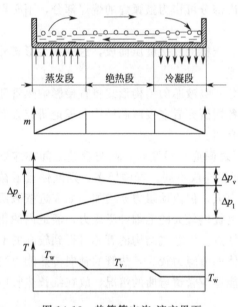

图 14-13   热管管内汽-液交界面

② 液体在蒸发段内的（液-汽）分界面上蒸发；

③ 蒸气腔内的蒸气从蒸发段流到冷凝段；

④ 蒸气在冷凝段内的汽-液分界面上凝结；

⑤ 热量从（汽-液）分界面通过吸液芯、液体和管壁传给冷源；

⑥ 在吸液芯内由于毛细作用使冷凝后的工作液体回流到蒸发段。

图 14-13 表示了热管管内汽-液交界面形状、蒸气质量流量、压力以及管壁温度 T_w 和管内蒸气温度 T_v 沿管长的变化趋势。沿整个热管长度，汽-液交界处的汽相与液相之间的静压差都与该处的局部毛细压差相平衡。

图 14-13 中，Δp_c 为毛细压头，是热管内部工作液体循环的推动力，用来克服蒸气从蒸发段流向冷凝段的压力降 Δp_v；冷凝液体从冷凝段流回蒸发段的压力降 Δp_l 和重力场对液体流动的压力降 Δp_g（Δp_g 可以是正值、负值或为零，视热管在重力场中的位置而定）。

因此，$\Delta p_c \geqslant \Delta p_l + \Delta p_v + \Delta p_g$ 是热管正常工作的必要备件。

14.3.3   热管的基本特性

热管是依靠自身内部工作液体相变来实现传热的传热元件，具有以下基本特性。

（1）高导热性   热管内部主要靠工作液体的汽、液相变传热，热阻很小，因此具有很高的导热能力。与银、铜、铝等金属相比，单位重量的热管可多传递几个数量级的热量。当然，高导热性也是相对而言的，温差总是存在的，不可能违反热力学第二定律，并且热管的传热能力受到各种因素的限制，存在着一些传热极限；热管的轴向导热性很强，径向并无太大的改善（径向热管除外）。

（2）优良的等温性　热管内腔的蒸气是处于饱和状态，饱和蒸气的压力决定于饱和温度，饱和蒸气从蒸发段流向冷凝段所产生的压降很小，根据热力学中的方程式可知，温降亦很小，因而热管具有优良的等温性。

（3）热流密度可变性　热管可以独立改变蒸发段或冷却段的加热面积，即以较小的加热面积输入热量，而以较大的冷却面积输出热量，或者热管可以较大的传热面积输入热量，而以较小的冷却面积输出热量，这样既可以改变热流密度，也可以解决一些其他方法难以解决的传热难题。

（4）热流方向的可逆性　一根水平放置的有芯热管，由于其内部循环动力是毛细力，因此任意一端受热就可作为蒸发段，而另一端向外散热就成为冷凝段。此特点可用于宇宙飞船和人造卫星在空间的温度展平，也可用于先放热后吸热的化学反应器及其他装置。

（5）热二极管与热开关性能　热管可做成热二极管或热开关，所谓热二极管就是只允许热流向一个方向流动，而不允许向相反的方向流动；热开关则是当热源温度高于某一温度时，热管开始工作，当热源温度低于这一温度时，热管就不传热。

（6）恒温特性（可控热管）　普通热管的各部分热阻基本上不随加热量的变化而变，因此当加热量变化时，热管各部分的温度亦随之变化。但人们发展了另一种热管——可控热管，使得冷凝段的热阻随加热量的增加而降低、随加热量的减少而增加，这样可使热管在加热量大幅度变化的情况下，蒸气温度变化极小，实现温度的控制，这就是热管的恒温特性。

（7）环境适应性　热管的形状可随热源和冷源的条件而变化，热管可做成电机的转轴、燃气轮机的叶片、钻头、手术刀等，热管也可做成分离式的，以适应长距离或冲热流体不能混合的情况下的换热，热管既可以用于地面（重力场），也可用于空间（无重力场）。

14.3.4　热管的分类

由于热管的用途、种类和形式较多，再加上热管在结构、材质和工作液体等方面各有不同之处，故而对热管的分类也很多，常用的分类方法有以下几种。

① 按照热管管内工作温度可分为低温热管（-273～0℃）、常温热管（0～250℃）、中温热管（250～450℃）、高温热管（450～1000℃）等。

② 按照工作液体回流动力区不同可分为有芯热管、两相闭式热虹吸管（又称重力热管）、重力辅助热管、旋转热管、电流体动力热管、磁流体动力热管、渗透热管等。

③ 按管壳与工作液体的组合方式（这是一种习惯的划分方法）可分为铜-水热管、碳钢-水热管、铜钢复合-水热管、铝-丙酮热管、不锈钢-钠热管等。

④ 按结构形式不同可分为普通热管、分离式热管、毛细泵回路热管、微型热管、平板热管、径向热管等。

⑤ 按热管的功用不同可分为传输热量的热管、热二极管、热开关、热控制用热管、仿真热管、制冷热管等。

14.3.5　热管的相容性及寿命

热管的相容性是指热管在预期的设计寿命内，管内工作液体同壳体不发生显著的化学反应或物理变化，或有变化但不足以影响热管的工作性能。相容性在热管的应用中具有重要的意义，只有长期相容性良好的热管，才能保证稳定的传热性能、长期的工作寿命及工业应用的可能性。碳钢-水热管正是通过化学处理的方法，有效地解决了碳钢与水的化学反应问题，使得碳钢-水热管这种高性能、长寿命、低成本的热管得以在工业中大规模推广使用。影响热管寿命的因素很多，归结起来，主要有以下三方面。

（1）产生不凝性气体　由于工作液体与管壳材料发生化学反应或电化学反应，产生不凝性气体，在热管工作时，该气体被蒸气流吹扫到冷凝段聚集起来形成气塞，从而使有效冷凝面积减小、热阻增大，传热性能恶化，传热能力降低甚至失效。

（2）工作液体物性恶化　有机工作介质在一定温度下，会逐渐发生分解，这主要是由于有机工作液体的性质不稳定，或与壳体材料发生化学反应，使工作介质改变其物理性能，如甲苯、烷、烃类等有机工作液体易发生该类不相容现象。

（3）管壳材料的腐蚀、溶解　工作液体在管壳内连续流动，同时存在着温差、杂质等因素，使管壳材料发生溶解和腐蚀，流动阻力增大，使热管传热性能降低。当管壳被腐蚀后，引起强度下降，甚至引起管壳的腐蚀穿孔，使热管完全失效。这类现象常发生在碱金属高温热管中。

14.4　太阳能热利用装置

人类进入 21 世纪以来，面临资源、环境和人口三大问题的困扰，无论短期内常规能源的供求关系发生什么变化，但从未来较长的时间考虑，目前储量有限的常规能源毫无疑问地会逐步趋于衰竭，人类为了生存与可持续发展，必须寻求可替代化石能源的新的能源。利用太阳辐射能是其可供选择的新能源之一。

太阳能集热器是利用太阳辐射能加热热水的装置。太阳能集热器是目前在太阳能利用领域中技术发展比较成熟，经济上也已经具有竞争力的绿色能源技术。当前在世界范围内，各种太阳能集热器装置的生产已经发展成为一个新兴的产业，并在生活和某些生产领域得到了普遍的推广和应用，太阳能集热器的发展过程从总体上来讲可以分为三个阶段：自觉利用太阳能热水的初始阶段；平板集热器发展阶段；全玻璃真空管太阳能集热器阶段。

14.4.1　太阳能集热器形式

目前我国的太阳能集热器主要有平板形集热器、全玻璃真空管集热器、U 形管式全玻璃真空管集热器、热管-真空管集热器等。

（1）平板形集热器　平板形集热器在我国 20 世纪 70 年代就已经生产。这种集热器集热快、价格低、承压高，耐热冲击性能好，但热损失大、工作温度低，不耐冰冻。其结构如图 14-14 所示。

（2）全玻璃真空管集热器　全玻璃真空管集热器 20 世纪 80 年代以后在我国开始生产，这种集热器热效率高，其成本、耐冰冻性、夜间保温性能介于热管和平板集热器之间，承压能力低（0.3～0.5MPa），耐热冲击能力较差，空系统注入冷水与玻璃真空管直接接触，真空管可能会炸裂，一根管子破裂整个系统就需停用检修，玻璃管内易结垢且难清理，系统可靠性差。其结构如图 14-15 所示。

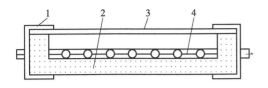

图 14-14　平板形集热器结构示意图

1—外壳；2—保温层；
3—透明盖板；4—吸热体

图 14-15　全玻璃真空管集热器示意图

1—外玻璃管；2—真空夹层；3—内玻璃管；
4—选择性吸收表面；5—带消气剂的支架

为提高全玻璃真空管集热器的承压能力和防止因玻璃真空管破裂而影响运行，出现了改进型 U 形管式全玻璃真空管集热器，即在原真空管内放入 U 形铜管（铜管上带铝翼片），水或其他热介质在铜管内循环运行，使承压能力大幅提高，通常可达 1.2MPa，但热效率有所降低。其结构如图 14-16 所示。

（3）热管-真空管集热器　热管-真空管集热器在我国于 1986 年以后研制生产，这种集热器热效率一般比全玻璃真空管略低，价格较高，但其承压能力大，耐热冲击性好，不会炸管，系统可靠度高，夜间散热损失小，不会产生夜间通过集热器散热的热倒流现象，一定程度上弥补了白天热效率低的缺点。其结构如图 14-17 所示。

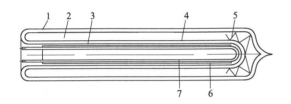

图 14-16　U 形管式全玻璃真空管集热器

1—外玻璃管；2—真空夹层；3—内玻璃管；4—选择性吸收表面；
5—带消气剂的支架；6—肋片；7—U 形管

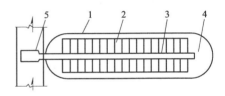

图 14-17　热管-真空管集热器结构示意图

1—玻璃管；2—集热板；3—热管蒸发端；
4—真空夹层；5—热管冷凝端

14.4.2　太阳能热水系统

太阳能热水系统主要由太阳能集热系统和热水供应系统构成，主要包括太阳能集热器、储水箱、循环管道、支架、控制系统、热交换器和水泵等设备和附件。太阳能集热系统是太阳能热水系统特有的组成部分，是太阳能是否得到合理利用的关键。热水供应系统的设计与常规的生活热水供应系统类似，可以参照常规的建筑给排水手册进行设计。本书将重点讨论太阳能集热系统的设计方法。

（1）太阳能热水系统的分类　根据不同的分类标准，太阳能热水系统可以分成不同形式。

① 按太阳能集热系统与太阳能热水供应系统的关系分为直接式系统（一次循环系统）和间接式系统（也称二次循环系统）。直接式是指在太阳能集热器中直接加热水供给用户的系统。间接式是指在太阳能集热器中加热某种传热工质，再利用该传热工质通过热交换器加热水供给用户的系统，由于热交换器阻力较大，间接式系统一般采用强制循环系统。

② 按有无辅助热源分为有辅助热源系统和无辅助热源系统。有辅助热源系统是指太阳能和其他水加热设备联合使用提供热水，在没有太阳能时，仅依靠系统配备的其他能源的水

加热设备也能提供建筑物所需热水。这里必须强调的是，在需要保证生活热水供应质量的场合，辅助热源是必不可少的。

③ 按辅助能源启动方式分为按需手动启动系统、全日自动启动系统和定时自动启动系统。

④ 按辅助能源安装位置分为内置加热系统和外置加热系统。前者指加热器安装在储水箱内的系统；后者指加热器安装在储水箱外，加热由储水箱出来到用户的热水的系统。

⑤ 按水箱与集热器的关系分为紧凑式系统、分离式系统和闷晒式系统。紧凑式系统是指集热器和储水箱相互独立，但储水箱直接安装在太阳能集热器上或相邻位置上的系统；分离式系统是指储水箱和太阳集热器之间分开一定距离安装的系统；闷晒式系统是指集热器和储水箱结合为一体的系统。在与建筑工程结合同步设计的太阳能热水系统中，使用的系统主要为分离式。

⑥ 按供热水范围分为集中供热水系统、局部供热水系统。集中供热水系统是指为几幢建筑、单幢建筑或多个用户供水的系统。局部供热水系统是指为建筑物内某一局部单元或单个用户供热水的系统。

⑦ 按太阳集热系统运行方式分为自然循环系统、直流式系统和强制循环系统。自然循环系统是指太阳集热系统仅利用传热工质内部的温度梯度产生的密度差进行循环的太阳能热水系统。直流系统是指传热工质一次流过集热器系统加热后，进入储水箱或用热水处的非循环太阳能热水系统。强制循环系统是指利用机械设备等外部动力迫使传热工质通过集热器进行循环的太阳能热水系统。

太阳能热水系统的系统设计应遵循节水节能、经济实用、安全简便、便于计量的原则，根据使用要求，耗热量及用水点分布情况，结合建筑形式、其他可用能源种类和热水需求等条件选择太阳能热水系统的形式。

（2）太阳能热水系统的主要运行方式

① 自然循环系统   自然循环系统是指利用太阳能使系统内传热工质在集热器与储水箱间或集热器与换热器间自然循环加热的系统。系统循环的动力为液体温度差引起的密度差导致的热虹吸作用。由于间接式系统阻力较大，热虹吸作用不能提供足够压头，自然循环系统一般为直接式系统。通常采用的自然循环系统一般可分为两种类型：自然循环式［如图14-18(a)所示］和自然循环定温放水式［如图14-18(b) 所示］。由于自然循环系统的储水箱必须高于集热器以提供热虹吸动力，这种系统在与建筑结合设计中储水箱的位置不好布置，使用较少。

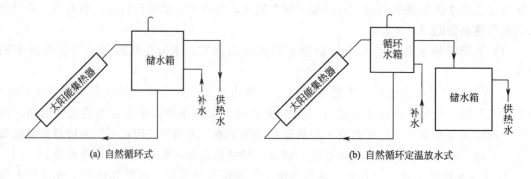

图 14-18   自然循环系统

② 直流式系统　直流式系统是利用控制器使传热工质在自来水压力或其他附加动力作用下，直接流过集热器加热的系统（如图 14-19 所示）。直流式系统一般采用变流量定温放水的控制方式，当集热系统出水温度达到设定温度时，水阀打开，集热系统中的热水流入热水储水箱中；当集热系统出水温度低于设定温度时，水阀关闭，补充的冷水停留在集热系统中吸收太阳能被加热。直流式系统只能是直接式系统，在中小型建筑中使用较多。

③ 强制循环系统　强制循环系统是利用温差控制器和水泵使系统根据得热量强制循环加热的系统。强制循环系统的系统形式较多，主要有直接式和间接式两种。其中直接式主要可以分为单水箱方式 [如图 14-20(a) 所示] 和双水箱方式 [如图 14-20(b) 所示]，一般采用变流量定温放水的控制方式或温差循环控制方式；间接式系统主要也可以分为单水箱方式 [如图 14-20(c) 所示] 和双水箱方式 [如图14-20(d)

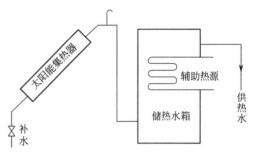

图 14-19　直流式系统

所示]，控制方式以温差循环控制方式为主。强制循环系统是与建筑结合的太阳热水系统的发展方向。

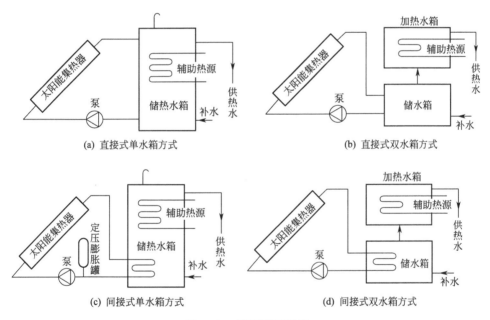

(a) 直接式单水箱方式　　　　　　(b) 直接式双水箱方式

(c) 间接式单水箱方式　　　　　　(d) 间接式双水箱方式

图 14-20　强制循环系统

（3）太阳能集热器类型及面积的确定　太阳能集热器的类型应与当地的太阳能资源、气候条件相适应，在保证太阳能供暖系统全年安全、稳定运行的前提下，选择性能价格比最优的太阳能集热器。

① 直接式系统太阳能集热器总面积用下式计算：

$$A_c = \frac{86400Qf}{J_T \eta_{cd}(1-\eta_L)}$$

(14-4)

式中　A_c——直接式系统太阳能集热器采光面积，m^2；

　　　Q——日负荷，W；

J_T——当地春分或秋分所在月集热器采光面上月均日太阳辐照量，kJ/m²；

f——太阳能保证率，无量纲；

η_{cd}——集热器全日集热效率，国标经验值取 0.45～0.6；

η_L——管路及储水箱热损失率，无量纲，根据实际情况取值 0.1～0.25。

② 间接式系统太阳能集热器总面积用下式计算：

$$A_{IN} = A_c \left(1 + \frac{U_L A_c}{U_{hx} A_{hx}}\right) \tag{14-5}$$

式中 U_L——集热器总热损失系数，W/(m²·℃)；

U_{hx}——换热器传热系数，W/(m²·℃)；

A_{hx}——间接式系统的换热器换热面积，m²。

14.4.3   太阳能供暖系统

利用太阳辐射采暖的方式可以分为直接利用和间接利用两种。直接利用又分为主动式太阳能采暖和被动式太阳能采暖。而间接利用是通过热泵将低位热能进行有效的利用。近年来，随着建筑节能技术的深入推广和国家对节能环保的日益重视，民用住宅供暖负荷大幅度下降，与此同时各种新型的高效集热器不断涌现，使得太阳能直接供暖逐步成为可能。

(1) 太阳能供暖系统的组成和工作原理   太阳能采暖系统主要有太阳能集热器、储热水箱、辅助热源、散热设备等多个单元组成。其中各个单元的大小和相互之间的匹配尤为重要，对系统的性能、经济性起着决定性的作用，按照系统运行方式的不同，主要有间歇运行方式和连续运行方式两种形式。

① 间歇运行形式   太阳能间歇运行方式指太阳能供暖系统在一天中部分时间供暖，系统形式如图 14-21 所示。这种运行方式主要用于太阳能低温地板辐射采暖系统，利用储热水箱和地板的蓄热特性保持供暖房间的温度稳定。这种系统一般保持供暖温度和压力的恒定，为了维持供水温度，当储热水箱的温度大于供水温度时，供暖环路的回水一部分回储热水箱，另一部分回水与供水混合使供水温度达到设定值后通过采暖循环泵进入采暖盘管供热；当储热水箱的温度小于供暖温度时，供暖环路的回水全部回到储热水箱，储热水箱的水通过

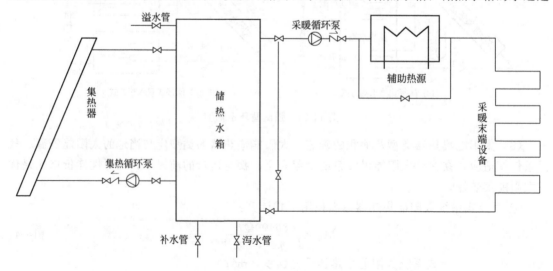

图 14-21   太阳能供暖间歇运行方式

辅助热源加热到设定温度值后进入采暖盘管供热。

② 连续运行方式　连续运行方式，这种方式提高了供暖房间温度的稳定性，但是由于太阳能辐射的间歇性和不确定性，必须有其他的辅助热源为保障，连续运行方式又分为直接式和间接式，分别如图 14-22(a) 和图 14-22(b) 所示。连续运行方式采用温差循环控制，设定温差控制器的高低温度 T_g、T_d，当集热器出口水温 $T_1 > T_g$ 时，集热水泵启动，集热器进行集热；当 $T_1 < T_d$ 时，水泵停止运行，集热器中的水进行闷加热。集热系统采集到的热量储存在储热水箱，在控制器上设定供水温度 T_1，当储热水箱供暖水温 $T_2 > T_1$ 时，启动采暖循环泵进行采暖循环，以供采暖使用。当需要采暖而太阳能不足时，自动启动辅助热源，将储水箱中的水加热到设定温度。

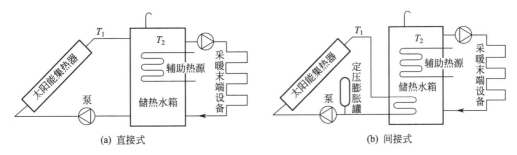

图 14-22　太阳能采暖连续运行方式

(2) 集热系统的配置　由于太阳能供暖集热系统与太阳能热水集热系统比较类似，因此，太阳能供暖集热系统的设计可以依据太阳能热水集热系统进行设计。

太阳能集热系统的设计流量分别用下式计算：

$$G_s = 3.6 m_g A_c \qquad (14\text{-}6)$$

$$G_s = 3.6 m_g A_{IN} \qquad (14\text{-}7)$$

式中　G_s——太阳能集热系统的设计流量，m^3/h；

m_g——太阳能集热器的单位面积流量，$m^3/(h \cdot m^2)$；

A_c——直接式太阳能集热系统中太阳能集热器的总面积，m^2；

A_{IN}——间接式太阳能集热系统中太阳能集热器的总面积，m^2。

太阳能集热器的单位面积流量 m_g 与太阳能的特性有关，宜根据太阳能集热器生产厂家给出的数值确定。在没有企业提供相关技术参数的情况下，根据不同的系统，宜按表 14-3 给出的范围取值。

表 14-3　太阳能集热器的单位面积流量

系 统 类 型	太阳能集热器的单位面积流量/[$m^3/(h \cdot m^2)$]
大型集中太阳能供暖系统(集热面积大于 100m²)	0.021～0.06
小型独户太阳能供暖系统	0.024～0.036

(3) 储热器　储热器储存热量一般有两种方式，即利用物质温度上升的显热蓄热和伴随物质相变的潜热蓄热。显热蓄热是通过物质的温度变化来储存热能的，储热介质必须具有较大的比热容。可作为储热介质的固态物质包括岩石、砂、金属、水泥和砖等，液态物质则包括水、导热油以及融熔盐。液态物质是显热储能系统中常用的储热介质，特别是水。太阳能供热系统，储热水箱的水容量为 1m² 集热面积对应 50～100L。目前，由于相变材料的造价

较高，实际应用较少。

（4）辅助热源

① 辅助热源的安装位置　通常，辅助热源的安装位置如图 14-23 所示，可以有以下三种。

位置 1 是将辅助热源放在储热水箱内。这样，辅助热源需要加热大量不必要加热的水，可能造成集热器水温的提高，而使集热器的效率降低，从而妨碍下一天的太阳能集热器的效率。

位置 2 将供暖回路与储热器装置隔开。当储热温度低于所需的供暖水温时，它可以像普通的中心供暖系统一样运行。即将采暖房间的回水温度提高，然后再送入房间。

位置 3 是一种最有利的位置。这种方式既具备位置 2 的优点，又可以将太阳能储热器用做预热器，因而减少了输热量。同时为了在各种变化条件下均能获得最佳的集热效率，也可以采用热泵作为辅助热源，它使得太阳能供热系统受环境的影响大为降低。

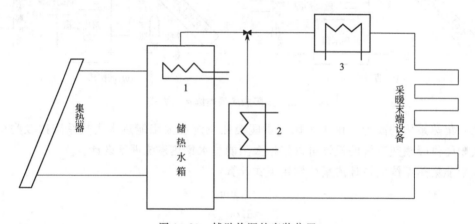

图 14-23　辅助热源的安装位置

② 辅助热源的形式　目前，太阳能供热系统主要有太阳能＋天然气、太阳能＋电、太阳能＋蒸汽集中供热和太阳能＋热泵四种不同辅助热源形式。采用太阳能＋热泵和太阳能＋蒸汽集中供热两种辅助热源形式的太阳能采暖系统的综合能源价格较低，采用太阳能＋电辅助热源形式的太阳能系统的综合能源价格最高。用电能或天然气等高品质能量直接制备低品质的热能不符合节能原理；集中供热系统的蒸汽是经过汽轮机发电以后的乏汽，利用这种蒸汽供热符合能量梯级利用和温度对口的节能原理；热泵可以将外界环境中的低品质热能转到供热系统中，所以也符合节能原则。

（5）散热设备　太阳能采暖系统末端可以采用地板辐射采暖系统、风机盘管系统和顶棚辐射板系统，这些系统都可以利用温度较低的热水，符合能级匹配的观点，能够使能量完全得到利用。

地板辐射采暖系统可方便地与太阳能供热装置配套使用，因为地板表面的温度在 28℃ 左右，所以 35~50℃ 左右的热水便可以加以利用，并且地板层可以起到蓄热的作用。

风机盘管虽然工作水温在 65~75℃ 左右，但是可将这些部件改装成能适用 40~45℃ 热水的装置。

顶棚辐射板没有尺寸的限制，整个顶棚可以是一个散热器，顶棚表面的温度不得超过32℃，因而水温可以在 35℃ 左右，如果采用毛细管顶棚辐射板节能效果更明显。

思考题及习题

14-1　简述单级汽轮机的结构及工作原理。

14-2　怎样维持凝汽器中的真空？有何意义？

14-3　汽轮机的损失有哪些？怎样提高汽轮机和发电机组的效率？

14-4　简述内燃机的工作原理。

14-5　简述热管的工作原理，并简述热管技术在热工中的应用。

14-6　简述太阳能集热器的主要形式及应用。

14-7　太阳能热水系统由哪些部分构成？

14-8　简述太阳能供暖系统的组成和工作原理。

第⑤单元

热工测量

第15章 常规热工参数测量

测量就是利用专用的设备，通过实验的方法，将被测量和与所选用的测量单位进行比较，求得被测量包含测量单位多少的数值，得到的数值和测量单位合称测量结果。

本章主要讨论各种热工参数的测量方法和常用仪表的工作原理及安装使用条件。在此基础上结合热力设备的具体对象，了解各种测量方法和仪表在使用时的特性和要求，从而能在实际工作中知道如何正确地选择和使用测量仪表。

15.1 温度测量

温度是表征物体冷热程度的一种物理参数。两个温度不同的物体接触后会有热量传递，温度高的物体向温度低的物体传递热量，一旦两个物体的温度相同后，两者之间就不会产生传热现象，此时称两者达到热平衡。这仅是对温度概念的定性解释，要准确说明物体温度的高低，必须用数量的大小来表示。将某些特殊温度点数量化（如水的结冰温度等），这些特殊的温度点（称为定义基准点）连同其数值一起称为温标。"温标"即温度的标尺，可以用"温标"对其他温度进行测量。

15.1.1 温度测量方法及测量仪表

温度不能直接测量，而是借助于物质的某些物理特性是温度的函数，通过对某些物理特性变化量的测量间接地获得温度值。

根据温度测量仪表的使用方式，通常可分类为接触法与非接触法两大类。

（1）接触法　当两个物体接触，经过足够长的时间达到热平衡后，则它们的温度必然相等。如果其中之一为温度计，就可以用它对另一个物体实现温度测量，这种测温方式称为接触法。其特点是温度计要与被测物体有良好的热接触，使两者达到热平衡。因此，测温准确度较高。由于感温元件要与被测物体接触，会破坏被测物体热平衡状态，并受被测介质的腐蚀作用，因此，对感温元件的结构、性能要求苛刻。

（2）非接触法　利用物体的热辐射能随温度变化的原理测定物体温度，这种测温方式称为非接触法。其特点是不与被测物体接触，也不改变被测物体的温度分布，热惯性小。通常用来测定1000℃以上的移动、旋转或反应迅速的高温物体的温度。

可按工作原理来划分，也可根据温度范围（高温、中温、低温等）或仪表精度（基准、标准等）来划分。

15.1.2　膨胀式温度计

膨胀式温度计是利用物体受热膨胀的原理制成的温度计，主要有液体膨胀式温度计、固体膨胀式温度计和压力式温度计三种。

（1）液体膨胀式温度计　最常见的玻璃管温度计，主要由液体储存器、毛细管和标尺组成。根据所充填的液体介质不同能够测量－200～750℃范围的温度。

玻璃管液体温度计是利用液体体积随温度升高而膨胀的原理制作而成。其优点是直观、测量准确、结构简单、造价低廉，因此被广泛应用于工业、实验室和医院等各个领域及日常生活中。其缺点是不能自动记录、不能远传、易碎、测温有一定延迟。

（2）固体膨胀式温度计　它是利用两种线膨胀系数不同的材料制成，有杆式和双金属片式两种。这类温度计常用作自动控制装置中的温度测量元件，它结构简单、可靠，但精度不高。

（3）压力式温度计　它是利用密闭容积内工作介质随温度升高而压力升高的性质，通过对工作介质的压力测量来判断温度值的一种机械式仪表。

压力式温度计的工作介质可以是气体、液体或蒸气。其优点是简单可靠、抗振性能好，具有良好的防爆性，故常用在飞机、汽车、拖拉机上，也可用它作温度控制信号。但这种仪表动态性能差，示值的滞后较大，不能测量迅速变化的温度。

15.1.3　热电偶温度计

将两根不同的导体或半导体的一端焊接，另外两端作为输出就构成温度检测元件——热电偶。热电偶是目前世界上科研和生产中应用最普遍、最广泛的温度测量元件。它将温度信号转换成电势（mV）信号，配以测量毫伏的仪表或变送器可以实现温度的测量或温度信号的转换。具有结构简单、制作方便、测量范围宽、准确度高、性能稳定、复现性好、体积小、响应时间短等各种优点。

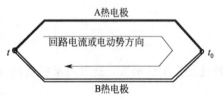

图 15-1　热电偶工作原理示意图

（1）热电偶测温的基本原理　两种不同的导体（或半导体）A 和 B 组成闭合回路，如图 15-1 所示。当 A 和 B 相接的两个接点温度 t 和 t_0 不同时，则在回路中就会产生一个电势，这种现象叫做热电效应。由此效应所产生的电势，通常称为热电势，用符号 $E_{AB}(t, t_0)$ 表示。

图 15-1 中的闭合回路称为热电偶，导体 A 和 B 称为热电偶的热电极。热电偶的两个接点中，置于被测介质（温度为 t）中的接点称为工作端或热端，温度为参考温度 t_0 的一端称为参考端或冷端。热电偶产生的热电势由两部分组成：接触电势和温差电势。

接触电势由两种不同导体或半导体接触而产生，接触点温度越高，相应的接触电势就越大。产生接触电势的条件是：必须将两种不同导体相接触。温差电势是 A 或 B 热电极两端温度不相同时产生的电动势，热电极两端的温差越大，产生的电动势就越大。产生温差电势的条件是：热电极的两端必须存在温差。

（2）对热电偶材料的一般要求　从理论上讲，任何两种导体都可以配成热电偶，但实际上有很多限制。一般对热电偶材料有如下要求：

① 物理稳定性要高，长期稳定性要好；

② 化学性质稳定，在高温下不氧化和不容易被腐蚀；

③ 要有足够的灵敏度，热电动势随温度的变化要足够大；

④ 热电动势和温度成简单的函数关系，最好呈线性关系；

⑤ 复现性要好，便于批量制造和互换；

⑥ 热电偶材料的电阻随温度变化要小，电阻率要低；

⑦ 机械性能要好，材质要均匀。

通用热电偶一般都具备以上条件，但也有些特殊用途的热电偶不能完全达到以上要求。这些热电偶是由于某种特殊的需要而开发的产品，为了满足其特殊需要，可能在某些方面上其性能和以上的指标略有差别。下面分别介绍比较通用的各种热电偶。

（3）常用廉价金属热电偶　这是工业中应用最多的一类热电偶，世界各国都有大量产品，它们具有足够的精确度和标准化分度表。热电偶产生的热电动势和温度几乎呈线性关系。

① T型（铜-康铜）热电偶　铜-康铜热电偶的测量范围为－200～350℃。在此范围内是比较准确的廉价金属热电偶。测量温度低于－200℃后，铜-康铜热电偶的热电动势随温度变化特性急剧下降。测量温度达到350℃以上后，热电极容易被氧化而变质。

② J型（铁-康铜）热电偶　铁-康铜在很多国家已作为工业上最通用的热电偶。它价廉灵敏，并可在氧化性气氛中应用。它比铜-康铜热电偶灵敏，但其准确性和稳定性不如铜-康铜，尤其是0℃以下时性能比较差，一般测量0℃以下温度很少用它。其测量温度的上限在氧化气氛中（热电极容易失去电子）可达到750℃，在还原性气氛中（热电极容易得到电子）可达到950℃。在上述温度下热电偶可保持1000h内材料不发生质变，保证正常使用。

③ K型（镍铬-镍铝）热电偶　这种热电偶的最大特点是测量温度范围比较宽，低温是－200℃，高温可达1100℃。其温度和热电动势的函数关系几乎成线性。由于热电极材料含镍较多，可用于高温测量。但在较高温度时镍铝丝容易被氧化，并易受还原性气体的侵蚀而变质。所以我国现多用镍铬-镍硅热电偶代替其进行温度测量。当然镍铬-镍硅和镍铬-镍铝具有相同的热电特性。

④ E型（镍铬-康铜）热电偶　这种热电偶虽然不如镍铬-镍铝热电偶应用那样广泛，但由于在相同温度下产生的热电动势比较大，用起来比较方便。它在氧化气氛中可测量的温度上限达到1000℃，美国、日本等国家使用较多。

（4）常用贵重金属热电偶　贵重金属热电偶是最准确、最稳定和复现性最好的热电偶，但也有缺点，即其热电动势率比廉价金属低（同样温度下输出的热电动势小），其价格比廉价金属价格贵得多。不过贵重金属由于化学性质稳定、材料纯度高，可以制成高质量的热电极丝，又由于它的熔点高，测温上限高。因此在温度测量领域得到广泛应用。

① 铂铑30-铂铑6热电偶　这是20世纪60年代发展起来的一种贵重金属高温热电偶。由于两个热电极都是铂铑合金，因而提高了抗污染能力和机械强度。在高温下其热电特性较为稳定，宜在氧化性和中性气氛中使用，在真空中可短期使用。长期使用最高温度可达1600℃，短期使用温度可达1800℃。这种热电偶的热电动势较小，需要配用灵敏度较高的显示仪表。由于其在室温附近的热电动势非常小，当冷端温度不等于0℃时所引起的回路电动势误差几乎为零。因此冷端温度在40℃以下时，一般可不必进行冷端温度补偿。

② 铱铑热电偶　要测量比铂铑热电偶更高的温度，只有铱铑热电偶。铱铑热电偶可以在氧化、真空或中性气氛中使测量温度上限达2200℃。铱铑热电偶的主要缺点是使用寿命短。

（5）标准热电偶　所谓标准热电偶就是指国家规定定型生产，有标准化分度的热电偶。标准热电偶各国规定不尽相同，但逐渐趋于统一，各国均向国际电工委员会 IEC 的标准靠近。表15-1列出我国的标准热电偶的主要特性。

表 15-1　我国标准热电偶的主要特征

名　称	分度号	测温范围	等　级		使用温度	误　差
铂铑 10-铂	LB-3	0～1600℃	I		0～1100℃	±1℃
					1100～1600℃	
			II		0～600℃	±1.5℃
					600～1600℃	±0.25%t
铂铑 30-铂铑 6	LL-2	0～1800℃	II		600～1700℃	±0.25%t
			III		600～800℃	±4℃
					800～1700℃	±0.5%t
镍铬-镍硅	EU-2	0～1300℃	II		0～400℃	±1.6℃
					400～110℃	±0.4%t
			II		0～400℃	±3℃
					400～1300℃	±0.75%t
铜-康铜	CK	－200～400℃	I		－40～350℃	±0.5℃
			II		－40～350℃	±0.1℃
			III		－200～40℃	±0.1℃
镍铬-康铜		－200～900℃	I		－40～800℃	±1.5℃
			II		－40～900℃	±2.5℃
			III		－200～40℃	±2.5℃

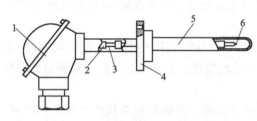

图 15-2　普通型热电偶温度检测元件的结构
1—接线盒；2—绝缘瓷管；3—热电极；
4—固定法兰；5—保护套管；6—热端

（6）热电偶的结构　热电偶的结构形式是多种多样的，不过结构大同小异，下面介绍两种典型的热电偶结构。

① 普通型热电偶　一个完整的热电偶由感温元件、保护管和接线盒三部分组成，如图 15-2 所示。

a. 感温元件就是前文研究过的热电偶。一般是将两根不同的热电极材料焊接在一起而成。

b. 绝缘材料。为了避免两根热电极短路而不能进行温度测量，两根热电极还要用绝缘材料隔离开来。热电极和绝缘材料一起合称为感温元件。

热电偶常用的绝缘材料可归纳为两类，陶瓷和非陶瓷。非陶瓷的有：天然橡胶、聚乙烯和聚氯乙烯、棉纱和丝绸、玻璃釉云母等。它们使用的温度上限各不相同，陶瓷制成的绝缘材料测量温度最高，一般大都在 1000℃ 以上。

c. 保护套管。为了不使热电偶直接与被测介质接触，产生腐蚀和脏污，以及机械摩擦损坏，大多热电偶都将感温元件放置在套管中，构成工业上常用的热电偶。工业用热电偶在测量温度在 1000℃ 以下时采用金属套管，在 1000℃ 以上时多用陶瓷套管。使用套管固然保护了热电偶，但是由于有套管的隔热作用，使得温度的传导变慢，温度测量出现延时，这对控制极为不利。好在一般温度对象变化本来就比较缓慢，所以套管热电偶对控制的影响是十分有限的。

② 铠装热电偶　铠装热电偶是 20 世纪 60 年代兴起的一种新型的热电偶形式。它是由热电偶丝、绝缘材料和金属套管三者有机组合而成，并经拉伸成型的组合热电偶，如图 15-3 所示。其拉伸后的热电偶直径可以很细，长度可以很长，就像一根细金属丝。和普通热电偶相比，其有很多优点：外径可以作得很细，最细可达到 0.2mm，因此温度反应灵敏；具有很好的形变特性，安装时可以任意弯曲等。在工业生产和科学研究中已有不少应用，特别是在核反应堆上有独特的应用。

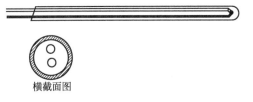

横截面图

图 15-3　铠装热电偶结构示意图

15.1.4　热电阻温度计

导体或半导体的电阻率与温度有关，利用此特性制成电阻温度感温件，它与测量电阻阻值的仪表配套组成热电阻温度计。热电阻温度计的优点是测温准确度高，信号便于传送。它的缺点是不能测太高的温度，需外部电源供电，连接导线的电阻易受环境温度影响而产生测量误差。热电阻温度测量的精度是其他温度测量仪表难以取代的，这就是学习和研究热电阻温度计的主要原因。

（1）热电阻的特性　热电阻是用金属导体或半导体材料制成的感温元件。金属导体有铂、铜、镍、铁、铑、铁合金等，半导体有锗、硅、碳及其他金属氧化物等。其中，铂热电阻和铜热电阻属国际电工委员会推荐的，也是我国国标化的热电阻。

物体的电阻一般随温度而变化，通常用温度系数 α 来描述这一特性，它的定义是：在某一温度间隔内，温度变化 1℃时的电阻相对变化量，单位为℃$^{-1}$。

$$\alpha = \frac{R_t - R_{t0}}{R_{t0}(t - t_0)} = \frac{\Delta R}{R_{t0}\Delta t} \tag{15-1}$$

R_t、R_{t0} 分别为温度 t 和温度 t_0 时的电阻数值，单位为 Ω。R_{t0} 是由制造厂家提供的已知的常数，R_t 是通过测量方能得到的数值。α 为温度在 $t \sim t_0$ 范围内金属导体的平均电阻温度系数，单位为℃$^{-1}$。α 与使用的导体材料有关，当导体材料一定后 α 可近似认为是一常数。t_0 是由设计制造厂家任意选择的温度数值。

（2）常用热电阻元件

① 铂热电阻　铂是一种比较理想的热电阻材料，它在氧化性气氛中甚至在高温下，其物理、化学性质都非常稳定，也比较容易得到高纯度的铂。其精度较高、性能可靠，不仅在工业上广泛用于 $-200 \sim 500℃$ 的温度测量，而且还可作为复现国际实用温标的标准仪器。但是，铂电阻在还原气氛中，特别是在高温下极容易被还原物质所污染（还原物质就是容易将自身电子释放给对方的物质），使组成铂电阻的铂丝变质发脆，并导致其电阻和温度的函数关系改变，因此在这种情况下必须采用密封的保护措施来隔离有害气体对铂电阻材料的污染。

一般工业用铂电阻多采用线径为 0.03～0.07mm 的纯铂裸丝绕在云母制成的平板形骨架上，其结构如图 15-4 所示。云母绝缘骨架的边缘呈锯齿形，铂丝绕制在云母骨架的齿形

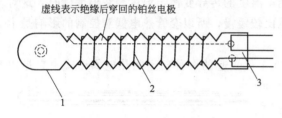

虚线表示绝缘后穿回的铂丝电极

图 15-4　铂电阻结构示意图
1—云母绝缘骨架；2—铂丝电极；3—热电阻引出线

槽内以防铂丝滑动短路，在云母骨架的外侧再套以有一定形状的金属器件以增加铂电阻的机械强度。铂电阻有两个输出端点，分别在每一个端点上用 0.5mm 或 1mm 的银丝并行引出两根引线（两端共引出四根引出线）作为热电阻的电极使用。在铂电阻的外部均套有保护套管，以避免腐蚀性气体的侵害和机械损伤。

②铜热电阻　铂虽然是理想的热电阻材料，但其价格十分昂贵，一般使用于测量精度要求较高的场合。而铜材料价格便宜，在一定的温度范围内也能满足测量要求。

铜电阻的测温范围为−50～150℃。在此范围内铜电阻有很好的稳定性。铜材料的电阻温度系数也比较大，其电阻与温度几乎呈现线性关系，铜材料也比较容易提纯。综上所述，铜电阻算得上物美价廉，但铜材料的电阻率较小，和铂电阻相比，同样的电阻数值，铜电阻的体积要大得多。另外铜材料容易在 100℃ 以上的高温中被空气氧化而变质，因此铜电阻仅能在低温和无腐蚀的环境中使用。

一般铜电阻是用直径为 0.1mm 的绝缘铜丝采用双线无感绕法绕制在圆柱形塑料骨架上，其结构见图 15-5。由于铜材料的电阻率较小，绕制电阻使用的绝缘铜丝较长，往往采用多层绕制。为了防止铜丝的松散，整个电阻体要经过酚醛树脂的浸泡成形处理。其引出线和铂电

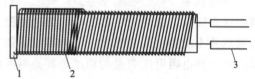

图 15-5　铜电阻结构示意图
1—塑料骨架；2—铜电阻丝；3—铜电阻引出线

阻相似，在每个端点引出两根引线，不过引线材料是铜而不是银。

工业温度测量的介质，如水蒸气、烟气等都含有大量的腐蚀气体。为了使热电阻免受腐蚀性气体的侵害或者机械损伤，铜电阻和铂电阻一样，在电阻体的外部均套有保护套管。

③镍热电阻　镍热电阻使用温度范围为−50～300℃，我国虽已规定其为标准化的热电阻，但还未制定出相应的标准分度表，故目前多用于温度变化范围小、灵敏度要求高的场合。

上述三种热电阻均是标准化的热电阻温度计，其中铂电阻还可以用来制造精密的标准热电阻，而铜和镍只作为工业用热电阻。

④半导体热敏电阻　半导体热敏电阻通常用铁、镍、锰、钴、钼、钛、镁、铜等复合氧化物高温烧结而成。热敏电阻利用其电阻值随温度升高而减小的特性来制作感温元件。成为工业用温度计以来，大量用于家电及汽车用温度传感器，目前已深入到各种领域，发展极为迅速。

与金属热电阻相比，半导体热敏电阻的优点有：体积小，热惯性小，灵敏度比较高，结构简单等。它的缺点是同种半导体热敏电阻的电阻温度特性分散性大，非线性严重，元件性能不稳定，因此互换性差、精度较低，除高温热敏电阻外，不能用于 350℃ 以上的高温。

除了以上介绍的几种热电阻外，还有一些特殊热电阻，如铠装热电阻、薄膜铂热电阻、厚膜铂热电阻等。

15.1.5　非接触测温

接触式测温方法虽然被广泛采用，但不适合于测量运动物体的温度和极高的温度，为

此，发展了非接触式测温方法。

非接触式温度测量仪表分为两类：一类是光学辐射式高温计，包括单色光学高温计、光电高温计、全辐射高温计、比色高温计等；另一类是红外辐射仪，包括全红外辐射仪、单红外辐射仪、比色仪等。

这种测温方法的特点是，感温元件不与被测介质接触，因而不破坏被测对象的温度场，也不受被测介质的腐蚀等影响。由于感温元件不与被测介质达到热平衡，其温度可以大大低于被测介质的温度，因此，从理论上说，这种温度测量方法的测温上限不受限制。另外，它的动态性好，可测量处于运动状态对象的温度和变化着的温度。

15.2 湿 度 测 量

在工农业生产、气象、环保、国防、科研、航天等部门，经常需要对环境湿度进行测量及控制。对环境温度、湿度的控制以及对工业材料水分值的监测与分析都已成为比较普遍的技术条件之一。

15.2.1 空气湿度的表示方法

湿度是表示空气中水蒸气含量多少的尺度。常用来表示空气湿度的方法有：绝对湿度、相对湿度和含湿量。

（1）绝对湿度 绝对湿度定义为每立方米湿空气，在标准状态下所含水蒸气的质量，即湿空气中的水蒸气密度（单位是 g/m^3）。

$$\rho=\frac{p_n}{R_n T}=\frac{p_n}{461T}\times1000=2.169\frac{p_n}{T}=2.169\frac{p_n}{273.15+\theta_w} \tag{15-2}$$

式中　p_n——空气中水蒸气分压力，Pa；

　　T——空气的干球热力学温度，K；

　　θ_w——空气的干球摄氏温度，℃；

　　R_n——水蒸气的气体常数，$R_n=461J/(kg\cdot K)$。

（2）相对湿度 相对湿度就是空气中水蒸气分压力 p_n 与同温度下饱和水蒸气分压力 p_b 之比值。可以表示为

$$\varphi=\frac{p_n}{p_b}\times100\% \tag{15-3}$$

（3）含湿量 含湿量就是湿空气中，每千克干空气所含有的水蒸气的质量。可以表示为

$$d=1000\frac{m_s}{m_w}$$

$$d=622\frac{p_n}{p_w}=622\frac{p_n}{B-p_n}=622\frac{\varphi p_b}{B-\varphi p_b} \tag{15-4}$$

式中　d——含湿量，g/kg 干空气；

　　m_s——湿空气中水蒸气的质量，kg；

　　m_w——湿空气中干空气的质量，kg。

目前，气体湿度测量常用的方法有以下三种：干湿球法、露点法和吸湿法。

15.2.2 干湿球法湿度测量

干湿球湿度计的基本原理为：当大气压力 B 和风速 v 不变时，利用被测空气相应于湿球温度下饱和水蒸气压力和干球温度下的水蒸气分压力之差，与干湿球温度之差之间存在的数量关系确定空气湿度。

普通干湿球温度计由两支相同的液体膨胀式温度计组成，一支为干球温度计，另一支为湿球温度计。干湿球温度计就是利用干湿球温度差及干球温度来测量空气相对湿度的，如图 15-6 所示。在测得干湿球温度后，可利用公式计算，也可以利用有关图表，查出相应的相对湿度值。

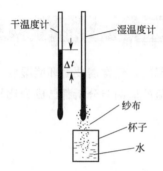

图 15-6 干湿球温度计

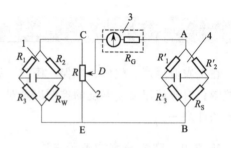

图 15-7 电动干湿球温度计原理图
1—干球温度测量桥路；2—补偿可变电阻；
3—检流计；4—湿球温度测量电桥

为了能自动显示空气的相对湿度和远距离传送湿度信号，采用电动干湿球温度计，如图 15-7 所示。它的干湿球是用金属电阻（镍电阻）代替膨胀式温度计，并设置一个微型轴流风机，以便在热电阻周围造成 2.5m/s 的风速，提高测量精度。

15.2.3 露点法湿度测量

基本原理：先测定露点温度 θ_1，然后确定对应于 θ_1 的饱和水蒸气压力 p_1。显然，p_1 即为被测空气的水蒸气分压力 p_n。因此，可用下式求出空气的相对湿度：

$$\varphi = \frac{p_1}{p_b} \times 100\%$$

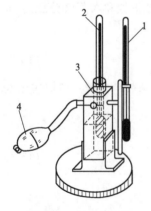

图 15-8 露点湿度计
1—干球温度计；2—露点温度计；
3—镀镍铜盒；4—橡皮鼓气球

露点法是测量湿空气达到饱和时的温度，是热力学的直接结果，准确度高，测量范围宽。计量用的精密露点仪准确度可达 $\pm 0.2℃$ 甚至更高。但用现代光电原理的冷镜式露点仪价格昂贵，常和标准湿度发生器配套使用。常用的测量仪表有露点湿度计和光电式露点湿度计。

露点湿度计如图 15-8 所示，测量时在黄铜盒中注入乙醚的溶液，然后用橡皮鼓气球将空气打入黄铜盒中，并由另一管口排出，使乙醚得到较快速的蒸发，当乙醚蒸发时即吸收了乙醚自身热量使得温度降低，当空气中水蒸气开始在镀镍黄铜盒外表面凝结时，插入盒中的温度计读数就是空气的露点。测出露点后，再从水蒸气表中查出露点温度的饱和水蒸气压力 p_1 和干球温度下饱

和水蒸气压力 p_b，就能算出空气的相对湿度。这种湿度计的主要缺点是，当冷却表面上出现露珠的瞬间，需立即测定表面温度，但一般不易测准，而容易造成较大的测量误差。

光电式露点湿度计是使用光电原理直接测量气体露点温度的一种电测法湿度计。其测量准确度高，可靠性强，使用范围广，尤其适用于低温状态。

15.2.4 氯化锂电阻湿度传感器

某些盐类放在空气中，其含湿量与空气的相对湿度有关；而含湿量大小又引起本身电阻的变化。因此可以通过这种传感器将空气相对湿度转换为其电阻值的测量。这种方法称为吸湿法湿度测量。

氯化锂是一种在大气中不分解、不挥发，也不变质而稳定的离子型无机盐类。其吸湿量与空气相对湿度成一定函数关系，随着空气相对湿度的增减变化，氯化锂吸湿量也随之变化。当氯化锂溶液吸收水汽后，使导电的离子数增加，因此导致电阻的降低；反之，则使电阻增加。氯化锂电阻湿度计的传感器就是根据这一原理工作的。

15.2.5 高分子湿度传感器

(1) 高分子电容式湿度传感器　该传感器基本上是一个电容器，在高分子薄膜上的电极是很薄的金属微孔蒸发膜，水分子可通过两端的电极被高分子薄膜吸附或释放。随着水分子被吸附或释放，高分子薄膜的介电系数将发生相应的变化。因为介电系数随空气的相对湿度变化而变化，所以只要测定电容值就可测得相对湿度。

(2) 高分子电阻式湿度传感器　它使用高分子固体电解质材料制作感湿膜，由于膜中的可动离子而产生导电性，随着湿度的增加，其电离作用增强，使可动离子的浓度增大，电极间的电阻值减小。反之，电阻值增大。因此，湿度传感器对水分子的吸附和释放情况，可通过电极间电阻值的变化检测出来，从而得到相应的湿度值。

15.3 压力测量

工程上压力的定义为垂直作用在物体单位面积上的力，在物理学上称之为压强。压力的量纲（单位）是力的单位除以面积单位，我国法定计量单位中，力的单位是 N，面积的单位是 m^2，则压力的单位是 N/m^2。

垂直作用在单位面积上的力称压力。在国际单位制（SI）和我国法定计量单位中，压力的单位是"帕斯卡"，简称"帕"，符号为"Pa"。

$$1Pa = 1N/m^2 = 1\frac{kg \cdot m}{m^2 \cdot s^2} = 1kg/(m \cdot s^2)$$

即 1N 的力垂直均匀作用在 $1m^2$ 的面积上所形成的压力值为 1Pa。帕斯卡的单位是比较小的，实际使用的单位还有百帕、千帕、兆帕等单位。

压力的表示方法有三种，即绝对压力、表压力、真空度或负压。绝对压力和表压力之间关系可表示如下：

表压力＝绝对压力－大气压

或　绝对压力＝表压力＋大气压

15.3.1　压力的检测方法

根据测压的转换原理不同，大致可分为三种测压方法。

（1）平衡法　通过仪表使液柱高度的重力或砝码的重量与被测压力相平衡的原理测量压力。

（2）弹性法　利用各种形式的弹性元件，以在被测介质的表压力或负压力作用下产生的弹性变形来反映被测压力的大小。

（3）电气法　用压力敏感元件直接将压力转换成电阻、电荷量等电量的变化。

15.3.2　压力测量仪表的分类

压力的测量通常由压力传感器来完成，压力传感器从其原理及结构来看可分为三类：液柱式、机械式及电气式。测量压力的仪表，按信号原理不同，大致可分为四类。

（1）液柱式　根据流体静力学原理，把被测压力转换成液柱高度。

（2）机械式　根据弹性元件受力变形的原理，将被测压力转换成位移。

（3）电气式　将被测压力转换成各种电量，如电感、电容、电阻、电位差等，依据电量的大小实现压力的间接测量。

（4）活塞式　根据水压机液体传送压力的原理，将被测压力转换成活塞面积上所加平衡砝码的质量。

15.3.3　液柱式压力计

液柱式压力计是利用液柱对液柱底面产生的静压力与被测压力相平衡的原理，通过液柱高度来反映被测压力的大小的仪表。其示值为大气压和被测介质压力之差。它的优点是结构简单、使用方便，有相当高的准确度，应用很广泛。缺点是量程受液柱高度的限制，体积大，玻璃管容易损坏及读数不方便。一般采用水银或水为工作液，用 U 形管或单管进行测量，常用于低压、负压或压力差的检测。被广泛用于实验室压力测量或现场锅炉烟、风道各段压力、通风空调系统各段压力的测量，液柱式压力计的输出也可作为压力标准，校验低压或微压仪表。

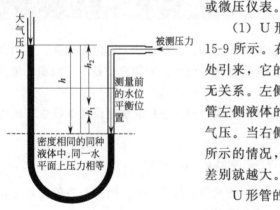

图 15-9　U 形管压力计的原理结构

（1）U 形管压力计　U 形管压力计的测压原理如图 15-9 所示。右侧为被测压力，由密封的管路从被测压力处引来，它的压力与被测介质的对象有关，与大气压毫无关系。左侧直接和空气连通，大气压直接作用在 U 形管左侧液体的表面，所以左侧液体表面的压力是一个大气压。当右侧被测介质的压力高于大气压时会形成如图所示的情况，两者压差越大，U 形管中的左右液位高低差别就越大。

U 形管的右侧等压面（虚线所在平面）上的压力为被测压力 p_1。左侧等压面上压力由大气压和液柱高度 h 两部分组成，所谓等压面就是此平面上压力相等，所以有

$$p_1 - 大气压 = \rho g h = \rho(h_1 + h_2)g$$

式中　ρ——U 形管中液体的密度；

　　　　g——重力加速度；

h——左右管中的液位高差。

U 形管的液位差表示了被测压力和大气压的差，这个压力差称为被测压力的表压力。用 U 形管表示的表压力单位是 mmH₂O（1mmH₂O ＝ 9.80665Pa）。为了减少毛细管现象对测量精度的影响，U 形管内径不宜太细，一般管内使用水银液体时管径不小于 5mm；管内装水时，不小于 8mm。当 U 形管压力计的刻度标尺分格值为 1mm 时，分别读取 h_1 和 h_2 的数值，然后将把两者之和 h 作为读数结果。这样产生的读数误差在 ±1mm 之内。因此当读数很小时该测量方法产生的相对误差可能就很大，而且需要 U 形管两侧读数，使用不很方便。

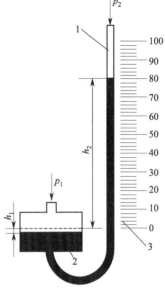

图 15-10　单管液柱式压力计
1—测量管；2—宽口容器；3—刻度尺

（2）单管压力计　由于 U 形管压力计需两次读取液面高度，为使用方便，设计出一次读取液面高度的单管压力计，其原理如图 15-10 所示。

（3）斜管微压计　在测量很小的压力时，U 形管和单管压力计中的液柱高度变化很小，读数的相对误差和毛细管现象引起的误差都很大。为了克服 U 形管和单管压力计的上述缺陷，人们对单管压力计进行改造，制成倾斜式微压计。主要用于测量微小压力、负压和压差，它将单管液柱压力计的测量管倾斜放置，这样可以提高灵敏度、减少读数相对误差。倾斜式微压计的具体结构见图 15-11。倾斜角度越小，l 越长，测量灵敏度就越高；但不可太小，否则液柱易冲散，读数较困难，误差增大。

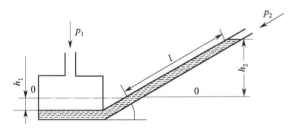

图 15-11　倾斜式微压计原理示意图

15.3.4　弹性式压力计

弹性压力计是根据弹性元件受到压力作用后，所产生的变形与压力大小具有一一对应的确定关系的力平衡原理制成的。由于其结构简单、测量范围较大，又能达到一定的准确程度，因而得到广泛应用。常用的弹性元件有膜片式（包括膜盒式）、波纹管式和弹簧管式三类，各类弹性元件的形式见图 15-12。

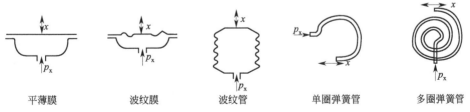

平薄膜　　　　波纹膜　　　　波纹管　　　　单圈弹簧管　　　　多圈弹簧管
图 15-12　弹性元件示意图

（1）弹簧管压力表　弹簧管压力表是一种应用非常广泛的压力表，通常用于测量真空或 0.1～1000MPa 的压力。弹簧管是压力表中的敏感元件，它是一根弯成圆弧形或螺旋形的金属管，管子截面是扁圆形或椭圆形的，如图 15-13 所示。弹簧管的开口固定在仪表的接头座上，称为固定端，被测介质由固定端引入弹簧管内。弹簧管的另一端封闭，称为自由端，自由端与仪表的机械传动机构相连。当弹簧管压力表内通入被测介质时，弹簧管受压变形，自由端位移，再通过机械传动机构带动压力表的指针偏转，指示被测介质的压力。

利用齿轮传动的弹簧管压力表，如图 15-14 所示。弹簧管的自由端通过拉杆 4 带动扇形齿轮 5 转动，扇形齿轮推动轴上固定有指针 7 的小齿轮转动，指针在标尺上指示被测压力。游丝 6 用来消除齿轮传动间隙引起的示值变差。这种压力表不适用于测量波动大的压力。

弹簧管压力表结构简单、使用方便、价格低廉、使用范围广、测量范围宽，可测负压、微压、低压、中压和高压，因此应用十分广泛。根据制造的要求，仪表的精度等级有 0.5、1.0、1.5、2.5 等。

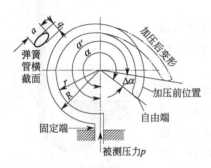

图 15-13　弹簧管测压原理示意图

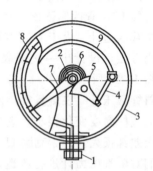

图 15-14　齿轮传动的弹簧管压力表
1—接头；2—中心齿轮；3—外壳；4—拉杆；5—扇形
齿轮；6—游丝；7—指针；8—面板；9—弹簧管

（2）膜盒微压计　膜盒微压计常用于火电厂锅炉风烟系统的风、烟压力测量及锅炉炉膛负压测量，其结构如图 15-15 所示。测量范围为 $150\sim40000Pa$，精度等级一般为 2.5 级，较高的可达 1.5 级。

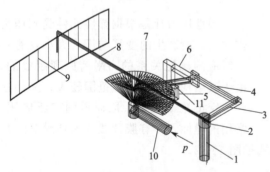

图 15-15　膜盒微压计原理结构
1—表针转轴；2—外套筒；3—曲柄；4—拉杆；
5—杠杆转动支点；6—杠杆；7—膜盒；8—指针；
9—表盘；10—导压管；11—膜盒杠杆

仪表工作时，压力信号由导压管 10 将压力引入到膜盒 7 内，膜盒形状是上下面积大而侧面积小，上下受压力大于侧面压力，所以扁形的膜盒有变圆的趋势，当膜盒下部侧面固定不动时，只能是上侧面向上移动。通过膜盒上的膜盒杠杆推动"7 字形"杠杆 6 绕支点 5 逆时针转动，又通过拉杆 4 和曲柄 3 带动指针的转动。其中曲柄 3 和拉杆 4 是铰接（接点可转动）。

（3）弹性压力表的使用与安装　使用压力表测量压力时，只有正确选择和安装压力表，才能保证测量准确可靠和使用安全。这里介绍弹性压力表和压力变送器的量程选择方法及安装时的注意事项。

使用弹性压力表测量压力，首先要根据生产过程提出的技术要求，合理地选择压力表的型号、量程和精度等级。为了保证弹性元件在弹性形变的安全范围内工作，选择压力表量程时，要考虑被测压力的变化情况。一般在被测压力较稳定的情况下，被测压力的最大数值不应超过仪表量程上限的 2/3。若被测压力波动较大时，则被测压力的最大数值应不高于仪表量程上限的 1/2。同时，为了保证测量的准确度，被测压力的最小数值应不低于仪表示值范围的 1/3。

为了保证压力的准确可靠和使用安全，必须正确安装使用弹性压力表，弹性压力表安装时应注意以下几点。

① 取压点的选择必须保证仪表所测的是流体的静压力，因此取压点要选择在其前后有足够长直管的地方。在安装时，应使压力信号管的端面与管道或开口的内壁保持平齐，不应有凸出物和毛刺。

② 安装地点应力求避免振动和高温的影响。

③ 测量蒸汽压力时，压力表前应加装凝汽管，以防高温蒸汽与弹性元件直接接触，如图 15-16(a) 所示。对于有腐蚀性介质的流体，在压力表前应加装充有中性液体的隔离罐，如图 15-16(b) 所示。

④ 取压点与压力表之间应加装切断阀，以备检修压力表时使用。切断阀最好安装在靠近取压点的地方。为了便于对压力表做现场校验以及冲洗压力信号管，在压力表入口处，常装有三通阀。

此外，使用压力表时，若压力表与取压点不在同一水平面上，需对压力表的示值进行修正。当压力表在取压点下方时，仪表示值应减去修正值 ρgh。当压力表在取压点上方时，仪表示值应加上修正值 ρgh。

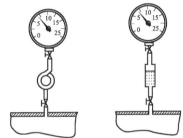

(a)压力表前加装凝汽管 (b)压力表前加装隔离罐

图 15-16　弹性压力表安装示意图

修正值中 ρ 是压力信号管中的流体平均密度，g 是当地的重力加速度，h 是取压点到压力表的垂直距离。也可以在测压前，事先将仪表指针逆时针或顺时针拨一定偏转角度（和 gh 对应），这样就可以在仪表上直接读出被测压力的表压力。

15.4　流量测量

15.4.1　流量测量原理

流量是流体在单位时间内通过管道或设备某横截面处的数量。在生产过程中，为了有效地指导生产操作，监视和控制生产，必须经常地检测生产过程中各种介质（液体、气体、蒸汽和固体等）的流量，以便为管理和控制生产提供依据。

流体数量若以质量 m 表示时，则流量称为质量流量。质量流量用符号 q_m 表示，其数学定义式为

$$q_m = \frac{\mathrm{d}m}{\mathrm{d}t} \tag{15-5}$$

q_m 的单位是 kg/s 或 kg/h。

流量数量用体积 v（容积）表示时，则称为容积流量，容积流量用符号 q_v 表示，数学定义式为

$$q_v = \frac{\mathrm{d}v}{\mathrm{d}t} \tag{15-6}$$

q_v 的单位为 m³/s。

流量数量用重量 G 表示时，则称为重量流量，容积流量用符号 q_G 表示，数学定义式为

$$q_G = \frac{\mathrm{d}G}{\mathrm{d}t} \tag{15-7}$$

q_G 的单位为 kgf/s。

上述三种流量的换算关系为

$$q_m = \rho q_v = \frac{q_G}{g} \tag{15-8}$$

式中　ρ——流体密度；

　　　g——重力加速度。

流量有瞬时流量和累积流量之分。所谓瞬时流量，是指在单位时间内流过封闭管道或明渠某一截面的流体的量。所谓累积流量，是指在某一时间间隔内流体通过的总量。该总量可以用在该段时间间隔内的瞬时流量对时间的积分而得到，所以也叫积分流量。累积流量除以流体流过的时间间隔，即为平均流量。

流量的测量方法很多，目前工业上常用的流量测量方法分为三类。

① 速度式流量测量方法。直接测出管道内流体的流速，以此作为流量测量的依据。

② 容积式流量测量方法。通过测量单位时间内经过流量仪表排出的流体的固定容积的数目来实现。

③ 通过直接或间接的方法测量单位时间内流过管道截面的流体质量数。

工业上常用的流量计，按其测量原理分为以下四类。

① 差压式流量计　主要利用管内流体通过节流装置时，其流量与节流装置前后的压差有一定的关系。属于这类流量计的有标准节流装置等。

② 速度式流量计　主要利用管内流体的速度来推动叶轮旋转，叶轮的转速和流体的流速成正比。属于这类流量计的有叶轮式水表和涡轮式流量计等。

③ 容积式流量计　主要利用流体连续通过一定容积之后进行流量累积的原理。属于这类流量计的有椭圆齿轮流量计和腰轮流量计。

④ 其他类型流量计　如基于电磁感应原理的电磁流量计、涡街流量计等。

测量的装置种类很多，本节仅介绍以流体运动规律为基础的测量装置。

15.4.2　孔板流量计

(1) 孔板流量计的结构和测量原理　在管路里垂直插入一片中央开有圆孔的板，圆孔中心位于管路中心线上，如图 15-17 所示，即构成孔板流量计。板上圆孔经精致加工，其侧边与管轴成 45°角，称锐孔，板称为孔板。

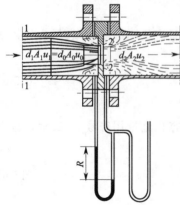

图 15-17　孔板流量计

由图 15-17 可见，流体流到锐孔时，流动截面收缩，流过孔口后，由于惯性作用，流动截面还继续收缩一定距离后才逐渐扩大到整个管截面。流动截面最小处（图中 2—2 截面）称为缩脉。流体在缩脉处的流速最大，即动能最大，而相应的静压能就最低。因此，当流体以一定流量流过小孔时，就产生一定的压强差，流量愈大，所产生的压强差也就愈大。所以可利用压强差的方法来度量流体的流量。

设不可压缩流体在水平管内流动，取孔板上游流动截面尚未收缩处为截面 1—1，下游取缩脉处为截面 2—2。在截面 1—1 与 2—2 间暂时不计阻力损失，列伯努利方程：

$$\frac{p_1}{\rho}+gZ_1+\frac{u_1^2}{2}=\frac{p_2}{\rho}+gZ_2+\frac{u_2^2}{2}$$

因水平管 $Z_1=Z_2$，则整理得

$$\sqrt{u_2^2-u_1^2}=\sqrt{\frac{2(p_1-p_2)}{\rho}} \tag{15-9}$$

由于缩脉的面积无法测得，工程上以孔口流速 u_0 代替 u_2，同时，实际流体流过孔口有阻力损失；而且，测得的压强差又不恰好等于 p_1-p_2。由于上述原因，引入一校正系数 C，于是式(15-9) 改写为：

$$\sqrt{u_0^2-u_1^2}=C\sqrt{\frac{2(p_1-p_2)}{\rho}} \tag{15-10}$$

以 A_1、A_0 分别代表管路与锐孔的截面积，根据连续性方程，对不可压缩流体有

$$u_1 A_1=u_0 A_0$$

则

$$u_1^2=u_0^2\left(\frac{A_0}{A_1}\right)^2$$

设 $\dfrac{A_0}{A_1}=m$，上式改写为：

$$u_1^2=u_0^2 m^2 \tag{15-11}$$

将式(15-11) 代入式(15-10)，并整理得

$$u_0=\frac{C}{\sqrt{1-m^2}}\sqrt{\frac{2(p_1-p_2)}{\rho}}$$

再设 $C/\sqrt{1-m^2}=C_0$，称为孔流系数，则

$$u_0=C_0\sqrt{\frac{2(p_1-p_2)}{\rho}} \tag{15-12}$$

于是，孔板的流量计算式为

$$V_s=C_0 A_0\sqrt{\frac{2(p_1-p_2)}{\rho}} \tag{15-13}$$

式中 p_1-p_2 用 U 形压差计公式代入，则

$$V_s=C_0 A_0\sqrt{\frac{2Rg(\rho'-\rho)}{\rho}} \tag{15-14}$$

式中　ρ'，ρ——指示液与管路流体密度，kg/m^3；

　　　R——U 形压差计液面差，m；

　　　A_0——孔板小孔截面积，m^2；

　　　C_0——孔流系数又称流量系数。

流量系数 C_0 的引入在形式上简化了流量计的计算公式，但实际上并未改变问题的复杂性。只有在 C_0 确定的情况下，孔板流量计才能用来进行流量测定。

流量系数 C_0 与面积比 m、收缩、阻力等因素有关，所以只能通过实验求取。C_0 除与 Re、m 有关外，还与测定压强所取的点、孔口形状、加工粗糙度、孔板厚度、管壁粗糙度等有关。这样影响因素太多，C_0 较难确定，工程上对于测压方式、结构尺寸、加工状况均

作规定，规定的标准孔板的流量系数 C_0 就可以表示为

$$C_0 = f(Re, m) \tag{15-15}$$

实验所得 C_0 示于图 15-18。

由图 15-18 可见，当 Re 数增大到一定值后，C_0 不再随 Re 数而变，而是仅由 m 决定的常数。孔板流量计应尽量设计在 $C_0 =$ 常数的范围内。

从孔板流量计的测量原理可知，孔板流量计只能用于测定流量，不能测定速度分布。

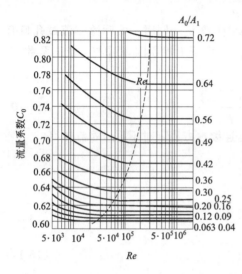

图 15-18　孔板流量计 C_0 与 Re、$\dfrac{A_0}{A_1}$ 的关系

（2）孔板流量计的安装与阻力损失　在安装位置的上、下游都要有一段内径不变的直管。通常要求上游直管长度为管径的 50 倍，下游直管长度为管径的 10 倍。若 A_0/A_1 较小时，则这段长度可缩短至 5 倍。

孔板流量计的阻力损失为 h_f，可用阻力公式写为：

$$h_f = \zeta \frac{u_0^2}{2} = \zeta C_0^2 \frac{Rg(\rho' - \rho)}{\rho} \tag{15-16}$$

式中　ζ——局部阻力系数，一般在 0.8 左右。

式（15-16）表明阻力损失正比于压差计读数 R。缩口愈小，孔口流速 u_0 愈大，R 愈大，阻力损失也愈大。

（3）孔板流量计的测量范围　由式（15-14）可知，当孔流系数 C_0 为常数时，

$$V_s \propto \sqrt{R}$$

上式表明，孔板流量计的 U 形压差计液面差 R 和 V 平方成正比。因此，流量的少量变化将导致 R 较大的变化。

U 形压差计液面差 R 愈小，由于视差常使相对误差增大，因此在允许误差下，R 有一最小值 R_{min}。同样，由于 U 形压差计的长度限制，也有一个最大值 R_{max}。于是，流量的可测范围为：

$$\frac{V_{s,max}}{V_{s,min}} = \sqrt{\frac{R_{max}}{R_{min}}} \tag{15-17}$$

即，可测流量的最大值与最小值之比，与 R_{max}、R_{min} 有关，也就是与 U 形压差计的长度有关。

孔板流量计是一种简便且易于制造的装置，在工业上广泛使用，其系列规格可查阅有关手册。其主要缺点是流体经过孔板的阻力损失较大，且孔口边缘容易磨损和磨蚀，因此对孔板流量计需定期进行校正。

15.4.3　文丘里流量计

为了减少流体流经上述孔板的阻力损失，可以用一段渐缩管、一段渐扩管来代替孔板，这样构成的流量计称为文丘里流量计，见图 15-19。

文丘里流量计的收缩管一般制成收缩角为 $15°\sim$

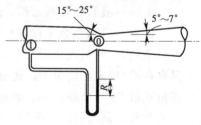

图 15-19　文丘里流量计

25°；扩大管的扩大角为 5°～7°。其流量仍可用式(15-14) 计算，只是用 C_v 代替 C_0。文丘里流量计的流量系数 C_v 一般取 0.98～0.99，阻力损失为：

$$h_f = 0.1 u_0^2 \tag{15-18}$$

式中　u_0——文丘里流量计最小截面（称喉孔）处的流速，m/s。

文丘里流量计的主要优点是能耗少，大多用于低压气体的输送。

15.4.4　转子流量计

（1）转子流量计的结构和测量原理　转子流量计的构造如图 15-20 所示，在一根截面积自下而上逐渐扩大的垂直锥形玻璃管内，装有一个能够旋转自如的由金属或其他材质制成的转子（或称浮子）。被测流体从玻璃管底部进入，从顶部流出。

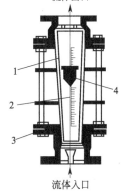

图 15-20　转子流量计
1—锥形玻璃管；2—刻度；
3—突缘填函盖板；4—转子

当流体自下而上流过垂直的锥形管时，转子受到两个力的作用：一是垂直向上的推动力，它等于流体流经转子与锥管间的形环截面所产生的压力差；另一是垂直向下的净重力，它等于转子所受的重力减去流体对转子的浮力。当流量加大使压力差大于转子的净重力时，转子就上升；当流量减小使压力差小于转子的净重力时，转子就下沉；当压力差与转子的净重力相等时，转子处于平衡状态，即停留在一定位置上。在玻璃管外表面上刻有读数，根据转子的停留位置，即可读出被测流体的流量。

设 V_f 为转子的体积，m³；A_f 为转子最大部分截面积，m²；ρ_f、ρ 分别为转子材质与被测流体密度，kg/m³。流体流经环形截面所产生的压强差（转子上方1与下方2之差）为 p_1-p_2，当转子处于平衡状态时，即

$$(p_1-p_2)A_f = V_f \rho_f g - V_f \rho g$$

于是

$$p_1 - p_2 = \frac{V_f g(\rho_f - \rho)}{A_f}$$

若 V_f、A_f、ρ_f、ρ 均为定值，p_1-p_2 对固定的转子流量计测定某流体时应恒定，而与流量无关。

当转子停留在某固定位置时，转子与玻璃管之间的环形面积就是某一固定值。此时流体流经该环形截面的流量和压强差的关系与孔板流量计的相类似，因此可得

$$V_s = C_R A_R \sqrt{\frac{2g V_f(\rho_f - \rho)}{A_f \rho}} \tag{15-19}$$

式中　C_R——转子流量计流量系数，由实验测定或从有关仪表手册中查得；

　　　A_R——转子与玻璃管的环形截面积，m²；

　　　V_s——流过转子流量计的体积流量，m³/s。

由式(15-19) 可知，流量系数 C_R 为常数时，流量与 A_R 成正比。由于玻璃管是一倒锥形，所以环形面积 A_R 的大小与转子所在位置有关，因而可用转子所处位置的高低来反映流量的大小。

（2）转子流量计的刻度换算和测量范围　通常转子流量计出厂前，均用 20℃的水或

20℃、1.013×10^5 Pa 的空气进行标定，直接将流量值刻于玻璃管上。当被测流体与上述条件不符时，应作刻度换算。在同一刻度下，假定 C_R 不变，并忽略黏度变化的影响，则被测流体与标定流体的流量关系为：

$$\frac{V_{s2}}{V_{s1}} = \sqrt{\frac{\rho_1 (\rho_f - \rho)}{\rho_2 (\rho_f - \rho_1)}} \tag{15-20}$$

式中，下标 1 表示出厂标定时所用流体，下标 2 表示实际工作流体。对于气体，因转子材质的密度 ρ_f 比任何气体的密度要大得多，式(15-20) 可简化为：

$$\frac{V_{s2}}{V_{s1}} = \sqrt{\frac{\rho_1}{\rho_2}}$$

必须注意：上述换算公式是假定 C_R 不变的情况下推出的，当使用条件与标定条件相差较大时，则需重新实际标定刻度与流量的关系曲线。

由式(15-19) 可知，通常 V_f、ρ_f、A_f、ρ 与 C_R 为定值，则 V_s 正比于 A_R。转子流量计的最大可测流量与最小可测流量之比为：

$$\frac{V_{s,\max}}{V_{s,\min}} = \frac{A_{R,\max}}{A_{R,\min}} \tag{15-21}$$

在实际使用时如流量计不符合具体测量范围的要求，可以更换或车削转子。对同一玻璃管，转子截面积 A_f 小，环隙面积 A_R 则大，最大可测流量大而比值 $V_{s,\max}/V_{s,\min}$ 较小，反之则相反。但 A_f 不能过大，否则流体中杂质易于将转子卡住。

转子流量计的优点：能量损失小，读数方便，测量范围宽，能用于腐蚀性流体；其缺点：玻璃管易于破损，安装时必须保持垂直并需安装支路以便于检修。

15.5 热 量 测 量

热量与温度一样，是热学中最基本的物理量。热量的测量，目前主要有两种方法：一种是采用热阻式或辐射式热流计测量单位时间内通过单位面积的热量（热流密度），然后求得通过一定面积的热量；另一种是采用热量表，测量在一段时间内通过设备（用户）的流体输送的热量。

15.5.1 热流密度的测量

热阻式热流传感器的工作原理是当热流通过平板或平壁时，由于平板具有热阻，在其厚度方向上的温度梯度为衰减过程，故平板两侧具有温差。利用温差与热流量之间的对应关系进行热流量的测量。

根据傅里叶定律可以得到通过热流传感器的热流密度。若热流传感器的两侧平行壁面各保持均匀稳定的温度 t 和 $t + \Delta t$，热流传感器的高度与宽度远大于其厚度，则可以认为沿高与宽两个方向温度没有变化，而仅沿厚度方向变化 Δx，所以可简化为一维导热问题。

$$q = -\lambda \frac{\Delta t}{\Delta x} \tag{15-22}$$

如果热流传感器材料和几何尺寸确定，那么只要测出热流传感器两侧的温差，即可得到热流密度。

热流传感器种类很多，常用的有用于测量平壁面的板式（WYP 型）和用于测量管道的可挠式（WYR 型）两种。其外形有平板形和圆弧形等，但工作原理都相同。

图 15-21 是平板热流传感器的结构图。平板热流传感器是由若干块 10mm×100mm 热电堆片镶嵌于一块边框中制成。边框尺寸一般为 130mm×130mm 左右，材料是厚 1mm 左右的环氧树脂玻璃纤维板。热电堆片是由很多对热电偶串联绕在基板上组成，见图 15-22。用于常温下测量的热流传感器，基板为层压板；用于高温下测量的热流传感器，基板为陶瓷片。由于采用串联连接，总热电势等于各分电势叠加。虽然基板两面温差 Δt 很小，但也会产生足够大的热电势。

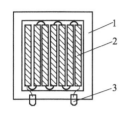

图 15-21　平板热流传感器结构图

1—边框；2—热电堆片；3—接线片

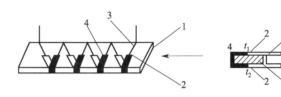

图 15-22　热电堆片示意图

1—基板；2—热电偶接点；

3—热电极材料 A；4—热电极材料 B

热流传感器的热电势，早期采用电位差计、动圈式毫伏表以及数字式电压表进行测量，然后用标定曲线或经验公式计算出热流密度。近些年，成套的热流测试仪表开始在国内应用。目前应用的主要有两种，一种为指针的热流指示仪表，一种为数字式的热流指示仪表。随着微机技术的发展，我国自己开发的数据采集、显示和计算功能分开的智能型热流计专用仪表开始应用。图 15-23 为 SCQ-04 数据采集器原理框图。采集器由单片机、热流传感器（8 路）、热电偶（8 路）、信号切换电路、信号调理电路、A/D 转换等构成热流、温度测量单元；由单片机、存储器构成数据存储单元；由单片机、RS232 接口构成数据通信单元。数据测定开始、结束时间、数据的采样周期、数据的通讯方式，由计算机通过配套的通讯软件设定。采集器内设有软件计时器，采集器根据设定的数据，自动测量数据，并存储在存储器中。测定结束后，取回存储器，用计算机通过配套的通信软件读取存储器中的数据，并进行数据分析、曲线绘制和测定报告输出。

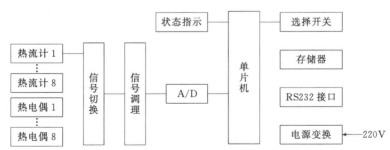

图 15-23　SCQ-04 数据采集器原理框图

15.5.2　热量及冷量的测量

热水热量测量原理与冷冻水冷量的测量原理相同，为此这里主要介绍热水热量的测量方法。

（1）**热水热量测量原理**　热水吸收或放出的热量，与热水流量和供回水焓差有关，它们之间的关系为

$$Q = \int \rho q_v (h_1 - h_2) \mathrm{d}\tau \tag{15-23}$$

式中　Q——流体吸收或放出的热量，W；

$\quad q_v$——通过流体的体积流量，$\mathrm{m^3/s}$；

$\quad h_1，h_2$——流进、流出流体的焓，J/kg；

由热力学知识可知，热水的焓值为温度的函数，因此只要测得供回水温度和热水流量，即可得到热水吸收（放出）的热量。热水热量计量仪表，就是基于这个原理测量热水热量的。

（2）**热水热量测量仪表的构造**　热量表由流量传感器、温度传感器和计算器组成。早期的计算器体积较大，计算精度不是很高。自 20 世纪 80 年代以后，计算器开始采用微处理器芯片，使仪表体积变小、计算精度提高。温度传感器一般为铂电阻或热敏电阻，为减少导线电阻对测量精度的影响，多采用 Pt1000 或 Pt500 的铂电阻。流量传感器，主要有两种：一种为超声波流量传感器，一种为远传机械热水表。图 15-24 为户用的热量表的工作原理图。干式热水表的叶轮和表头之间有一层隔离板，将热水和外界分隔开。叶轮上下有一对耦合磁铁，当热水流过热水表时，叶轮上的耦合磁铁 A 随水表的叶轮一起转动。通过磁耦合作用，带动耦合磁铁 B 同步转动。耦合磁铁 B 的转动带动了齿轮组的转动。在齿轮组上带有 10L 或 1L 指针的齿轮上装有一小块磁铁 C。该磁铁通过齿轮组的转动与耦合磁铁 B 一起转动。在磁铁 C 的上部（侧面）安装一个干簧管。当磁铁 C 通过时，干簧管吸合；当磁铁 C 离开时，干簧管打开。这样输出一个脉冲信号，就代表 10L（1L）热水流量。输出的脉冲信号送至计算器，测得的给回水温度信号也送至计算器。计算器按照公式进行热量计算，并将计算结果进行存储和显示。

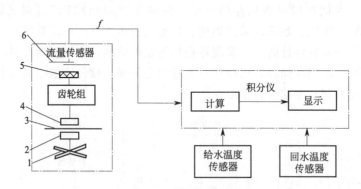

图 15-24　热量表工作原理图

1—叶轮；2—耦合磁铁 A；3—隔离板；4—耦合磁铁 B；5—磁铁 C；6—干簧管

15.5.3　蒸汽热量的测量

蒸汽热量与蒸汽流量及蒸汽与凝水的焓差有关。蒸汽的热量同样可用式（15-23）计算。蒸汽的流量可以用流量计测得，过热蒸汽的焓可以通过测量蒸汽压力和温度求得，饱和蒸汽的焓可以通过测量过热蒸汽的温度求得。

图 15-25 是 NRZ-01 型蒸汽热量指示积算仪的原理图。该仪表适合于饱和蒸汽测量。它

是用标准流量孔板将蒸汽流量信号转换成差压信号，再经差压变送器转换成 $0\sim10\text{mA}$ 的信号，送给热量计。安装在供汽管上的铂电阻测量的蒸汽温度一并送入热量计。热量计进行蒸汽热量的计算，并进行热量的累积和显示。

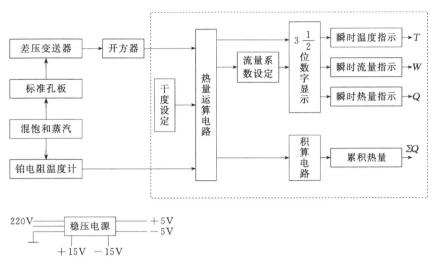

图 15-25　NRZ-01 型蒸汽热量指示积算仪原理图

15.6　气体成分分析

15.6.1　一氧化碳和二氧化碳的测量

测定空气中所含的一氧化碳和二氧化碳的方法有不分光红外吸收法、电导法、气相色谱法和间接冷原子吸收法等。本节介绍常用的不分光吸收红外线气体分析器。

红外线气体分析器利用被测气体对红外光的特征吸收来进行定量分析。当被测气体通过受特征波长光照射的气室时，被测组分（即一氧化碳或二氧化碳）吸收特征波长的光。吸收光能的多少，与样品中被测组分浓度有关。对于特征波长光辐射的吸收，透射光强度与入射光强度、吸光组分浓度之间的关系遵守比耳定律：

$$I = I_0 e^{-klc} \tag{15-24}$$

式中　I——透射的特征波长红外光强度；

$\quad\ \ I_0$——入射的特征波长红外光强度；

$\quad\ \ k$——被测组分对特征波长的吸收系数；

$\quad\ \ l$——入射光透过被测样品的光程；

$\quad\ \ c$——样品中被测组分的浓度。

在红外线气体分析器中，红外辐射光源的入射光强度 I_0 不变，红外线透过被测样品的光程 l 不变，且对于特定的被测组分，吸收系数 k 也不变，因此透射的特征波长红外光强度 I 仅是被测组分的函数。故通过测定透射特征波长红外光的强度 I 即可确定被测组分的浓度。

红外线气体分析器由红外光源、切光器、气室、光检测器及相应的供电、放大、显示和记录用的电子线路和部件组成，见图 15-26。一氧化碳和二氧化碳红外线分析器的光源是直径约 0.5mm 的镍铬丝。此镍铬丝被加热到 $600 \sim 1000℃$，此时光源辐射的红外线波长范围约为 $2 \sim 10 \mu m$。红外线辐射光经反射抛物状面汇聚成平行光射出，射出能量相等的两束平行光，被同步电机带动的切光片，切割成断续的交变光，从而获得交变光信号，减少信号漂移。两路平行光中，一路平行光通过滤光镜、参比气室（内充不吸收红外线的气体，如氮气），射入接收室；另一束光：通过滤光镜、测量气室，射入接收室。由于测量气室中有气样通过，则气样中的待测组分吸收了部分特征波长的红外光，使射入接收室的光束强度减弱，待测量含量越高，光强减弱越多。

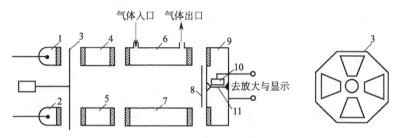

图 15-26 红外线气体分析器的基本组成

1,2—红外光源；3—切光片；4,5—气室；6—测量室；7—参比气室；
8—使两光路平衡的遮光板；9—薄膜电容微音器；10—固定金属片；11—金属薄膜

一氧化碳和二氧化碳红外线分析器的光检测器是薄膜电容微音器。它是利用待测组分的变化引起电容量变化来测量待测组分的浓度的。电容的金属薄膜将接收室内分成容积相等的两个接收室，接收室内充满等浓度的 CO 气体。红外光束射入接收室后，被其中 CO 吸收，使气体温度升高，从而导致内部压力升高。测量光束与参比光束平衡时，两边压力相等，动片薄膜维持在平衡位置。当测量气室中有待测组分时，通过参比气室的红外光辐射保持不变，而通过测量气室进入接收室的红外光由于待测组分的吸收面减弱，使这一边的温度降低、压力减小，金属薄膜偏向固定金属片一方，从而改变了电容器两极间的距离，也就改变了电容量。

监测大气中一氧化碳或二氧化碳的红外线分析器使用时应与取样技术结合起来。取样系统一般包括杂质过滤、干燥、压力控制和流量控制等。对于高温烟气还需有冷却装置。

15.6.2 氧量的测量

目前常用的测量氧的方法为热磁法和氧化锆法。

（1）热磁法 介质处于外磁场中，受到力和力矩的作用而显示出磁性的现象称为磁化。当气体处在外磁场中时，如果能被磁场所吸引，该种气体为顺磁性气体；如果能被磁场所排斥，该种气体为逆磁性气体。在具有温度梯度和磁场梯度的环境中，当顺磁性气体存在时，由于气体局部温度升高，而使这些气体的磁化率下降，这种利用磁化率与温度间的关系测定气体中的某种成分含量的方法称为热磁法。

氧气是一种顺磁性气体，氧的体积磁化率很大（除氮氧化物外，氧的比磁化率是其他气体的 100 倍以上），因此互不发生化学反应的多组分混合气体，其体积磁化率主要由含氧量决定，即可根据混合气体体积磁化率的大小来间接确定气体中的含氧量。热磁式氧分析仪就利用在不均匀磁场中，含氧混合气体受热后的体积磁化率变化而产生的热磁对流进行间接测量。

热磁式氧分析仪由取样装置、传感器和显示仪表组成。传感器是仪器的核心，也称为检测器或分析室，它把被分析气体的含氧量变化，转变为电压信号。实际上是将把被分析气体的含氧量转变为热敏元件的温度测量，即电阻测量，最终由惠斯登电桥测出。

热磁式氧分析仪的热敏元件是一段通电的铂丝，热敏元件的温度与含氧量之间的关系可近似地表示为

$$t = AqkI^2 \frac{p\rho C_p}{T^2 \eta\lambda} h \frac{\mathrm{d}H}{\mathrm{d}x} \tag{15-25}$$

式中　　　　k——纯氧的体积磁化率；

　　　　　　A——与仪器结构有关的常数；

　　　　　　I——通过热敏元件的电流；

　　　　　　q——氧含量体积分数；

　　　　　　H——磁场强度；

　　　　$\dfrac{\mathrm{d}H}{\mathrm{d}x}$——在给定方向上的磁场梯度；

　　　　p，T——大气压力和温度；

ρ，C_p，η，λ——混合气体的密度、比定压热容、黏度和热导率。

这就是热磁式氧分析仪的理论刻度方程。由于最终是用惠斯登电桥测量由温度引起的电阻变化，所以最终的信号大小还与热敏元件的温度系数有关。

（2）氧化锆法　氧化锆（ZrO_2）在常温下具有单斜晶体结构。当温度升高到 1500℃ 变为立方晶体，同时有 7% 的体积收缩。因此氧化锆晶体随着温度变化是不稳定的。在氧化锆晶体加入少量的氧化钙或氧化钇，再经过高温处理，则其晶体变为不随温度变化的萤石型立方晶体。由于钙、钇化合价与锆不同，在晶体中将产生一些氧离子空穴，见图 15-27。这种有氧离子空穴的材料在 600～800℃ 温度时，具有导电特性，故被称为固体电解质。

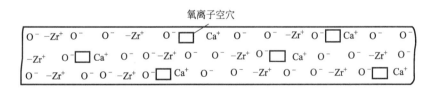

图 15-27　掺杂有氧化钙的氧化锆材料产生氧离子空穴的示意

氧化锆氧量计工作原理如图 15-28 所示。左侧为流动的新鲜空气，右侧为流动的烟气。新鲜空气中的氧气在高温下接触铂金属后，会产生大量的氧离子，在左侧的铂金属上留下大量正电荷，氧离子在扩散力作用下，进入氧化锆氧离子导体，氧离子运动到右侧后，由于氧离子上电子被铂夺取，两个氧离子被还原成氧气，在右侧的铂金属上留下大量的负电荷。实践证明，两侧浓度差越大，两侧的正负电荷数目相差就越大，即产生的电动势就越大，所以测量电动势就是测量两侧的氧气浓度差。根据两者差值又可以推算出烟气侧氧气的含量（因为空气的氧气含量为 20%），烟气侧氧气含量和过剩空气系数一一对应，即最终可以得到过剩空气系数的大小。

氧化锆氧量计测量系统按环境温度要求的不同，可分为定温式和温度补偿式两种测量系统。按安装方式的不同可分为直插式和抽出式两种。抽出式测量系统带有抽气和净化装置，

能除去气样中的杂质和二氧化硫等有害气体，有利于保护氧化锆管，测量准确度较高。但该系统结构复杂，且延迟较大，而直插式氧量测量系统（如图 15-29 所示）是将氧化锆氧量计直接插入烟道，让氧化锆直接和烟气接触进行测量的一种方式，反应速度快，因此在电厂中多采用直插式测量系统。

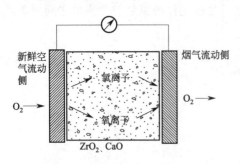

图 15-28　氧化锆氧量计原理示意图

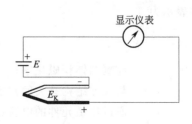

图 15-29　局部温度补偿式氧化锆测量系统

 ------------------- **思考题及习题** -------------------

- 15-1　温度测量方法有哪几种？各有何特点？
- 15-2　膨胀式温度计有哪些类型？说明各自特点和适用场合。
- 15-3　试述热电偶测温的基本原理。
- 15-4　何为空气湿度？常用的表示方法有哪些？
- 15-5　气体湿度测量常用的方法有哪些？
- 15-6　压力测量仪表有哪些类型？说明各自的特点和适用场合。
- 15-7　流量的测量方法有哪些？说明常用流量测量装置的原理和适用场合。
- 15-8　试述常用热量测量方法及其原理。
- 15-9　试述氧量的测量方法及其原理。

第16章 热工测量新技术

16.1 超声波测量技术

16.1.1 超声波测量原理

声波是物体机械振动状态（或能量）的传播形式。根据声波振动频率的范围，可以分为次声波、可听声波、超声波三种。次声波的频率为 20Hz 以下，可听声波的频率为 20Hz～20kHz，超声波的频率则为 20kHz 以上。

超声波在介质中的反射、折射、衍射、散射等传播规律，与可听声波的规律并没有本质上的区别，但是超声波的波长很短，只有几厘米，甚至千分之几毫米。与可听声波比较，超声波具有下列特点：

① 超声波能在气体、液体、固体或其他的混合物等各种媒质中传播，也可在光不能通过的金属、生物体中传播，且可传播足够远的距离；

② 超声波在传播时，方向性强，能量易于集中；

③ 超声波与传声媒质的相互作用适中，易于携带有关传声媒质状态的信息（诊断或对传声媒质产生效应），反过来可由超声波传播的情况测量物质的状态。

超声测量的原理就是利用某种待测的非声量（如密度、浓度、强度、弹性、硬度、黏度、温度、流量、液位、厚度、缺陷等）与某些描述媒质声学特性的物理量（如声速、声阻抗、声衰减等）之间存在着的直接或间接的关系，在确定了这些关系之后就可通过测定这些超声物理量来测出待测的非声量。在热工测量中，常用超声波来测量流量、液位、料位、探伤等。

同时，当超声波在介质中传播时，由于超声波与介质的相互作用，会使介质发生物理的和化学的变化，从而产生一系列力学的、热学的、电磁学的和化学的超声效应，如机械效应、空化效应、热效应、化学效应等。因此，超声波还被广泛运用于诊断学、治疗学、工程学、生物学等领域。

16.1.2 超声波流量计

超声波在流动的流体中传播时就载上流体流速的信息，因此通过接收到的超声波就可以检测出流体的流速，从而换算成流量。根据检测的方式，可分为时差法、多普勒法、波束偏移法、噪声法及相关法等不同类型的超声波流量计。其中，时差法和多普勒法比较常用。

（1）时差法超声波流量计 时差法测量流体流量的原理如图 16-1 所示。它利用声波在流体中传播时因流体流动方向不同而传播速度不同的特点，测量它的顺流传播时间 t_1 和逆

流传播时间 t_2 的差值，从而计算流体流动的速度和流量。

设静止流体中声速为 c，流体流动速度为 v，把一组换能器 P_1、P_2 与管渠轴线安装成 θ 角，换能器的距离为 L。从 P_1 到 P_2 顺流发射时，声波传播时间 t_1 为：

$$t_1 = \frac{L}{c + v\cos\theta}$$

从 P_2 到 P_1 逆流发射时，声波的传播时间 t_2 为：

$$t_2 = \frac{L}{c - v\cos\theta}$$

一般情况下 $c \gg v$，则时差 Δt 为：

$$\Delta t = t_1 - t_2 = \frac{2Lv\cos\theta}{c^2}$$

根据上式可求出速度 v：

$$v = \frac{L^2}{2d} \times \frac{t_1 - t_2}{t_1 t_2} \tag{16-1}$$

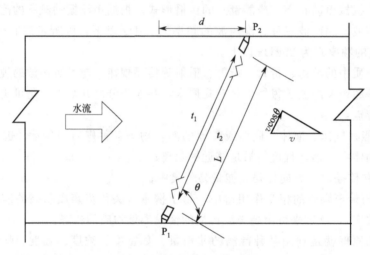

图 16-1 时差法测流原理图

目前，时差法超声波流量计应用最广。它主要用来测量洁净的流体流量，在自来水公司和工业用水领域，得到广泛应用。此外它也可以测量杂质含量不高（杂质含量小于 10g/L，粒径小于 1mm）的均匀流体，如污水等介质的流量，而且精度可达 $\pm 1.5\%$。实际应用表明，选用时差式超声波流量计，对相应流体的测量都可以达到满意的效果。

（2）多普勒法超声波流量计   多普勒法的测量原理是基于声学多普勒效应。当声源和观察者之间有相对运动时，观察者所感受到的声频率将不同于声源所发出的频率，这个因相对运动而产生的频率变化与两物体的相对速度成正比。测量时，只要测出多普勒频率差，就可以求得流速，进而可以得到流体的流量。如图 16-2 所示。

当随流体以速度 v 运动的颗粒流向声波发生器时，颗粒接收到的声波频率 f_1 为：

$$f_1 = f_0 \frac{c + v\cos\theta}{c}$$

当该颗粒将 f_1 频率的声波反射回去，则接收器接收到的是 f_2 频率的声波：

$$f_2 = f_1 \frac{c}{c - v\cos\theta} = f_0 \frac{c + v\cos\theta}{c - v\cos\theta}$$

因此，声波接收器和发生器间的多普勒频移 Δf 为：

$$\Delta f = f_1 - f_2 = 2f_0 \frac{v\cos\theta}{c - v\cos\theta}$$

以上各式中：θ 为声波方向与流体流速 v 之间的夹角，f_0 为声源的初始声波频率，c 为声源在介质中的传播速度。若 $c \gg v\cos\theta$，则

$$\Delta f = 2f_0 \frac{v}{c}\cos\theta \tag{16-2}$$

$$v = \frac{c}{2f_0\cos\theta}\Delta f \tag{16-3}$$

$$Q = \frac{Ac}{2f_0\cos\theta}\Delta f \tag{16-4}$$

多普勒超声波流量计一般只能用于测量含有适量能反射超声波信号的颗粒或气泡的流体，如工厂排放液、未处理的污水、杂质含量稳定的工厂过程液等。它对被测介质要求比较苛刻，既不能是洁净水，同时杂质含量要相对稳定，才可以正常测量，而且不同厂家的仪表性能及对被测厂家的要求也不一样。选择此类超声波流量计时既要对被测介质心中有数，也要对所选用的超声波流量计的性能、精度和对被测介质的要求有深入的了解。

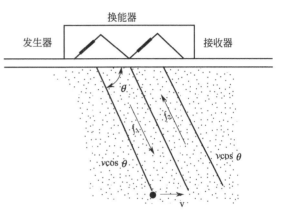

图 16-2　多普勒法测流原理图

（3）超声波流量计的应用　超声波流量计在应用中需注意以下几个方面的问题。

① 正确选择　这是超声波流量计能够正常工作的基础。如果选型不当，或会造成流量无法测量，或者用户使用不便等后果。

② 合理安装　换能器安装不合理是超声波流量计不能正常工作的主要原因。安装换能器需要考虑位置的确定和方式的选择两个问题。确定位置时除保证足够的上、下游直管段外，尤其要注意换能器尽量避开有变频调速器、电焊机等污染电源的场合。在安装方式上，主要有对贴安装方式和 V 方式、Z 方式三种。多谱勒式超声波流量计采用对贴式安装方式，时差式超声波流量计采用 V 方式和 Z 方式，通常情况下，管径小于 300mm 时，采用 V 方式安装，管径大于 200mm 时，采用 Z 方式安装。对于既可以用 V 方式安装又可以 Z 方式安装的换能器，尽量选用 Z 方式。实践表明，Z 方式安装的换能器超声波信号强度高，测量的稳定性也好。

③ 及时核校　对于现场安装固定式超声波流量计数量大、范围广的用户，可以配备一台同类型的便携式超声波流量计，用于核校现场仪表的情况。一是坚持一装一校，即对每一台新装超声波流量计在安装调试时进行核校，确保选位好、安装好、测量准；二是对在线运行的超声波流量计发生流量突变时，要利用便携式超声波流量计进行及时核校，查清流量突变的原因，弄清楚是仪表发生故障还是流量确实发生了变化。

④ 定期维护　与其他流量仪表相比，超声波流量计的维护量是比较小的。对于外贴换能器超声波流量计，安装以后无水压损失、无潜在漏水，只需定期检查换能器是否松动，与管道之间的黏合剂是否良好即可；插入式超声波流量计，要定期清理探头上沉积的杂质、水

垢等并检查有无漏水现象；如果是一体式超声波流量计，要检查流量计与管道之间的法兰连接是否良好，并考虑现场温度和湿度对其电子部件的影响等。定期维护可以确保超声波流量计的长期稳定运行。

16.1.3　超声波物位计

物位是指各种设备和敞开或密闭的容器中液体或固体物料的表面位置，是液位、料位、界位的总称。液位是指设备和容器中液体介质表面的高低；料位是指设备和容器中所储存的块状、颗粒或粉末状固体物料的堆积高度；界位是指相界面位置，可以是液-液相界面，也可以是液-固相界面。

超声波物位计的工作原理，是由置于容器上方的换能器（探头）向下发射超声波，超声波穿过空气介质，在遇到物体表面时被反射回来，又被换能器所接收并转换为电信号，电子检测部分检测到这一信号后将其变成物位信号进行显示并输出。当超声波在介质中传播时，若介质压力、温度、密度、湿度等条件一定，则超声波在该介质中传播速度是一个常数。因此，测出超声波由发射到反射被接收所需要的时间，即可换算出超声波通过的路程，即得到了物位的数据。如图 16-3 所示。图中，A 为超声波换能器距上液面的距离，B 为换能器距最低液位距离，D 为池壁距换能器中心的距离，H 为物位测量范围。

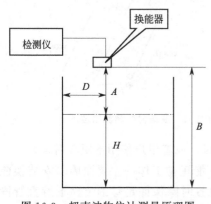

图 16-3　超声波物位计测量原理图

超声波物位计是一种优良的非接触的界面测量设备，可用于石油、化工、自来水、污水处理、水利水文、钢铁、煤矿、电力、交通以及食品加工等行业。与雷达、射频导纳等物位计相比，它安装、操作简便，适用性广，价格低廉，应用广泛。

超声波物位计在应用中需注意以下几点。

① 量程　量程代表的是这个物位计能测量的最大范围，反映的是换能器的灵敏度，量程越大，灵敏度越高。大部分厂家标称的量程都是针对平整液面，若实际测量时，液位波动或表面有漂浮物、粉尘、蒸汽等，都有可能导致量程不能达到标称值。

② 盲区　盲区是反映换能器好坏的另一个重要指标。盲区也称死区，是超声物位计测量不到的一段距离，是由于超声换能器的余震造成的。比如盲区 30cm，说明在物面距探头的距离小于 30cm 时，无法测量。因此，相同量程的产品，盲区越小，说明这个换能器的性能越好。

③ 精度　精度主要和使用温度有关，当温度偏高或偏低时，测量误差会增大；另外，气体成分对测量精度也有较大影响，尤其在一些挥发性液体的场合，由于液体的挥发会导致空气成分变化，空气成分变化会引起声速变化，从而产生测量误差。

④ 压力　在负压的情况下，一般不推荐用超声测量，因为负压意味着里面的空气稀薄，超声在稀薄空气下传播，一个是声速会变化，引起测量误差，二是稀薄空气里面，声波衰减增大，导致测量量程减小甚至不能测量。

⑤ 安装方向　换能器一般应垂直安装，使发射面与被探测的平面平行，这样声波就可以垂直发射到被测物体表面，以保证最大的能量返回。当现场环境有蒸汽时，会使水珠附在探头表面，可以稍微倾斜（可倾斜 3°左右），这样可以避免水珠结水的影响。

16.1.4 超声波探伤仪

探伤仪主要用于探测金属材料或部件内部的裂纹及其他缺陷。超声波探伤仪是利用超声波透入金属材料或部件的深处，并由一截面进入另一截面时，在界面边缘发生反射的特点来检查零部件缺陷的一种方法，当超声波束自零部件表面由探头通至金属内部，遇到缺陷与零部件底面时就分别发生反射波，在荧光屏上形成脉冲波形，根据这些脉冲波形来判断缺陷位置和大小。

超声波探伤仪的种类繁多，但在实际的探伤过程中，A型显示脉冲反射式超声波探伤仪应用得最为广泛。该仪器的基本工作原理可用图16-4所示的工作原理方框图说明，其整机主要由同步电路、发射电路、时基电路、接收放大电路、显示以及报警电路、电源七大部分组成。各部分的功能分述如下：

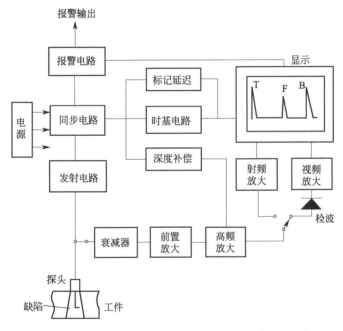

图16-4 A型显示脉冲反射式超声波探伤仪工作原理方框图

同步电路的作用是产生周期性的同步脉冲信号，用以同时触发超声探伤仪各部分电路协同工作，它相当于全机的指挥中心。在同步脉冲信号的触发下，发射电路产生大幅度的高频电脉冲输送给超声探头，激励探头发出具有相同中心频率的脉冲超声波入射到被检材料中去；时基电路产生一个随时间呈线性变化的扫描锯齿波电压输送到示波管的水平偏转板上，示波管荧光屏上将出现一个电子束（光点）沿水平方向自左向右地、随时间成正比地扫描，由于人眼的余辉效应，在示波屏上将看到的是一条水平扫描线，又称为时基线或时间轴。接收放大电路的功能是把超声探头接收到的超声回波转换成的电信号加以放大，以满足显示观察的需要。显示电路则是把经过功率放大后的脉冲信号转换成可见的波形显示图形以供检测人员观察评定。在同步脉冲信号触发下，报警电路产生一个位置与宽度可调的"闸门"，在示波屏的基线上显示为一个矩形波，闸门宽度即是监控区域（可报警区域）；在时基线上出现的脉冲回波信号落入闸门宽度范围内，并且其回波幅度达到一定电平（可通过调整报警灵敏度来设定）时，即能驱动报警装置发出声音（蜂鸣器、电铃等）或发光（指示灯）引起检测人员注意，也可以驱动记录装置自动记录，或者驱动喷标装置在被检工件上相应缺陷的位置表面喷涂识别标记，从而可以减轻检测人员监视示波屏时的紧张程度，以及在自动化探伤系统中成为重要的一环。电源电路的功能是供给整机各部分工作所需的电能。

超声波在介质中传播时有多种波形，检验中最常用的为纵波、横波、表面波和板波。用纵波可探测金属铸锭、坯料、中厚板、大型锻件和形状比较简单的制件中所存在的夹杂物、裂缝、缩管、白点、分层等缺陷；用横波可探测管材中的周向和轴向裂缝、划伤、焊缝中的气孔、夹渣、裂缝、未焊透等缺陷；用表面波可探测形状简单的制件上的表面缺陷；用板波可探测薄板中的缺陷。

在 A 型探伤仪的基础上发展而成的 B 型、C 型探伤仪，可得到不同方向反射面的信号，也可将 B 型、C 型显示组合以得到材料的内部反射面的三维显示图。

脉冲反射式超声波法同其他无损检验方法相比，具有如下优点：

① 穿透能力强，探测深度可达数米；

② 灵敏度高，可发现与直径约十分之几毫米的空气隙反射能力相当的反射体；

③ 在确定内部反射体的位向、大小、形状及性质等方面较为准确；

④ 仅需从一面接近被检验的物体；

⑤ 可立即提供缺陷检验结果；

⑥ 操作安全，设备轻便。

主要缺点有：

① 要由有经验的人员谨慎操作；

② 对粗糙、形状不规则、小、薄或非均质材料难以检查；

③ 对所发现缺陷作十分准确的定性、定量表征仍有困难。

16.1.5　超声波在其他测量方面的应用

（1）超声波测量温度　超声波测温法是一种新型的测温技术，是一种非接触式测温方法，其理论基础是超声波在气体、液体、固体的传播速度与介质温度有确定的函数关系。所以通过测量介质中的声速，就可以决定媒质温度，可以测量的温度范围从低温一直覆盖到3000℃的高温。

超声波的测温方法可分为两类：一类是使声波直接通过被测介质，即以介质本身作为敏感元件，如超声气温计，它具有响应快、不干扰温度场的特点；另一类是使超声波通过与介质呈热平衡状态的敏感元件，如石英温度计、细线温度计等。

作为一种重要的非常规测温手段，与传统的测温方法相比，它具有精确度高、测量温度范围广、测量空间不受限、测量灵敏度高、实时性好等优点。因此，超声波测温主要应用在一些常规测温方法不能适用的特殊场合和极端条件下，如高温炉膛、核反应堆、火箭发射、等离子体室、惰性气体高温测量等。

（2）超声波测量黏度　黏度是流动物质的一种物理特性。当流体受外力作用而移动时，分子间的阻力或内摩擦力称为黏度。采用超声波测量黏度是测量黏性液体对超声换能器的切变阻抗，可以采用两种检测方法：一种是适用于实验室精密测量的扭转石英晶体法；另一种是工业生产中适用的磁致伸缩法。

在液体介质中，一般都假定没有切变弹性，如果介质受到切变应力，能起作用的是切变黏滞力，切变黏滞力服从牛顿黏滞力的规律。磁致伸缩超声换能器振动时，通过液体的切变黏滞力带动附近液体，使液体中出现一个个向前传递的切变波，其振幅随传播距离的增大而迅速减小，减小的快慢与液体的密度和黏度有关。因此若将一个磁致伸缩换能器浸入液体中，并使振子的振动方向与液固界面平行，当超声换能器振动频率一定时，只要测量液体的切变声阻抗和密度或超声换能器在液体中振动时的振幅衰减率，就可求出液体的黏度。

磁致伸缩法的检测元件耐温可达 300℃，同时还耐高压和耐腐蚀。因而可广泛适用于化工、石油、造纸、橡胶、塑料、油漆和重油燃烧炉控制等领域的黏度测量。

（3）超声波测量密度 液体密度是许多工业中的重要参数，它可以直接参与生产过程中的控制和决策，因此对液体密度进行快速而准确的在线检测有着重要的意义。尤其是在石油、化工、食品、医药等工业领域，对密度的测量直接关系到国民经济和消费者的人身安全。

用超声波来测量液体的密度有多种方法，随着电子技术的飞速发展，借助于声速测量密度的方法得到了广泛的应用。这是因为超声波在液体中传播时，其声速与液体的密度之间遵从下面的关系式：

$$C = \frac{1}{\sqrt{\rho K}} \tag{16-5}$$

式中　C——超声波在液体中传播的速度；

　　　ρ——液体的密度；

　　　K——压缩系数。对于特定的液体，其压缩系数 K 是常数，只要测得超声波在液体中的传播速度，就可以计算出液体的密度。而速度的测量则可由超声波在液体中所经过的声程以及传播时间所决定。

（4）超声波测量硬度 硬度测量已广泛应用于工农业生产、科学试验和国防建设中，它是研究材料的机械性能、选定加工工艺、保证产品质量的重要手段。准确进行硬度测试，对提高产品质量、降低原材料消耗都起着重要作用。

超声波测量硬度是把一个纵向振动的超声换能器的尖端，用力压在被测物体表面，产生压痕。被测物体会对换能器的振动产生影响，换能器的共振频率会发生变化。被测物体硬度越小，压痕越深，对共振频率的影响越大。这样，通过换能器频率的变化情况，就可以知道被测物体表面的硬度。

与硬度测量的其他方法如光栅法、磁栅法、直流矫顽力法、巴克豪森发射法等相比，超声硬度测量的优点是对试件表面的破坏极小、测量速度很快、操作程序简单，适合于成品工件百分之百检验，并且可以手握测头直接对工件检测，特别适合于不易移动的大型工件、不易拆卸的部件的测量。

16.2　激光传感测量技术

16.2.1　激光测量原理

激光（LASER）是取自英文 Light Amplification by Stimulated Emission of Radiation 的各单词的头一个字母组成的缩写词，是指受激辐射产生的光放大，是一种高质量的光源。

激光源于爱因斯坦的受激辐射理论。这一理论是说在组成物质的原子中，有不同数量的粒子（电子）分布在不同的能级上，在高能级上的粒子受到某种光子的激发，会从高能级跳到（跃迁）低能级上，这时将会辐射出与激发它的光相同性质的光，而且在某种状态下，能出现一个弱光激发出一个强光的现象。这就叫做"受激辐射的光放大"，简称激光。

激光技术的核心是激光器。激光器有很多种，尺寸大至几个足球场，小至一粒稻谷或盐粒。气体激光器有氦-氖激光器和氩激光器；固体激光器有红宝石激光器；半导体激光器有激光二极管，像 CD 机、DVD 机和 CD-ROM 里的那些。每一种激光器都有自己独特的产生激光的方法。

激光主要有四大特性。①高亮度：固体激光器的亮度更可高达 $1011W/(cm^2 \cdot sr)$，不仅如此，具有高亮度的激光束经透镜聚焦后，能在焦点附近产生数千度乃至上万度的高温，这就使其可能加工几乎所有的材料。②高方向性：激光的高方向性使其能在有效地传递较长的距离的同时，还能保证聚焦得到极高的功率密度，这两点都是激光加工的重要条件。③高单色性：由于激光的单色性极高，从而保证了光束能精确地聚焦到焦点上，得到很高的功率密度。④高相干性：相干性主要描述光波各个部分的相位关系。由于激光具有如上所述的奇异特性，因此激光被广泛应用于材料加工、医学治疗、军事等多种领域，如激光焊接、激光切割、激光打孔、激光淬火、激光热处理、激光打标、玻璃激光内雕、激光微调、激光光刻、激光制膜、激光薄膜加工、激光封装、激光修复电路、激光布线技术、激光清洗等。

激光在热工测量中的应用包括激光测距、激光测速、载波测温等。

16.2.2　激光测距

激光测距的基本原理是：测距仪发射出的激光经被测量物体的反射后又被测距仪接收，测距仪同时记录激光往返的时间。光速和往返时间的乘积的一半，就是测距仪和被测量物体之间的距离。

根据测量时间方法的不同，激光测距分为脉冲法和相位法两种测量形式。脉冲法是利用脉冲激光束直接测量时间，其测量精度一般在 ±1m 左右，并有测量盲区（一般在 15m 左右）；为了提高精度，要求激光脉冲宽度窄，光接收器响应速度快；所以，远距离测量常用输出功率较大的固体激光器与二氧化碳激光器作为激光源，近距离测量则用砷化镓半导体激光器作为激光源。相位法是采用间接方法测定激光经往返测线所需的时间，通常用无线电波段的频率，对激光束进行幅度调制并测定调制激光往返测线一次所产生的相位延迟，再根据调制光的波长，换算此相位延迟所代表的距离；相位法一般应用在精密测距中，其精度较高，可达毫米级。

激光测距仪的形式有手持式和望远镜式两大类。手持式激光测距仪一般测量距离为 0～300m，望远镜激光测距仪测量距离可达 500～3000m。用于距离测量、定位的称为一维激光测距仪，能用于轮廓测量、定位及区域监控的称为二维激光测距仪，而用于三维轮廓测量、三维空间定位的则称为三维激光测距仪。

激光测距仪重量轻、体积小、操作简单、速度快而准确，其误差仅为其他光学测距仪的五分之一到数百分之一，因而被广泛用于电力、水利、通信、环境、建筑、地质、警务、消防、爆破、航海、铁路、反恐/军事、农业、林业、房地产、休闲/户外运动等领域。

激光测距仪是用激光作为主要工作物质来进行工作的。而脉冲激光束是能量非常集中的单色光源，其中，1064nm 波长的激光会对人体皮肤和眼睛造成较大的伤害，所以在使用时不要用眼对准发射口直视，也不要用瞄准望远镜观察光滑反射面。同时还需注意下列问题：

① 测线应尽量离开地面障碍物 1.3m 以上，避免通过发热体和较宽水面的上空；

② 测线应避开强电磁场干扰的地方，例如测线不宜接近变压器、高压线等；

③ 镜站的后面不应有反光镜和其他强光源等背景的干扰；

④ 要严防阳光及其他强光直射接收物镜，避免光线经镜头聚焦进入机内，将部分元件烧坏，阳光下作业应撑伞保护仪器；

⑤ 气象条件对光电测距影响较大，微风的阴天是观测的良好时机。

16.2.3 激光测速

激光测速是对被测物体进行两次有特定时间间隔的激光测距，取得在该一时段内被测物体的移动距离，从而得到该被测物体的移动速度。激光测速技术主要有激光多普勒测速技术和激光双焦点测速技术。

（1）激光多普勒测速技术 激光多普勒测速仪（简称 LDV），发明于 20 世纪 60 年代。其基本原理是将激光束穿透流体照射在随流体一起运动的微粒上，检测微粒散射光的频率，根据光学多普勒效应确定微粒即流体的运动速度。按多普勒效应，当光源照射到运动物体上时，若物体与光源之间存在相对运动，物体散射光的频率与光源发出的频率不同，称为多普勒频移，频移量与相对运动速度有关。

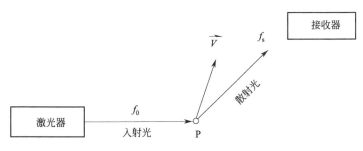

图 16-5 多普勒频移示意图

如图 16-5 所示，设固定激光器发出的入射光（单色光）频率为 f_0 的激光束照射到随流体一起运动的微粒 P 上，微粒成为一个散射中心。由于微粒与光源存在相对速度 v，微粒散射光与入射光发生第一次频移。若用固定的光接收器接收微粒散射光，由于微粒与接收器之间，存在相对速度 $-v$，接收器接收到的频率 f_s 是微粒散射光发生第二次频移后的频率。从入射光到接收器接收到的散射光之间的总频移 $f_D = f_0 - f_s$，称为多普勒频移。多普勒频移与微粒速度存在比例关系

$$V = k f_D \tag{16-6}$$

上式中 k 为由测速仪光学系统和微粒运动方向决定的常数。由上式可知，用激光多普勒测速仪测量流体速度的关键在于检测多普勒频移，及确定比例常数 k。检测多普勒频移通常有两种方法：在亚声速流场中用光学外差法，在超声速流场中用扫描干涉法。

常用的激光测速仪的光路系统分为前向散射接收式和后向散射接收式两种。激光源与光检测器分别位于工作段的两侧时称为前向接收式，位于同一侧时称为后向接收式。两种方式的工作原理相同，差别在于接收器位置不同。后向接收式结构紧凑、调节方便，但散射光的强度远小于前向接收式，一般要采用大功率气体激光器作激光源。图 16-6 为双散射光束前向接收式光路系统的示意图。

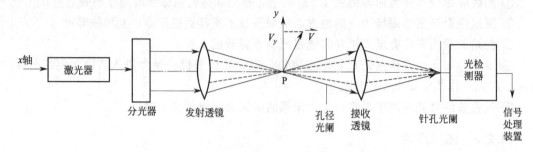

图 16-6   双散射光束前向接收式光路系统示意图

激光多普勒测速仪的性能由多种因素决定。激光器的功率直接决定信号的强度，常用的气体激光器有氦氖（He-Ne）激光器，功率一般为几毫瓦到几十毫瓦；氩离子（Ar+）激光器功率较强，可达几瓦。被测流体中微粒的大小和浓度也影响输出信号的强度。在液体中天然含有微粒，可满足一般测速要求，但当测量边界附近的流速或脉动流流速时仍需要加入一定浓度的微粒；测量气体流速时一般均需要加入微粒。

激光多普勒测速仪与其他测速仪相比，优点如下：①非接触式测量，对流场无干扰，这是激光测速的最大优点，连热线测速仪也无法比拟；②空间分辨率高，测量点的空间容积可小至 $10^{-6}mm^3$，满足点测量的要求；③测量精度高，可达 0.1%～1%，而且不需要定期校正，因此可用于校正其他测速仪器；④动态响应好，可进行实时测量；⑤能判别流动方向；⑥测速范围大，从 $0.05\mu m/s$～$10^6m/s$ 均可测量。

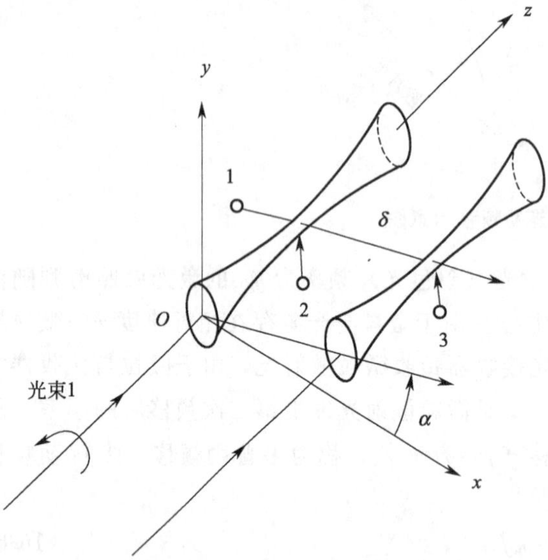

但是，激光多普勒测速仪也有不足。第一，要求光路通道上的透明度好，因此要求用透明材料制作实验段的窗口；第二，粒子跟随性问题，在脉动速度较大的流场（如湍流）中微粒对流体的跟随性降低，但只要微粒足够小，跟随性一般可达到测量要求；第三，单点测量，不适宜在不定常流场中测量速度分布；第四，价格昂贵。

（2）激光双焦点测速技术   激光双焦点测速技术是近年来发展起来的另一种测速技术，其工作原理如图 16-7 所示。测速时，激光器及相关的光学系统产生两个高强度的聚焦光束，在聚焦区呈现两个焦点，焦点的直径很小，一般为 $10\mu m$；两焦点

图 16-7   激光双焦点测速原理示意图

之间的距离 δ 被精确测定，并固定不变，δ 通常为几百微米，测出跟随流体一起运动的粒子穿越两聚焦光点的飞行时间 t，即可通过公式 $V=\delta/t$ 测算出流体的运动速度 V。

激光双焦点测速技术具有信噪比高、电子系统工作频率低等优点，为解决高速流体（每秒数千米）的测量提供了可靠的手段，双焦点技术的发展改变了激光测速的单一多普勒式，大大开阔了激光测速技术的所及范围，目前已有商业化的产品并应用于石油化工领域。

16.2.4　激光的载波测温

激光载波测温是采用激光作为载波，用温度信息调制激光，而后把含有温度信息的激光通过空间传播到接受部分，经信号处理达到测量的目的。其工作原理如图 16-8 所示。

激光载波测温装置分为发射部分和接收部分。发射部分由四个单元组成，其主要作用是用温度信号调制激光，使激光的输入频率与温度相对应。感温元件为具有负电阻温度系数的热敏电阻，其电阻值随着温度的升高而减小；热敏电阻与频率调制单元共同组成温控变频振荡器，其输出设备随着温度的变化而变化；此频率信号送入强脉冲发生器（相当于功率放大器），控制半导体激光脉冲；该激光脉冲通过发射装置（一台光学望远镜）发射给接收部分，这样就实现了高压（发射部分）与低压（接收部分）的隔离。放置在变压器框架上的发射装置虽然带有高电位，但由于温度信号是通过激光束传递的，因而该高电位并不影响温度的正确测量。

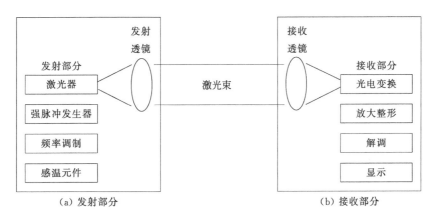

图 16-8　激光载波测温原理图

接收部分由常规的低电压装置组成，主要实现信号的光电转换、解调、显示。解调过程就是把温度信息从调制波中取出来，再经过放大后送给显示单元显示出被测温度值。

激光载波测温是一种先进的温度测量方法，其优点是测量准确、反应速度快、非接触、使用安全方便。例如，在电力系统中需连续测量变压器运行状态下各部分的温度，尤其是测量线圈内部任一点的温度，由于受到高压限制，采用接触测温方法有很多困难，即使将感温元件埋入线圈内部，将温度信号引到变压器外面，要达到测量的目的，在绝缘问题上也是较难解决的，采用激光载波测温技术则能较好地解决这一难题。

16.3　光纤传感测量技术

16.3.1　光纤传感技术综述

光纤传感技术是伴随着光纤及光纤通信技术发展而另辟新径的一种光学传感技术。光纤传感检测的基本原理就是利用光纤中的光波参数（如光强、频率、波长、相位以及偏振态等）随外界被测参数的改变而变化的规律，通过测量这些光波参数来实现对外界物理量（如折射率、浓度、温度、应力等）的检测，它是光纤在非通信领域中的重要应用。

光纤传感器随着光纤通信技术的实用化有了迅速发展，且以体积小、重量轻、检测分辨率高、灵敏度高、测温范围宽、保密性好、抗电磁干扰能力强、抗腐蚀性强等明显优于传统传感器的特点，其应用范围深入至国防军事、航天航空、土木工程、电力、能源、环保、医学等领域。现如今光纤传感器已经能够对温度、压力、温度、振动、电流、电压、磁场等物理量进行测定，发展空间相当广阔。

光纤传感器一般由光发送器（光源）、敏感元件（光纤或非光纤的）、光接收器、信号处理系统以及光纤构成。由光发送器发出的光经源光纤引导至敏感元件，这时，光的某一性质受到被测量的调制，已调光经接收光纤耦合到光接收器，使光信号变为电信号，最后经信号处理得到所期待的被测量。光纤通常由纤芯、包层、树脂涂层和塑料护套组成，纤芯和包层具有不同的折射率，树脂涂层对光纤起保护作用，光纤按材料组成分为玻璃光纤和塑料光纤；按光纤纤芯和包层折射率的分布可分为阶跃折射率型光纤和梯度折射率光纤两种。光纤能够约束引导光波在其内部或表面附近沿轴线方向向前传播，具有感测和传输的双重功能。

光纤传感器的类型很多，按光纤传感器中光纤的作用可分为传感型、传光型、拾光型三类。

传感型光纤传感器又称为功能型光纤传感器，主要使用单模光纤，光纤不仅起传光作用，同时又是敏感元件，它利用光纤本身的传输特性经被测物理量作用而发生变化的特点，使光波传导的属性（振幅、相位、频率、偏振）被调制。因此，这一类光纤传感器又分为光强调制型、偏振态调制型和波长调制型等几种。对于传感型光纤传感器，由于光纤本身是敏感元件，因此加长光纤的长度可以得到很高的灵敏度。

传光型光纤传感器又称非功能型光纤传感器，它是将经过被测对象所调制的光信号输入光纤后，通过在输出段进行光信号处理而进行测量的。在这类传感器中，光纤仅作为传光元件，必须附加能够对光纤所传递的光进行调制的敏感元件才能组成传感元件。

拾光型光纤传感器用光纤作为探头，接收由被测对象辐射的光或被其反射、散射的光。其典型例子如光纤激光多普勒速度计。

光纤传感器的应用范围很广，几乎涉及国民经济的所有重要领域和人们的日常生活，尤其可以安全有效地在恶劣环境中使用，解决了许多行业多年来一直存在的技术难题，具有很大的市场需求。在热工应用中，主要有光纤温度传感器、光纤压力传感器、光纤液位传感器、光纤流量传感器等。

16. 3. 2　光纤温度传感器

光纤温度传感器可分为两类：一是利用辐射式测量原理，光纤作为传输光通量的导体，配合光敏元件构成传光型传感器；二是光纤本身就是感温部件同时又是传输光通量的功能型传感器。光纤挠性好、透光谱段宽、传输损耗低，无论是就地使用或远传均十分方便，而且光纤直径小，可以单根、成束、Y 形或阵列方式使用，结构布置简单且体积小。因此，作为温度计，适用的检测对象几乎无所不包，可用于其他温度计难以应用的特殊场合，如密封、高电压、强磁场、核辐射、严格防爆、防水、防腐、特小空间或特小工件等。目前，光纤传感器测温主要有全辐射测温法、单辐射测温法、双波长测温法及多波长测温等。

全辐射测温法是测量全波段的辐射能量，根据普朗克定律，测量中由于周围背景的辐射、测试距离、介质的吸收、发射及透过率等的变化都会严重影响准确度，同时辐射率也很难预知。但因该高温计的结构简单，使用操作方便，而且自动测量，测温范围宽，故在工业中一般作为固定目标的监控温度装置。该类光纤温度计测量范围一般在 600～3000℃，最大误差为 16℃。

单辐射测温法是根据黑体辐射定律，物体在某温度下的单色辐射度是温度的单值函数，而且单色辐射度的增长速度较温度升高快得多，可以通过对于单辐射亮度的测量获得温度信息。

双波长测温法是利用不同工作波长的两路信号比值与温度的单值关系确定物体温度。这种方法响应快，不受电磁感应影响，抗干扰能力强，特别在有灰尘、烟雾等恶劣环境下，对目标不充满视场的运动或振动物体测温，优越性显著。但是，由于它假设两波段的发射率相等，这只有灰体才满足，因此在实际应用中受到了限制。该类仪器测温范围一般在 600～3000℃，准确度可达 2℃。

多波长辐射测温法是利用目标的多光谱辐射测量信息，经过数据处理得到真温和材料光谱发射率。该方法在辐射真温测量中已显出很大潜力，在高温、超高温、瞬变高温等的真温测量方面，多波长高温计是很有前途的仪器。该类仪器测温范围广，可用于 600～5000℃温度区真温的测量，准确度可达±1%。

图 16-9 为应用于燃气涡轮发动机中的辐射高温计示意图。该辐射高温计由光探头、光导纤维（光纤）、探测器和信号处理装置四个部分组成。光探头安装在发动机的涡轮机匣上，包括一蓝宝石透镜；透镜钎焊在一个钛合金的安装座内，安装座又和不锈钢的主体焊在一起。光纤的作用是把辐射能量由光探头传送到探测器，由石英光纤束制成，外加保护套。探测器是一个方形的铝合金盒子，一端和光纤相连，另一端是输出插头，内部放着一个光敏感元件。信号处理装置的主要功能是：把光敏感元件输出的微弱电信号加以放大，补偿环境温度引起的信号漂移，清除干扰信号的影响，进行线性化处理以便配接显示器或控制系统。该辐射高温计的测温范围可达 70～1100℃，总系统误差不超过 5℃。

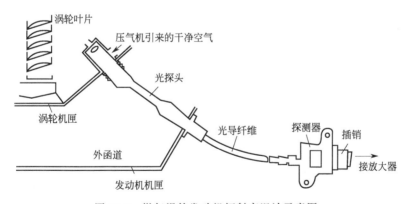

图 16-9 燃气涡轮发动机辐射高温计示意图

16.3.3 光纤压力传感器

光纤压力传感器主要有两种类型：采用弹性元件的光纤压力传感器和光弹性式光纤压力传感器。

采用弹性元件的光纤压力传感器是利用弹性体的受压变形，将压力信号转换成位移信号，从而对光强进行调制。因此，只要设计好合理的弹性元件及结构，就可以实现压力的检测。图 16-10 为简单的利用 Y 形光纤束的膜片反射型光纤压力传感器。在 Y 形光纤束前端放置一感压弹性膜片，当膜片受压变形时，使光纤束与膜片间的距离发生变化，从而使输出光强受到调制。这种传感器结构简单、体积小、使用方便，但如果光源不稳定或长期使用后膜片的反射率下降，影响其精度。

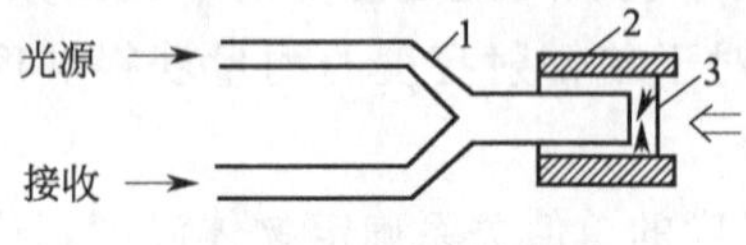

图 16-10 膜片反射型光纤压力传感器示意图

1—Y 形光纤束；2—壳片；3—膜片

光弹性式光纤压力传感器是利用光弹性效应来测量压力。晶体在受压后其折射率发生变化，呈现双折射的现象称为光弹性效应。该类传感器结构如图 16-11 所示。发自 LED 的入射光经起偏器后成为直线偏振光，当有与入射光偏振方向呈 45°的压力作用于晶体时，使晶体呈双折射从而使出射光成为椭圆偏振光，由检偏器检测出与入射光偏振方向相垂直方向上的光强，即可测出压力的变化。该类传感器的测量范围可达 $10^3 \sim 10^6 \mathrm{Pa}$，精度为 ±1%，理论上分辨力可达 1.4Pa。另外，这种结构的传感器在光弹性元件上加上质量块后，还可用于测量振动、加速度等。

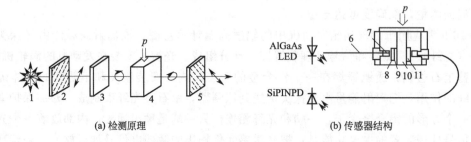

(a) 检测原理　　　　　　　　　　(b) 传感器结构

图 16-11　光弹性式光纤压力传感器示意图

1—光源；2,8—起偏器；3,9—1/4 波长板；

4,10—光弹性元件；5,11—检偏器；6—光纤；7—自聚焦透镜

16.3.4　光纤液位传感器

光纤液位传感器主要有两种：开关式和连续式。开关式传感器主要是用于获得特殊位置的液位值，连续式传感器则用于测量一定范围内的液位值。

图 16-12 所示为比较常用的基于全内反射原理的开关式液位传感器。该传感器由 LED 光源、光电二极管、多模光纤等组成，其结构特点是：在光纤测头端有一个圆锥体反射器，当测头置于空气中没有接触液面时，光线在圆锥体内发生全内反射而返回到光电二极管；当测头接触液面时，由于液体折射率与空气不同，全内反射被破坏，将有部分光线透入液体

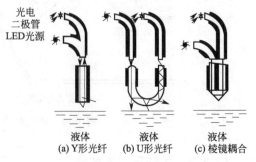

液体　　　液体　　　液体
(a) Y 形光纤　(b) U 形光纤　(c) 棱镜耦合

图 16-12　光纤液位传感器

内，使返回到光电二极管的光强变弱；返回光强是液体折射率的线性函数。返回光强发生突变时，表明测头已接触到液位。

其中，图 16-12(a) 结构主要是由一个 Y 形光纤、全反射锥体、LED 光源以及光电二极

管等组成。图(b)所示是一种 U 形结构,当测头浸入到液体内时,无包层的光纤光波导的数值孔径增加,液体起到了包层的作用,接收光强与液体的折射率和测头弯曲的形状有关,为了避免杂光干扰,光源采用交流调制。图(c)结构中,两根多模光纤由棱镜耦合在一起,它的光调制深度最强,而且对光源和光电接收器的要求不高。

光纤液位传感器有如下特点:能用于易燃、易爆物等设施中;敏感元件的尺寸小,可用于检测微量液体;从检测液体开始到检测信号输出为止的响应时间短;敏感元件是玻璃的,故有抗化学腐蚀性;能检测两种(油、水等)液体界面;价格低廉。但不宜用于探测污浊液体以及会黏附在测头表面的黏稠物质。

16.3.5 光纤流量传感器

光纤流量传感器是一种基于光信号的新型流量传感器。光纤中传输的光信号受到流量的作用,使得其强度、相位、波长等参数发生变化,通过检测光信号相关的变化得到相应的流量大小。常用的有涡街式、多普勒式两种。

(1)光纤涡街流量传感器 当一个非流线体置于流体中时,在某些条件下会在液流的下游产生有规律的旋涡。这种旋涡将会在该非流线体的两边交替地离开。当每个旋涡产生并泻下时,会在物体壁上产生一侧向力。这样,周期产生的旋涡将使物体受到一个周期的压力。若物体具有弹性,它便会产生振动,振动频率近似地与流速成正比。即

$$f = sv/d \tag{16-7}$$

式中　f——振动频率;

　　　v——流体的流速;

　　　d——物体相对于液流方向的横向尺寸;

　　　s——与流体有关的无量纲常数。

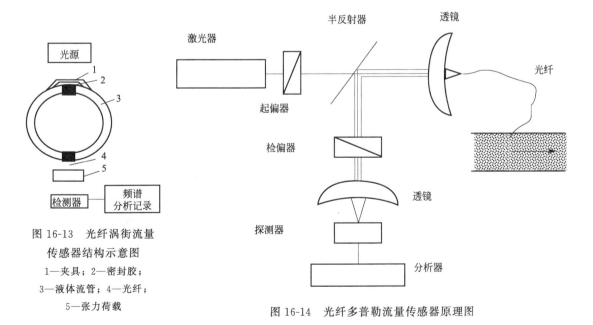

图 16-13　光纤涡街流量
传感器结构示意图
1—夹具;2—密封胶;
3—液体流管;4—光纤;
5—张力荷载

图 16-14　光纤多普勒流量传感器原理图

因此,通过检测物体的振动频率便可测出流体的流速。光纤涡街流量传感器便是根据这个原理制成的,其结构如图 16-13 所示。在横贯流体管道的中间装有一根绷紧的多模光纤,

当流体流动时，光纤就发生振动，其振动频率近似与流速成正比。由于使用的是多模光纤，故当光源采用相干光源（如激光器）时，其输出光斑是模式间干涉的结果。当光纤固定时，输出光斑花纹稳定。当光纤振动时，输出光斑亦发生移动。对于处于光斑中某个固定位置的小型探测器，光斑花纹的移动反映为探测器接收到的输出光强的变化。利用频谱分析，即可测出光纤的振动频率。根据上式或实验标定得到流速值，在管径尺寸已知的情况下，即可计算出流量。

光纤涡街流量传感器的特点是：可靠性好，无任何可动部分和连接环节，对被测体流阻小，基本不影响流速。但在流速很小时，光纤振动会消失，因此存在一定的测量下限。

（2）光纤多普勒流量传感器 图16-14为光纤多普勒流量传感器测量流体流速的原理图。当待测流体为气体时，散射光将非常微弱，此时可采用大功率的Ar激光器（出射光功率为2W，$\lambda=514.5nm$）以提高信噪比。其特点是：非接触测量，不影响待测物体的流动状态。

16.4　虚拟仪器测量技术

16.4.1　虚拟仪器综述

虚拟仪器（Virtual Instruments，VI）的概念最早是由美国国家仪器公司（National Instrument）在1986年提出的，但其雏形可以追溯到1981年由美国西北仪器系统公司推出的Apple Ⅱ为基础的数字存储示波器，这种仪器和个人计算机的概念相适应，当时被称为个人仪器（Personal Instrument）。1986年，NI公司推出了图形化的虚拟仪器编程环境LabVIEW，标志着虚拟仪器软件设计平台基本成型，虚拟仪器从概念构思变为工程师可实现的具体对象。

所谓虚拟仪器是基于计算机的软硬件测试平台，其基本思想是利用计算机来管理仪器、组织仪器系统，它可代替传统的测量仪器，如示波器、逻辑分析仪、信号发生器、频谱分析仪等，可集成为自动控制、工业控制系统，可自由构建成专有仪器系统。

虚拟仪器是通过应用程序将计算机资源（微处理器、存储器、显示器）和仪器硬件（A/D、D/A、数字I/O、定时器、信号调理器）的测量功能结合起来，形成的测量装置或测试系统。用户通过友好的图形界面（称为虚拟面板）操作计算机，就像操作传统仪器一样，通过库函数实现仪器模块间的通信、定时、触发，以及数据分析、数据表达，并形成图形化接口。虚拟仪器由计算机、仪器软件和仪器硬件组成，其系统结构框图如图16-15所示。

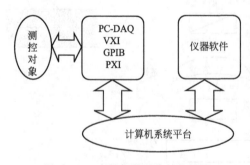

图16-15　虚拟仪器系统结构框图

虚拟仪器是一种功能意义上的仪器，是具有仪器功能的软硬件组合，它并不强调物理上的实现形式。虚拟仪器与传统仪器相比较，在数据处理能力、设备利用率、可操作性等方面都具有明显的技术优势，概括起来有以下几个方面。

　　① 传统仪器功能由仪器厂商定义，虚拟仪器功能由用户自己定义。仪器制造厂仅需提供基本的软硬件，如信号调节器、信号转换器等硬件和仪器应用、生成环境等软件，真正需要什么样的仪器功能则是用户自己的事情。

　　② 传统仪器与其他仪器设备的连接受限制，而虚拟仪器则是面向应用的系统结构，可方便地与网络、外设及其他应用连接。

　　③ 传统仪器图形界面小，人工读数、信息量少；虚拟仪器则展现图形界面，计算机直接读数、分析处理。

　　④ 硬件是传统仪器的关键部分，而虚拟仪器中硬件仅是为了解决信号的输入输出，软件才是整个仪器的关键部分，其测试功能均由软件来实现。

　　⑤ 传统仪器系统封闭，功能固定；虚拟仪器则是基于计算机技术的开放灵活的功能模块，可构成多种仪器。

　　⑥ 传统仪器扩展性差，数据无法编辑；虚拟仪器数据可编辑、存储、打印。

　　⑦ 信号每经过一次硬件处理都会引起误差；虚拟仪器减少了硬件的使用，因而减少了测量误差。

　　⑧ 传统仪器价格高，技术更新慢（周期一般为5～10年），开发和维护费用亦高；虚拟仪器价格低（是传统仪器的五至十分之一），而且可重复利用，技术更新也快（周期为1～2年），基于软件的体系结构大大节省了开发和维护费用。

　　随着计算机技术和测量行业的不断发展，虚拟仪器的发展将智能化程度更高，网络化程度更高，功能更加完善，软硬件标准化程度也会进一步提高。虚拟仪器是一个全新的领域，大力发展虚拟仪器技术可以越过传统仪器的发展阶段，迅速进入虚拟仪器发展阶段，形成跨越式发展。目前，虚拟仪器技术在中国越来越受到人们重视，研究高潮方兴未艾，应用范围越来越广，虚拟仪器技术必然会有突飞猛进的发展。

16.4.2　虚拟仪器的硬件

　　硬件的功能是获取被测试的物理信号，提供信号传输的通道。虚拟仪器的硬件构成有多种方案（见图16-16），GPIB、PXI接口是早期比较流行的接口，随着虚拟仪器技术的发展，现在使用比较广泛的接口是 GPIB、DAQ、VXI、PXI 和串口总线五种标准体系结构。

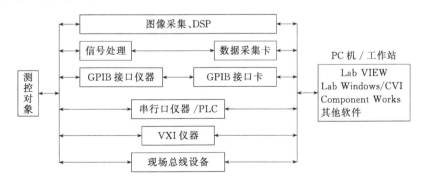

图 16-16　虚拟仪器系统

　　(1) GPIB 仪器系统　GPIB（General Purpose Interface Bus）是一种数字式并行总线，它将可编程仪器和计算机紧密结合起来。典型的 GPIB 仪器系统由一台 PC、一块 GPIB 接口板卡和若干台 GPIB 仪器通过 GPIB 标准总线连接而成。目前，这种应用已经较少。

（2）DAQ 仪器系统　DAQ（Data Acquisition）仪器，即数据采集仪器，是一种典型的虚拟仪器。在计算机上插入数据采样控制卡实现信号的输入输出信号，输入计算机前通常需要包括放大、隔离、滤波的调理过程，这样非标准信号转化成标准信号进入计算机，有效保证了计算机和操作人员的工作安全，计算机输出信号一般都不足以驱动执行机构，通常要加上输出驱动电路。这样，用户就可以在计算机上利用软件实现特定仪器测量和分析的功能。

由仪器卡组成 DAQ 仪器的方式主要有三种：内插式，即将仪器卡插入微机内部总线上来构成 DAQ 仪器；外挂式，即将微机总线引到扩展箱中，在扩展箱里插入仪器卡来构成 DAQ 仪器；直接外挂式，即在并行口、USB 口等微机外总线接口上接入仪器卡来构成 DAQ 仪器。

（3）VXI 仪器系统　VXI（VMEbus Extensions For Instrumentation，意为"VMEbus 在仪器领域内的扩展"）是继 GPIB 第二代自动测试系统之后，为适应测试系统从分离台式结构向高密度、高效率、多功能、高性能的模块结构发展的需要，吸收智能仪器和 PC 仪器之设计思想，集 GPIB 系统和高级微机内总线 VMEbus 之精华设计而成的仪器。它不仅克服了 GPIB 仪器的数据传输率和资源利用率低的缺点，而且由于 VXI 总线具有标准开关、结构紧凑、数据吞吐能力强、定时和同步准确、模块可重复利用、众多仪器厂商支持等优点，很快得到广泛的应用，尤其在组建大规模自动热工测量系统以及对测量速度、精度有较高要求时，VXI 总线系统更有着无可比拟的优越性。

（4）PXI 仪器系统　PXI（PCI Extensions For Instrumentation）总线仪器是 PCI 在仪器领域的扩展，主要特点是模块化。PXI 总线仪器以 CompactPCI 为基础，改进了 PCI 总线技术，增加了 PCI 插槽，使之更适合试验、测量与数据采集场合应用，是一种有别于 GPIB 等总线结构的新型虚拟仪器体系结构。

（5）串口总线仪器系统　这种系统是把仪器硬件集成在一个采集盒内。仪器软件装在计算机上，通常可以完成各种测量测试仪器的功能，可以组成数字存储示波器、频谱分析仪、逻辑分析仪、任意波形发生器、频率计、数字万用表、功率计、程控稳压电源、数据记录仪、数据采集器等。既可与笔记本计算机相连，方便野外作业，又可与台式 PC 机相连，实现台式和便携式两用，非常方便。

16.4.3　虚拟仪器的软件

构成一个虚拟仪器系统，基本硬件确定以后，就可通过不同的软件实现不同的功能。软件是虚拟仪器系统的关键。没有一个优秀的控制分析软件，很难想象可以构成一台理想的虚拟仪器系统。

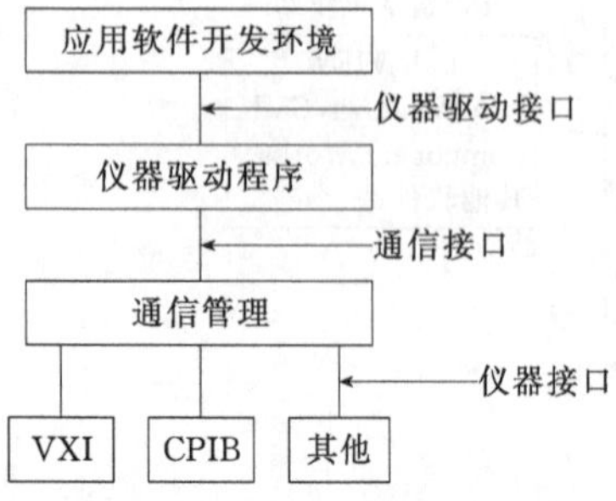

图 16-17　VXI 虚拟仪器系统软件结构框架

以 VXI 虚拟仪器系统为例（图 16-17），从图可以看到，VXI 虚拟仪器系统至少需要仪器、通信和驱动程序三种接口软件。其中仪器接口为仪器与计算机之间的通信协议和方法。通信接口按标准方式将仪器连接起来，它是仪器与仪器驱动程序之间的通信接口，实际上就是 VXI 系统的 I/O 接口软件。仪器驱动程序接口将通信接口与应用开发环境（ADE）连接起来。

仪器驱动器是完成对某一特定仪器控制与通信的一段程序。它作为用户应用程序的一部分在计算机上运行。仪器驱动器是 VXI 虚拟仪器系统的核心，是完成对仪器硬件控制的纽带和桥梁。应用软件开发环境将计算机的数据分析、显示能力与仪器驱动器融合在一起，为用户开发虚拟仪器提供了必要的软件工具和环境。目前有两种较流行的虚拟仪器开发环境：一是用传统的编程语言设计虚拟仪器，如 HPITGII、LabWindows 等；二是用图形编程语言设计虚拟仪器，如 HPVEE，LabVIEW 等。

HPVEE（Visual Engineer Environment）是惠普公司开发的可视化图形编程软件包。该软件包与 LabVIEW 系统相似，具有开放性和可移植性。用 VEE 系统建造的虚拟测试环境，能在不同计算机操作系统上运行，如 Windows NT、Windows XP、UNIX 等。在操作上，HPVEE 的新版本能被 C 和 C++程序调用，使开发者能用这些语言法发挥其在仪器控制功能上的强大优势。用户还可以开发 VEE 程序调用 C、C++、Visual Basic、Fortran，以及其他语言编写的子程序。

LabVIEW 是美国国家仪器公司（National Instruments Co.）推出的图形化软件编程平台。在这个平台上，各专业领域的工程师、科学家们通过定义和连接代表各种功能模块的图标来方便迅速地建立高水平的应用程序。在这个软件环境中，提供了一种像数据流一样的编程模式，用户只要连接各个逻辑框即可构成程序。同时，还以图形方式提供了大量的显示和分析程序库，利用软件平台可大大缩短虚拟仪器控制软件的开发时间，而且在这个平台上用户可以建立自己的测试方案。

16.4.4 虚拟仪器在热工测量中的应用

测量系统一直被人们被称之为"自动化领域的荒芜之地"，因为测量涉及的应用范围巨大，人们需要为每个不同的应用专门设计一套独立的系统，这样测量设备利用率低下、灵活性不够，虚拟仪器以其突破性的技术逐渐改变了这一状况，其模块化的硬件组成及开放式的应用软件可以帮助用户通过一套测量系统同时进行许多不同的测量应用要求。

虚拟仪器技术的优势在于可由用户定义自己的专用仪器系统，且功能灵活，很容易构建，所以应用面极为广泛。尤其在科研、开发、测量、检测、计量、测控等领域更是不可多得的好工具。虚拟仪器技术先进，十分符合国际上流行的"硬件软件化"的发展趋势，因而常被称作"软件仪器"。它功能强大，可实现示波器、逻辑分析仪、频谱仪、信号发生器等多种普通仪器全部功能，配以专用探头和软件还可检测特定系统的参数；它操作灵活，完全图形化界面，风格简约，符合传统设备的使用习惯，用户不经培训即可迅速掌握操作规程；它集成方便，不但可以和高速数据采集设备构成自动测量系统，而且可以和控制设备构成自动控制系统。

下面以基于数据采样（DAQ）的虚拟仪器系统为例，叙述用于导热油加热炉内物料的几个相关温度的测量，该装置利用汽车排气余热加热导热油，然后用导热油加热炉内物料，需要测量的温度包括烟气的进出温度、导热油的进出温度、物料的温度。该系统虚拟仪器的构建过程可以按照以下步骤完成。

（1）硬件部分　根据测控对象选取相应的传感器，在此选用热电阻传感器 RTD（也可选用热电偶传感器）。根据传感器的类型选取相应的信号调理板，进行信号调理。信号调理包括激励电流，二线、三线、四线配置。调理后的信号经传输线与数据采样卡连接。

（2）软件部分　选择好测控硬件之后，组建数据采样虚拟仪器系统的主要任务就是软件编程。本例应用 LABVIEW 编程实现了所需温度的自动测量，具体功能如下：

① 同时采样各路的反映温度高低的电压信号；

② 对各路电压信号进行平均化、线性化处理，将采样得到的电压信号转化成温度信号；

③ 屏幕显示出各温度变化；

④ 存储实验数据，并根据要求改变记录频率；

⑤ 控制记录数据的开始和终止时间。

测试程序运行后，由虚拟仪器面板连续采样，跟踪各路温度随时间的变化关系，即在虚拟的示波器中采样数据被动态地显示出来，它不仅能显示温度的高低，而且还能精确显示各测点的温度值，并根据测量范围对所测温度的变化进行自动调整。测试软件可在 Windows 操作系统下开发，因而该软件可装在任何具有 Windows 操作系统的计算机上，并可脱离 LabVIEW 环境运行。在使用时，机器内应装有合适的数据采样卡。该软件可方便地移植到其他计算机操作环境下，移植时只要在移植环境下再编译一次即可。

虚拟仪器能够实现并扩展传统仪器的功能，成本低、开发快，人机界面友好，应用方便，还可有效减少传统多仪器组合测试中的误差，在测控领域具有无可比拟的优越性。随着各种传感器的研制及计算机应用技术的提高、热工测量仪表库的建立，虚拟仪器技术在热工测量中的应用会更广泛、更深入。

 ———————————————— 思考题及习题 ————————————————

16-1 简述超声测量的原理及应用。

16-2 什么叫声学多普勒效应？

16-3 超声波探伤仪是怎样工作的？

16-4 简述激光测量原理及应用。

16-5 激光是怎样作为载波来测温的？

16-6 简述光纤传感器的类型及特点。

16-7 什么叫虚拟仪器技术？与常规仪器相比有何特点？

第17章 建筑节能检测

17.1 建筑节能检测综述

17.1.1 建筑节能检测的主要参数及术语

以下为建筑节能检测中应用较为广泛的参数及术语。

(1) 材料蓄热系数（S） 当某一足够厚的单一材料层一侧受到谐波热作用时，表面温度将按同一周期波动，通过表面的热流波幅与表面温度波幅的比值，即为该材料的蓄热系数。单位 $W/(m^2 \cdot K)$。其值越大，材料的热稳定性越好。

(2) 总的半球发射率（ε） 也称为黑度，它是指物体表面总的半球发射密度与相同温度黑体的总的半球发射密度之比。

(3) 围护结构 建筑物及房间各面的围挡物，如墙体、屋顶、门窗、楼板和地面等。按是否同室外空气直接接触以及在建筑物中的位置，又可分为外围护结构和内围护结构。与室外空气直接接触的围护结构为外围护结构，如外墙、屋顶、外门和外窗等；不与室外空气直接接触的围护结构为内围护结构，如隔墙、楼板、内门和内窗等。外窗、外门、透明幕墙和采光顶等太阳光可直接透射入室内的建筑物外围护结构称为透光外围护结构。

(4) 热桥 在金属材料构件或钢筋混凝土梁（圈梁）、柱、窗口梁、窗台板、楼板、屋面板、外墙的排水构件及附墙构件（如阳台、雨罩、空调室外机搁板、附壁柱、靠外墙阳台栏板、靠外墙阳台分户墙）等与外围护结构的结合部位，在室内外温差作用下，出现局部热流密集的现象。在室内采暖条件下，该部位内表面温度较其他主体部位低，而在室内空调降温条件下，该部位的内表面温度又较其他主体部位高。具有这种热工特征的部位，称为热桥。

(5) 经济传热阻（经济热阻） 围护结构单位面积的建造费用（初次投资的折旧费）与使用费用（由围护结构单位面积分摊的采暖运行费和设备折旧费）之和达到最小值时的传热阻，单位为 $m^2 \cdot K/W$。

(6) 热惰性指标（D） 表征围护结构对温度波衰减快慢程度的无量纲指标。D 值越大，温度波在其中衰减越快，围护结构的热稳定性越好。

(7) 围护结构的热稳定性 指在周期性热作用下，围护结构本身抵抗温度波动的能力。围护结构的热惰性是影响其热稳定性的主要因素。

(8) 房间的热稳定性 指在室内外周期性热作用下，整个房间抵抗温度波动的能力。房间的热稳定性主要指取决于内外围护结构的热稳定性。

(9) 采暖度日数（HDD） 采暖度日数是一个按照建筑采暖要求反映某地气候寒冷程度

的参数。每个地方每天都有一个日平均温度，规定一个室内基准温度（例如 18℃），当某天室外日平均温度低于 18℃时，将该日平均温度与 18℃的温度差乘以 1 天，得到一个数值，其单位为℃·d，将所有这些数值累加起来，就得到了某地以 18℃为基准的采暖度日数，用 HDD18 表示，单位为℃·d。同样的道理，也可以统计出以其他温度为基准的采暖度日数，如 HDD20 等。将统计的时间从一年缩短到一个采暖期，就得到采暖期的采暖度日数。采暖度日数越大，表示该地越寒冷，如哈尔滨的 HDD18 为 4928℃·d，北京的 HDD18 为 2450℃·d，兰州的 HDD18 为 2746℃·d。

（10）空调度日数（CDD）   空调度日数是按照建筑空调制冷要求反映某地气候炎热程度的参数。每个地方每天都有一个日平均温度，规定一个室内基准温度（例如 26℃），当某天室外日平均温度高于 26℃时，将该日平均温度与 26℃的温度差乘以 1 天，得到一个数值，其单位为℃·d，将所有这些数值累加起来，就得到了某地以 26℃为基准的采暖度日数，用 CDD26 表示，单位为℃·d。将统计时间从一年缩短到一个夏季，就得到夏季的制冷度日数。制冷度日数越大，表示该地越炎热，如北京的 CDD26 为 103℃·d，南京的 CDD26 为 151℃·d。

（11）制冷度时数（CDH）   类似制冷度日数，一年有 8760h，每个小时都有一个平均温度，如果用每小时的平均温度代替制冷度日数中每天的平均温度作计算统计，就可以得到当地制冷度时数，其单位为℃·h。用制冷度时数来估算夏季空调降温的时间长短，比用制冷度日数更为准确，尤其对于昼夜温差大的地方更合理，如某日日平均气温低于 26℃，用制冷度日数统计时，当天不需要开空调降温，但是中午前后几个小时比较热，需要开空调降温。

（12）建筑物耗热量指标（q_h）   指在采暖期室外平均温度条件下，为保持室内计算温度，$1m^2$ 建筑面积，在 1h 内，需由采暖设备供给的热量，单位为 W/m^2。

（13）采暖耗煤量指标   指在采暖期室外平均温度条件下，为保持室内计算温度，单位建筑面积在一个采暖期内消耗的标准煤量，单位为 kg/m^2。

（14）窗墙面积比（X）   窗户洞口面积与房间立面单元面积（即房间层高与开间定位线围成的面积）的比值。

（15）门窗气密性   表征门窗在关闭状态下，阻止空气渗透的能力。用单位缝长空气渗透量表示，单位为 $m^3/(m·h)$，或用单位面积空气渗透量表示，单位为 $m^3/(m^2·h)$。

（16）房间气密性（空气渗透性）   表征空气通过房间缝隙渗透的性能，用换气次数表示。

（17）水力平衡度（HB）   指在集中热水采暖系统中，整个系统的循环水量满足设计条件时，建筑物热力入口处循环水量（质量流量）的测量值与设计值之比。

（18）采暖系统补水率（Rmp）   表征热水采暖系统在正常运行工况下，检测持续时间内，该系统单位建筑面积单位时间内的补水量与该系统单位建筑面积单位时间理论循环水量的比值。该理论循环水量等于热源的理论供热量除以系统的设计供回水温差。

（19）室内活动区域   指在居住空间内，由距地面或楼板面为 100mm 和 1800mm，距内墙内表面 300mm，距外墙内表面或固定的采暖空调设备 600mm 的所有平面所围成的区域。

（20）房间平均室温   表征在某房间室内活动区域内一个或多个代表性位置测得的，不少于 24h 检测持续时间内，室内空气温度逐时值的算术平均值。

（21）户内平均室温   指由住户内除厨房、设有浴盆或淋浴器的卫生间、淋浴室、储物间、封闭阳台和使用面积不足 5m² 的空间外的所有其他房间的平均室温，通过房间建筑面积加权而得到的算术平均值。

（22）建筑物平均室温 指由同属于某居住建筑物的代表性住户或房间的户内平均室温通过户内建筑面积（仅指参与室温检测的各功能间的建筑面积之和）加权而得到的算术平均值，代表性住户或房间的数量应不少于总户数或总间数的 10％。

（23）小区平均室温 指由随机抽取的同属于某居住小区的代表性居住建筑的建筑平均室温，通过楼内建筑面积加权而得到的算术平均值，代表性居住建筑的面积应不少于小区内居住建筑总面积的 30％。

（24）外窗窗口单位空气渗透量 指在标准状态下，当窗内外压差为 10Pa、外窗所有可开启窗扇均已正常关闭的条件下，单位窗口面积、单位时间内由室外渗入的空气量，单位为 m³/(m²·h)。该渗透量中既包括经过窗本身的缝隙渗入的空气量，也包括经过外窗与围护结构之间的安装缝隙渗入的空气量。

（25）附加渗透量 指在标准状态下，当窗内外压差为 10Pa 时，单位时间内通过受检外窗以外的缝隙渗入的空气量，单位为 m³/h。

（26）红外热像仪 指基于表面辐射温度原理，能产生热像的红外成像系统。

（27）热像图 指用红外热像仪拍摄的表示物体表面表观辐射温度的图片。

（28）噪声当量温度差 指在热成像系统或扫描器的信噪比为 1 时，黑体目标与背景之间的目标-背景温度差，也称温度分辨率。

（29）参照温度 指在被测物体表面测得的用来标定红外热像仪的物体表面温度。

（30）环境参照体 指用来采集环境温度的物体，它并不一定具有当时的真实环境温度，但具有与被测物相似的物理属性，并与被测物处于相似的环境之中。

（31）正常运行工况 处于热态运行中的集中采暖系统同时满足以下条件时，则称该系统处于正常运行工况。

① 所有采暖管道和设备均处于供热状态；

② 在任意相邻的两个 24h 内，第二个 24h 内系统补水量的变化值不超过第一个 24h 内系统补水量的 10％；

③ 采用定流量方式运行时，系统的循环水量为设计值的 100％～110％；采用变流量方式运行时，系统的循环水量和扬程在设计规定的运行范围内。

（32）静态水力平衡阀 指阀体上具有测压孔、开启刻度和最大开度锁定装置，且借助专用二次仪表，能手动定量调节系统水流量的调节阀。

（33）热工缺陷 当保温材料缺失、受潮、分布不均，或其中混入灰浆或围护结构存在空气渗透的部位时，则称该围护结构在此部位存在热工缺陷。

（34）采暖设计热负荷指标 在采暖室外计算温度条件下，为保持室内计算温度，单位建筑面积在单位时间内需由室内散热设备供给的热量，单位为 W/m²。

（35）供热设计热负荷指标 在采暖室外计算温度条件下，为保持室内计算温度，单位建筑面积在单位时间内需由锅炉房或其他采暖设施通过室外管网集中供给的热量，单位为 W/m²。

（36）年采暖耗热量（AHC） 按照设定的室内计算条件，计算出的单位建筑面积在一个采暖期内所消耗的、需由室内采暖设备供给的热量，单位为 MJ/(m²·年)。

（37）年空调耗冷量（ACC） 按照设定的室内计算条件，计算出的单位建筑面积在一个采暖期内所消耗的、需由室内空调设备供给的冷量，单位为 $MJ/(m^2 \cdot 年)$。

（38）室外管网热损失率 集中热水采暖系统室外管网的热损失与管网输入总热量（即采暖热源出口处输出的总热量）的比值。

（39）冷源系统能耗系数 冷源系统单位时间供冷量与单位时间冷水机组、冷水泵、冷却水泵和冷却塔风机能耗之和的比值。

17.1.2 建筑节能检测方法

建筑节能检测的目的是通过检测来评价建筑物的节能效果。由于建筑节能的最终效果是节约建筑物使用过程中消耗的能量，因而评价建筑节能是否达标，首先要得到建筑物的耗能量指标。得到建筑物耗能量指标通常有两种方法：直接法和间接法。

（1）直接法 在热源（冷源）处直接测取采暖耗煤量指标（耗电量指标），然后求出建筑物的耗热量（耗冷量）指标的方法称为热（冷）源法，又称为直接法。

直接法主要针对试点建筑或示范小区，它是根据检测对象的使用状况，分析评定建筑物所采用的设计标准、所使用的建筑材料、结构体系、建筑形式等各因素对能耗的影响，进而分析建筑物、室外管网、锅炉等耗能目标物的耗能率、能量输送系统的效率、能量转换设备的效率，计算能量转换、能量输送、耗能目标物占采暖（制冷）过程总能耗的比率，分析各个环节的运行效率和节能的潜力。这种方法检测的内容较多，不仅要检测建筑物、能量转换、输送系统的技术参数，还要检测记录当地气候数据，内容繁多复杂，并且耗时长，一般要贯穿整个采暖季或空调季。

因为试点建筑和示范小区带有一种"试验"的性质，它是就某种材料或是某种结构体系或是设计标准等某种特定目的实验的工程项目，既然是试点示范工程，就担负着推广普及前的试验工作，根据这些试验工程的测试结果来验证试验的目的是否达到，为下一步能否推广普及提出结论性意见及应该采取的修订措施。因此，对这种类型建筑工程的检测以直接法为主进行全面检测，目的是获得一个正确、全面、系统的试验结果，这个结果是试验工程项目投资的目的，也是将来推广普及的依据。

（2）间接法 在建筑物处，通过检测建筑物热工指标和计算获得建筑物的耗热量（耗冷量）指标，然后参阅当地气象数据、锅炉和管道的热效率，计算出所测建筑物的采暖耗煤量（耗电量）指标的方法称为间接法，也称建筑热工法。

间接法检测的主要目的是检验施工过程是否严格按施工图设计方案进行，采用的墙体材料和保温材料的有关参数是否符合设计取值，施工质量是否合格。因此，这种检测通常是工程验收的一部分，所测对象的结果具有单件性，只是对自身有效，不会对别的工程有影响，是目前大多数工程所采用的方法。

17.1.3 建筑节能达标的判定

建筑物是否节能的判定思路是通过现场及实验室检测或建筑能耗计算软件得出建筑构配件的传热性能指标或建筑物的能耗指标，将其与现行的建筑节能设计规范和标准的规定值进行比较，满足要求即可判定被测建筑物是节能的，反之则是不节能的。目前有四种方法可用来判定目标建筑物的节能性能，分别是耗热量指标法、规定性指标法、性能性指标法、比较法，四种方法运用的指标不尽相同，在实际工程中可针对具体的建筑物特点选择相应的方法。

（1）耗热量指标法　用直接法测量建筑物耗热量指标时，测得的建筑物耗热量指标，符合建筑节能设计标准要求时，评定该建筑物为符合建筑节能设计标准，反之为不符合建筑节能设计要求。

用间接法检测和计算得到建筑物耗热量指标时，采用实测建筑物围护结构传热系数和房间气密性，计算在标准规定的室内外计算温差条件下建筑物单位耗热量，符合建筑节能设计标准要求时，评定该建筑物为符合建筑节能设计标准，反之为不符合建筑节能设计标准。

（2）规定性指标法　规定性指标法（也叫构件指标法），是指建筑物的体形系数和窗墙面积比符合设计要求时，围护结构各构件（包括屋顶、外墙、不采暖楼梯间、窗户、阳台门下部门芯板、楼梯间外门、地板、地面、变形缝等）的传热系数等指标达到设计标准，则该建筑为节能建筑。

（3）性能性指标法　性能性指标由建筑热环境的质量指标和能耗指标两部分组成，对建筑的体形系数、窗墙面积比、围护结构的传热系数等不做硬性规定。设计人员可自行确定具体的技术参数，建筑物同时满足建筑热环境质量指标和能耗指标的要求，即为符合建筑节能要求。

（4）比较法　在对构件的热工性能检测后，按建筑节能设计标准最低挡参数（窗墙面积比，窗户、屋顶、外墙传热系数等），计算出标准建筑物的耗热量、耗冷量或者耗能量指标；然后将测得的构件传热系数代入同样的计算公式，计算出建筑物的耗热量、耗冷量或者耗能量指标。如果建筑物的指标小于标准建筑指标值，则该建筑即为节能达标建筑。

17.2　居住建筑节能检测

17.2.1　室内平均温度检测

（1）检测方法及要求　室内平均温度的检测应采用温度自动检测仪进行连续检测，并应设置至少两个测点（房间使用面积小于 $30m^2$ 时可设一个测点），测点应设于室内活动区域，且距地面或楼面 $700\sim1800mm$ 范围内有代表性的位置，温度传感器不应受到太阳辐射或室内热源的直接影响。检测持续时间宜为整个采暖期，温度记录时间间隔不宜超过 $30min$。

（2）温度合格标准　温度逐时值和室内平均温度分别按下列公式计算：

$$t_{\mathrm{rm},i} = \frac{\sum\limits_{j=1}^{p} t_{i,j}}{p} \tag{17-1}$$

$$t_{\mathrm{rm}} = \frac{\sum\limits_{i=1}^{n} t_{\mathrm{rm},i}}{n} \tag{17-2}$$

式中　t_{rm}——受检房间的室内平均温度，℃；

$t_{\mathrm{rm},i}$——受检房间第 i 个室内温度逐时值，℃；

$t_{i,j}$——受检房间第 j 个测点的第 i 个室内温度逐时值，℃；

n——受检房间的室内温度逐时值的个数；

p——受检房间布置的温度测点的点数。

经检测并计算的温度值符合设计要求（当设计无规定时，执行现行国家标准《采暖通风与空气调节设计规范》GB 50019 中的相应规定）时判为合格，否则为不合格。对于已实施按热量计量且室内散热设备具有可调节的温控装置的采暖系统，当住户人为调低室内温度设定值时，采暖期室内温度逐时值可不作判定。

17.2.2 外围护结构热工缺陷检测

(1) 检测方法及要求　外围护结构的内、外表面均须进行热工缺陷检测。检测仪器一般为红外热像仪，其设计适用波长范围应为 $8.0 \sim 14.0 \mu m$，传感器温度分辨率（NETD）应小于 $0.08℃$，温差检测不确定度应小于 $0.5℃$，红外热像仪的像素不应少于 76800 点。

用红外热像仪检测前宜采用表面式温度计在受检表面上测出参照温度，调整红外热像仪的发射率，使红外热像仪的测定结果等于该参照温度；宜在与目标距离相等的不同方位扫描同一个部位，以评估临近物体对受检外围护结构表面造成的影响；必要时可采取遮挡措施或关闭室内辐射源，或在合适的时间段进行检测。受检表面同一个部位的红外热像图，不应少于 2 张。当拍摄的红外热像图中，主体区域过小时，应单独拍摄 1 张以上（含 1 张）主体部位红外热像图。应用图说明受检部位的红外热像图在建筑中的位置，并应附上可见光照片。红外热像图上应标明参照温度的位置，并随红外热像图一起提供参照温度的数据。

检测前及检测期间，环境条件应符合下列规定：

① 检测前至少 24h 内，室外空气温度的逐时值与开始检测时的室外空气温度相比，其变化不应大于 $10℃$；

② 检测前至少 24h 内和检测期间，建筑物外围护结构内外平均空气温度差不宜小于 $10℃$；

③ 检测期间与开始检测时的空气温度相比，室外空气温度逐时值变化不应大于 $5℃$，室内空气温度逐时值的变化不应大于 $2℃$；

④ 1h 内室外风速（采样时间间隔为 30min）变化不应大于 2 级（含 2 级）；

⑤ 检测开始前至少 12h 内受检的外表面不应受到太阳直接照射，受检的内表面不应受到灯光的直接照射；

⑥ 室外空气相对湿度不应大于 75%，空气中粉尘含量不应异常。

(2) 检测流程　外围护结构热工缺陷检测流程应符合图 17-1 的规定。

(3) 合格标准　受检外表面的热工缺陷应采用相对面积 ψ 评价，受检内表面的热工缺陷应采用能耗增加比 β 评价，ψ 和 β 应根据下列公式计算。

$$\psi = \frac{\sum\limits_{i=1}^{n} A_{2,i}}{\sum\limits_{i=1}^{n} A_{1,i}} \tag{17-3}$$

$$\beta = \psi \left| \frac{T_1 - T_2}{T_1 - T_0} \right| \times 100\% \tag{17-4}$$

式中　ψ——受检表面缺陷区域面积与主体区域面积的比值；

β——受检内表面由于热工缺陷所带来的能耗增加比；

T_1——受检表面主体区域（不包括缺陷区域）的平均温度，$℃$；

T_2——受检表面缺陷区域的平均温度，$℃$；

T_0——环境温度，℃；

$A_{1,i}$——第 i 幅热像图主体区域的面积，m²；

$A_{2,i}$——第 i 幅热像图缺陷区域的面积，指与 T_1 的温度差大于或等于1℃的点所组成的面积，m²；

i——热像图的幅数，$i=1\sim n$。

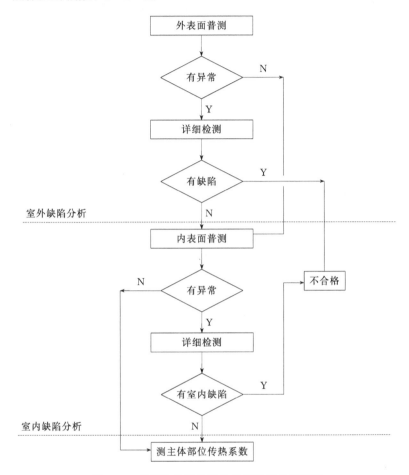

图 17-1　建筑物外围护结构热工缺陷检测流程

当受检外表面的 ψ 值小于20％且单块缺陷面积小于0.5m² 时，判为合格；当受检内表面的 β 值小于5％且单块缺陷面积小于0.5m² 时，判为合格。当受检的围护结构某一内或外表面的检测结果不满足本标准的上述规定时，可对其不合格的受检表面进行复检；复检结果合格时，可判定该检验批合格；若复检结果仍不合格，则判定该检验批为不合格。

17.2.3　热桥温度检测

（1）检测方法及要求　热桥温度是指外围护结构热桥部位的内表面温度，其检测一般采用热电偶等温度传感器。测点应选在热桥部位温度最低处，具体位置可采用红外热像仪协助确定；温度传感器连同0.1m长引线与受检表面紧密接触，传感器表面的辐射系数应与受检表面基本相同。检测应在采暖系统正常运行工况下进行，时间宜选在最冷月且应避开气温剧烈变化的天气。检测持续时间不应少于72h，数据应每小时记录一次。

（2）合格标准　热桥部位内表面温度应按下式计算：

$$\theta_{\mathrm{I}} = t_{\mathrm{di}} - \frac{t_{\mathrm{rm}} - \theta_{\mathrm{Im}}}{t_{\mathrm{rm}} - t_{\mathrm{em}}}(t_{\mathrm{di}} - t_{\mathrm{de}}) \tag{17-5}$$

式中　θ_{I}——室内外计算温度下热桥部位内表面温度，℃；

θ_{Im}——检测持续时间内热桥部位内表面温度逐时值的算术平均值，℃；

t_{em}——检测持续时间内室外空气温度逐时值的算术平均值，℃；

t_{di}——室内计算温度，℃；

t_{de}——室外计算温度，℃；

t_{rm}——检测持续时间内房间平均室温，℃。

若受检部位的检测温度不低于室内空气露点温度（室内空气相对湿度按 60%计算），则判为合格，否则判为不合格。

17.2.4　围护结构传热系数检测

（1）检测方法及要求　围护结构传热系数的现场检测一般采用热流计法。该方法主要采用热流计、温度传感器在现场检测被测围护结构的热流量和其内、外表面温度，然后通过数据处理计算出该围护结构的传热系数。

热流和温度测量应采用自动检测仪，数据存储方式应适用于计算机分析，温度测量不确定度应小于 0.5℃。测点位置不应靠近热桥、裂缝和有空气渗漏的部位，不应受加热、制冷装置和风扇的直接影响，且应避免阳光直射。

热流计和温度传感器的安装应符合下列规定：①热流计应直接安装在受检围护结构的内表面上，且应与表面完全接触；②温度传感器应在受检围护结构内、外表面安装；内表面温度传感器应靠近热流计安装，外表面温度传感器宜在与热流计相对应的位置安装；温度传感器连同 0.1m 长引线应与受检表面紧密接触，传感器表面的辐射系数应与被测表面基本相同。

检测环境和条件应满足下列要求：①检测时间宜选在冬季最冷月且应避开气温剧烈变化的天气；②检测一般应在采暖系统正常运行后进行，若无采暖系统，应适当地人为提高室内温度后再进行检测；③受检围护结构内、外表面逐时温差应不小于 10℃，且检测过程中的任何时刻，受检围护结构内、外表面温度的高低关系应保持一致；④检测持续时间不应少于96h，在检测期间，室内空气温度应保持基本稳定；⑤热流计不得受阳光直射，围护结构受检区域的外表面宜避免雨雪侵袭和阳光直射。

（2）合格标准　围护结构主体部位的传热系数按下式计算：

$$U = 1/(R_1 + R + R_{\mathrm{e}}) \tag{17-6}$$

式中　U——围护结构主体部位的传热系数，W/(m² · K)；

R_1——内表面换热阻，一般取 0.11m² · K/W；

R_{e}——外表面换热阻，一般取 0.04m² · K/W；

R——围护结构主体部位的热阻，m² · K/W，可按下式计算。

$$R = \frac{\sum_{j=1}^{n}(\theta_{\mathrm{I}j} - \theta_{\mathrm{E}j})}{\sum_{j=1}^{n} q_j} \tag{17-7}$$

式中 θ_{Ij}——围护结构内表面温度的第 j 次测量值，℃；

$\qquad\theta_{Ej}$——围护结构外表面温度的第 j 次测量值，℃；

$\qquad q_j$——热流密度的第 j 次测量值，W/m^2。

当围护结构主体部位传热系数的现场检测值满足设计图纸规定（设计不明确时，应符合国家现行有关标准的规定）时，判为合格，否则判为不合格。

17.2.5 外围护结构隔热性能检测

（1）检测方法及要求 居住建筑的东（西）外墙和屋面应进行隔热性能现场检测。检测应在围护结构施工完成 12 个月后进行，检测持续时间不应少于 24h，数据记录时间间隔不大于 30min。

检测部位或房间应符合下列条件：受检外围护结构内表面所在房间应有良好的自然通风环境；围护结构外表面的直射阳光在白天不应被其他物体遮挡；检测时，房间的窗应全部开启。

检测期间室外气候条件应符合下列规定：①检测开始前 2 天应为晴天或少云天气；②检测日应为晴天或少云天气，水平面的太阳辐射照度最高值不宜小于当地夏季太阳辐射照度最高值的 90%；③检测日室外最高逐时空气温度不宜小于当地夏季室外计算温度最高值2.0℃；④检测日室外风速不应超过 5.4m/s。

现场检测时还应同时检测如下内容：室内、外空气温度，受检外围护结构内外表面温度，室外风速，室外水平面太阳辐射照度等。

检测时内、外表面温度的测点应对称布置在受检外围护结构的两侧，与热桥部位的距离应大于墙体（屋面）厚度的 3 倍以上；每侧温度测点应至少各布置 3 点，其中一点布置在接近检测面中央的位置；内表面逐时温度应取内表面测点所有相应时刻检测结果的平均值。

（2）合格标准 当受检建筑测得的东、西外墙和屋顶的内表面逐时最高温度不大于当地室外逐时空气温度最高值时，判为合格，否则判为不合格。

17.2.6 外窗气密性能检测

（1）检测方法及要求 外窗窗口整体气密性能的现场检测应在外窗安装完毕且能正常使用后，受检外窗几何中心高度处的室外瞬时风速不大于 3.3m/s 的条件下进行。对室内外空气温度、室外风速和大气压力等环境参数应进行同步检测。

开始正式检测前，应对检测系统附加渗透量进行一次现场标定。标定用外窗应为受检外窗或与受检外窗相同的外窗，附加渗透量不应大于受检外窗窗口总空气渗透量的 20%。每樘受检外窗的检测结果应取连续三次检测值的平均值。

检测用差压表、大气压力表、环境温度检测仪、室外风速计和长度尺的不确定度分别不应大于 2.5Pa、200Pa、1℃、0.25m/s 和 3mm，空气流量测量装置的不准确度应不大于测量值的 13%。

（2）检测操作程序 首先，对受检外窗的观感质量进行目检，连续开启和关闭受检外窗5 次，受检外窗应能工作正常。若存在明显缺陷，则应停止该项检测工作或另行选择外窗。同时应对室内外温度、室外风速和大气压力进行检测。

然后，在确认受检外窗已完全关闭的情况下，按照图 17-2 的要求安装检测装置。现场利用密封板、围护结构和外窗形成静压箱，通过供风系统从静压箱抽风或向静压箱吹风，在检测对象两侧形成正压差或负压差。在静压箱引出测量孔测量压差，在管路上安装流量测量装置测量空气渗透量。

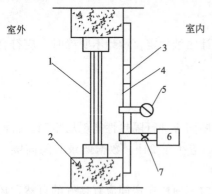

图 17-2　外窗气密性能检测装置示意图
1—外窗；2—围护结构；3—检查门；
4—静压箱密封板（透明膜）；5—差压传感器；
6—供风系统；7—流量传感器

正式检测前，应向密闭腔（室）中充气加压，使其内外压差达到 150Pa，稳定时间不应少于 10min，其间应采用手感法对密封处进行检查，不得有漏风的感觉。同时对检测装置的附加渗透量应进行标定，标定时外窗本身的缝隙应采用胶带从室外侧进行密封处理。

然后按照图 17-3 中的减压顺序进行逐级减压，每级压差稳定作用时间不应少于 3min，记录逐级作用压差下系统的空气渗透量，利用该组检测数据通过回归方程求得在减压工况下，压差为 10Pa 时，检测装置本身的附加空气渗透量。

最后，将外窗室外侧胶带揭去，然后重复前述操作，并计算压差为 10Pa 时外窗窗口总空气渗透量。检测结束时应对室内外空气温度、室外风速和大气压力进行检测并记录，取检测开始和结束时两次检测结果的算术平均值作为环境参数的最终检测结果。

（3）合格标准　外窗窗口单位空气渗透量应按下列公式计算

$$q_a = \frac{Q_{st}}{A_w} \qquad (17\text{-}8)$$

$$Q_{st} = Q_z - Q_f \qquad (17\text{-}9)$$

$$Q_z = \frac{293}{101.3} \times \frac{B}{(t+273)} \times Q_{za} \qquad (17\text{-}10)$$

$$Q_f = \frac{293}{101.3} \times \frac{B}{(t+273)} \times Q_{fa} \qquad (17\text{-}11)$$

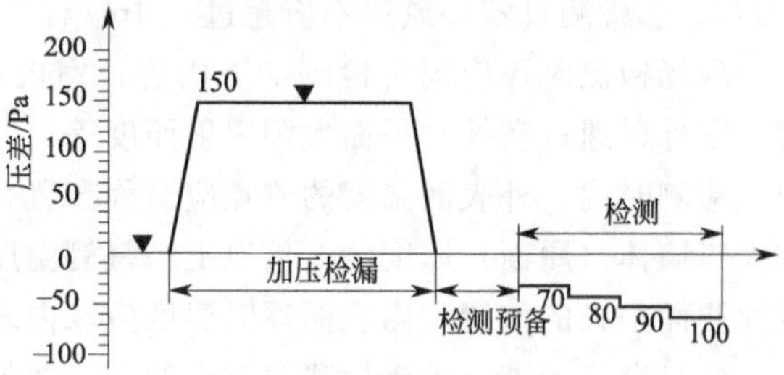

图 17-3　外窗窗口气密性能检测操作顺序图
注：▼表示检查密封处的密封质量

式中　q_a——外窗窗口单位空气渗透量，$m^3/(m^2 \cdot h)$；

Q_{fa}、Q_f——现场检测条件和标准空气状态下，受检外窗内外压差为 10Pa 时，检测系统的附加渗透量，m^3/h；

Q_{za}、Q_z——现场检测条件和标准空气状态下，受检外窗内外压差为 10Pa 时，受检外窗窗口（包括检测系统在内）的总空气渗透量，m^3/h；

Q_{st}——标准空气状态下，受检外窗内外压差为 10Pa 时，受检外窗窗口本身的空气渗透量，m^3/h；

B——检测现场的大气压力，kPa；

t——检测装置附近的室内空气温度，℃；

A_w——受检外窗窗口的面积（m^2），当外窗形状不规则时应计算其展开面积。

当外窗窗口单位空气渗透量小于外窗本体的相应指标时，判为合格，否则判为不合格。

17.2.7　遮阳设施检测

（1）检测方法及要求　对固定外遮阳设施，检测的内容应包括结构尺寸、安装位置和安装角度。对活动外遮阳设施，还应包括遮阳设施的转动或活动范围以及柔性遮阳材料的光学性能。

用于检测外遮阳设施结构尺寸、安装位置、安装角度、转动或活动范围的量具的不确定度应符合下列规定：长度尺寸应小于 2mm，角度尺寸应小于 2°。活动外遮阳设施转动或活动范围的检测应在完成 5 次以上的全程调整后进行。

遮阳材料的光学性能检测应包括太阳光反射比和太阳光直接透射比。太阳光反射比和太阳光直接透射比的检测应按现行国家标准《建筑玻璃可见光透射比、太阳光直接透射比、太阳能总透射比、紫外线透射比及有关窗玻璃参数的测定》(GB/T 2680) 的规定执行。

(2) 合格标准　当受检外窗外遮阳设施的结构尺寸、安装位置、安装角度、转动或活动范围以及遮阳材料的光学性能均能满足设计要求时，应判为合格，否则应判为不合格。

17.3　公共建筑节能检测

17.3.1　室内温度、湿度检测

(1) 检测方法及要求　室内平均温度、湿度检测应在最冷或最热月，且在供热或供冷系统正常运行后进行，应进行连续检测，检测时间不得少于 6h，数据记录时间间隔最长不得超过 30min。

检测数量可按委托方要求确定，但不得低于下列要求：①设有集中采暖空调系统的建筑物，温度、湿度检测数量应按照采暖空调系统分区进行选取，当系统形式不同时，每种系统形式均应检测，相同系统形式应按系统数量的 20% 进行抽检，同一个系统检测数量不应少于总房间数量的 10%；②未设置集中采暖空调系统的建筑物，温度、湿度检测数量不应少于总房间数量的 10%。

温度、湿度测点布置应符合下列原则：①3 层及以下的建筑物应逐层选取区域布置温度、湿度测点；②3 层以上的建筑物应在首层、中间层和顶层分别选取区域布置温度、湿度测点；③气流组织方式不同的房间应分别布置温度、湿度测点。

温度、湿度测点应设于室内活动区域，且应在距地面 700～1800mm 范围内有代表性的位置，温度、湿度传感器不应受到太阳辐射或室内热源的直接影响。测点数量按下列原则确定：当房间使用面积小于 16m² 时，设 1 个测点；房间使用面积为 16～30m² 时，设 2 个测点；房间使用面积为 30～60m² 时，设 3 个测点；房间使用面积为 60～100m² 时，设 5 个测点；当房间使用面积大于或等于 100m² 时，每增加 20～30m² 增加 1 个测点。

(2) 温度、湿度合格标准　室内平均温度按下列公式计算：

$$t_{\mathrm{rm}} = \frac{\sum\limits_{i=1}^{n} t_{\mathrm{rm},i}}{n} \tag{17-12}$$

$$t_{\mathrm{rm},i} = \frac{\sum\limits_{j=1}^{p} t_{i,j}}{p} \tag{17-13}$$

式中　t_{rm}——检测持续时间内受检房间的室内平均温度，℃；

$t_{\mathrm{rm},i}$——检测持续时间内受检房间第 i 个室内逐时温度，℃；

n——检测持续时间内受检房间的室内逐时温度的个数；

$t_{i,j}$——检测持续时间内受检房间第 j 个测点的第 i 个温度逐时值，℃；

　　p——检测持续时间内受检房间布置的温度测点的个数。

室内平均相对湿度按下列公式计算：

$$\varphi_{rm} = \frac{\sum\limits_{i=1}^{n} \varphi_{rm,i}}{n} \tag{17-14}$$

$$\varphi_{rm,i} = \frac{\sum\limits_{j=1}^{p} \varphi_{i,j}}{p} \tag{17-15}$$

式中　φ_{rm}——检测持续时间内受检房间的室内平均相对湿度，％；

　　$\varphi_{rm,i}$——检测持续时间内受检房间第 i 个室内逐时相对湿度，％；

　　n——检测持续时间内受检房间的室内逐时相对湿度的个数；

　　$\varphi_{i,j}$——检测持续时间内受检房间第 j 个测点的第 i 个相对湿度逐时值，％；

　　p——检测持续时间内受检房间布置的相对湿度测点的个数。

经检测并计算的室内平均温度、湿度值符合设计要求［当设计无规定时，执行现行国家标准《公共建筑节能设计标准》(GB 50189—2005) 中的相应规定］时判为合格，否则为不合格。

17.3.2　外围护结构热工检测

(1) 非透光外围护结构热工检测　非透光外围护结构热工性能检测包括外围护结构的保温性能、隔热性能和热工缺陷等检测，检测的重点为传热系数，其他要求参照《居住建筑节能检测标准》JGJ/T 132 中的相关规定。

非透光外围护结构热工性能检测可采用热流计法，当符合下列情况之一时，宜采用同条件试样法：①外保温材料层热阻不小于 1.2m² · K/W；②轻质墙体和屋面；③自保温隔热砌筑墙体。

不管采用热流计法还是同条件试样法，经检测及计算，外墙（或屋面）受检部位平均传热系数的检测值小于或等于相应的设计值，且符合国家现行有关标准规定，即可判定为合格。

(2) 透光外围护结构热工检测　透光外围护结构热工性能检测包括保温性能、隔热性能和遮阳性能等检测。建筑物外窗外遮阳设施的检测应按照现行行业标准《居住建筑节能检测标准》JGJ/T 132 的有关规定进行。

透明幕墙及采光顶的传热系数、遮阳系数、可见光透射比等参数应按照现行行业标准《建筑门窗玻璃幕墙热工计算规程》(JGJ/T 151—2008) 的规定计算确定，整体热工性能采用加权平均的方法计算。当受检部位的传热系数应小于或等于相应的设计值，遮阳系数、可见光透射比应满足设计要求，且符合国家现行有关标准规定时，判定为合格。

外通风双层幕墙隔热性能检测包括幕墙的室内表面温度、热通道通风量的检测两个方面。检测结果达到设计要求，即判定为合格。

(3) 建筑外围护结构气密性能检测　建筑外围护结构气密性能检测包括外窗、透明幕墙气密性能及外围护结构整体气密性能检测。

① 外窗气密性能检测　外窗气密性能的检测方法应按照现行行业标准《建筑外窗气密、水密、抗风压性能现场检测方法》(JG/T 211—2007) 规定的方法进行。检测数量根据建筑面积确定，单位工程建筑面积 5000m² 及以下（含 5000m²）时，随机选取同一生产厂家具

有代表性的窗口部位 1 组；5000m² 以上时，随机选取同一生产厂家具有代表性的窗口部位 2 组；每组应为同系列、同规格、同分格形式的 3 个窗口部位。经检测，受检外窗单位缝长分级指标值小于或等于 1.5m³/(m·h) 或单位面积分级指标值小于或等于 4.5m³/(m·h) 时，判定为合格。

② 透明幕墙气密性能检测　透明幕墙气密性能的检测方法也应按照现行行业标准《建筑外窗气密、水密、抗风压性能现场检测方法》(JG/T 211—2007) 规定的方法进行。单位工程中面积超过 300m² 的每一种幕墙均应随机选取一个部位进行气密性能检测，每个部位不少于 1 个层高和 2 个水平分格，并应包括 1 个可开启部分。当受检幕墙开启部分气密性能分级指标值小于或等于 1.5m³/(m·h)，整体气密性能分级指标值小于或等于 2.0m³/(m·h) 时，判定为合格。

③ 外围护结构整体气密性能检测　整体气密性能检测常采用鼓风门法进行，其原理是通过检测并计算在 50Pa 和 −50Pa 压差下建筑物的换气次数来量化外围护结构整体气密性能。具体检测步骤如下：首先将调速风机密封安装在房间的外门框中，然后利用红外热成像仪拍摄照片，确定建筑物渗漏源并封堵地漏、风口等非围护结构渗漏源，随后启动风机，使建筑物内外形成稳定压差，最后测量建筑物的内外压差，当建筑物内外压差稳定在 50Pa 或 −50Pa 时，测量记录空气流量，同时记录室内外空气温度、室外大气压。

17.3.3　采暖空调水系统性能检测

采暖空调水系统性能检测包括冷水（热泵）机组实际性能系数检测、水系统回水温度一致性检测、水系统供回水温差检测、水泵效率检测及冷源系统能效系数检测五项内容。

(1) 冷水（热泵）机组实际性能系数检测　对于 2 台以下（含 2 台）同型号机组，应至少抽取 1 台检测；3 台以上同型号机组，应至少抽取 2 台检测。

电驱动压缩机的蒸气压缩循环冷水（热泵）机组重点检测供冷（热）量和压缩机的输入功率两个参数，然后计算机组的实际性能系数 COP_d，与现行国家标准《公共建筑节能设计标准》GB 50189—2005 第 5.4.5、5.4.9 条的规定比较，符合则判定为合格。COP_d 的计算公式如下：

$$COP_d = \frac{Q_0}{N} \qquad (17\text{-}16)$$

式中　COP_d——电驱动压缩机的蒸气压缩循环冷水（热泵）机组的实际性能系数；

Q_0——冷水（热泵）机组的供冷（热）量，kW；

N——检测工况下机组平均输入功率，kW。

溴化锂吸收式冷水机组重点检测供冷（热）量、机组平均燃气消耗量或燃油消耗量、燃料发热值和机组平均电力消耗量等参数，然后计算机组的实际性能系数 COP_x，与《公共建筑节能设计标准》的相关规定比较，符合则判定为合格。COP_x 的计算公式如下：

$$COP_x = \frac{Q_0}{(Wq/3600) + p} \qquad (17\text{-}17)$$

式中　COP_x——溴化锂吸收式冷水机组的实际性能系数；

W——检测工况下机组平均燃气消耗量（m³/h），或燃油消耗量（kg/h）；

q——燃料发热值，kJ/m³ 或 kJ/kg；

p——检测工况下机组平均电力消耗量（折算成一次能），kW。

（2）水系统回水温度一致性检测　与水系统集水器相连的一级支管路均应进行水系统回水温度一致性检测。检测位置应在系统集水器处，检测持续时间不应少于 24h，检测数据记录间隔不大于 1h。

检测持续时间内，冷水系统各一级支管路回水温度间的允许偏差小于 1℃，热水系统各一级支管路回水温度间的允许偏差小于 2℃，判定为合格。

（3）水系统供、回水温差检测　检测工况下启用的冷水机组或热源设备均应进行水系统供、回水温差检测。检测时，冷水机组或热源设备供、回水温度须同时检测，测点布置在靠近被测机组的进、出口处，每隔 5～10min 读数 1 次，连续测量 60min，取每次读数的平均值作为检测值。

检测工况下，水系统供、回水温差检测值不小于设计温差的 80％，判定为合格。

（4）水泵效率检测　检测工况下启用的循环水泵均应进行效率检测。检测时，每隔 5～10min 读数 1 次，连续测量 60min，取每次读数的平均值作为检测值；流量测点设在距上游局部阻力构件 10 倍管径，且距下游局部阻力构件 5 倍管径处；压力测点设在水泵进、出口压力表处；水泵输入功率在电动机输入线端测量。最后计算水泵效率，若计算的水泵效率值大于设备铭牌值的 80％，则判定为合格。水泵效率的计算公式如下：

$$\eta = V\rho g\,\Delta H / 3.6P \tag{17-18}$$

式中　η——水泵效率；

V——水泵平均水流量，m^3/h；

ρ——水的平均密度（kg/m^3），可根据水温由物性参数表查取；

g——自由落体加速度，取 $9.8 m/s^2$；

ΔH——水泵进、出口平均压差，m；

P——水泵平均输入功率，kW。

（5）冷源系统能效系数检测　检测时，每隔 5～10min 读数 1 次，连续测量 60min，取每次读数的平均值为检测值；冷水机组、冷水泵、冷却水泵和冷却塔风机的输入功率应在电动机输入线端同时测量；检测期间各用电设备的输入功率应进行平均累加。最后，按下式计算冷源系统能效系数（EER_{-sys}）：

$$EER_{-sys} = \frac{Q_0}{\sum N_i} \tag{17-19}$$

式中　EER_{-sys}——冷源系统能效系数，kW/kW；

Q_0——冷源系统的供冷量，kW；

$\sum N_i$——冷源系统各用电设备的平均输入功率之和，kW。

若计算的冷源系统能效系数不小于表 17-1 中对应的数值，则判定为合格。

表 17-1　冷源系统能效系数限值

类　　别	单台额定制冷量/kW	冷源系统能效系数/（kW/kW）
水冷冷水机组	＜528	2.3
	528～1163	2.6
	＞1163	3.1
风冷或蒸发冷却	≤50	1.8
	＞50	2.0

17.3.4 空调风系统性能检测

空调风系统性能检测应在系统实际运行状态下进行，主要对风机单位风量耗功率、新风量及定风量系统平衡度三个方面进行检测。

（1）风机单位风量耗功率检测　检测时，抽检比例不少于空调机组总数的 20%，不同风量的空调机组检测数量不应少于 1 台。检测要在空调通风系统正常运行工况下进行，风量检测应采用风管风量检测方法，风机的风量应为吸入端风量和压出端风量的平均值，且风机前后的风量之差不应大于 5%，风机的输入功率应在电动机输入线端同时测量。风机单位风量耗功率（W_s）应按下式计算，其值不大于表 17-2 的限值时判定为合格。

$$W_s = N/L \tag{17-20}$$

式中　W_s——风机单位风量耗功率，$W/(m^3/h)$；

　　　　N——风机的输入功率，W；

　　　　L——风机的实际风量，m^3/h。

表 17-2　风机的单位风量耗功率限值　　　　单位：$W/(m^3/h)$

系统形式	办公建筑		商业、旅馆建筑	
	粗效过滤	粗、中效过滤	粗效过滤	粗、中效过滤
两管制定风量系统	0.42	0.48	0.46	0.52
四管制定风量系统	0.47	0.53	0.51	0.58
两管制变风量系统	0.58	0.64	0.62	0.68
四管制变风量系统	0.63	0.69	0.67	0.74
普通机械通风系统	0.32			

注：1. 普通机械通风系统中不包括厨房等需要特定过滤装置的房间的通风系统；

2. 严寒地区增设预热盘管时，单位风量耗功率可增加 0.035；

3. 当空气调节机组内采用湿膜加湿方法时，单位风量耗功率可增加 0.053。

（2）新风量检测　新风量检测宜采用毕托管和微压计，动压小于 10Pa 时可采用数字式风速计。检测应在系统正常运行后进行，且所有风口应处于正常开启状态；抽检比例不应少于新风系统数量的 20%，不同风量的新风系统不应少于 1 个。当新风量检测值符合设计要求，且允许偏差在±10% 以内时，判为合格。

（3）定风量系统平衡度检测　检测方法可采用风管风量检测方法，也可采用风量罩风量检测方法。每个一级支管路均应进行风系统平衡度检测；当其余支路小于或等于 5 个时，宜全数检测；其余支路大于 5 个时，宜按照近端 2 个、中间区域 2 个、远端 2 个的原则进行检测。风系统检测期间，受检风系统的总风量应维持恒定且宜为设计值的 100%～110%。风系统平衡度按下式计算，当超过 90% 的受检支路平衡度达到 0.9～1.2 时，判为合格。

$$FHB_j = G_{a,j}/G_{d,j} \tag{17-21}$$

式中　FHB_j——第 j 个支路的风系统平衡度；

　　　　$G_{a,j}$——第 j 个支路的实际风量，m^3/h；

　　　　$G_{d,j}$——第 j 个支路的设计风量，m^3/h；

　　　　j——支路编号。

17.3.5　建筑物年采暖空调能耗及年冷源系统能效系数检测

建筑物年采暖空调能耗包括采暖空调系统耗电量、其他类型的耗能量（燃气、蒸汽、煤、油等），及区域集中冷热源供热、供冷量。能耗应全年统计或计量并在建筑物投入正常使用一年后进行，当一栋建筑物的空调系统采用不同的能源时，宜通过换算将能耗计量单位进行统一。

对于没有设置用能分项计量的建筑，年采暖空调能耗可根据建筑物全年的运行记录、设备的实际运行功率和建筑的实际使用情况等统计分析得到。对于设置用能分项计量的建筑，年采暖空调能耗可直接通过对分项计量仪表记录的数据统计，得到该建筑物的年采暖空调能耗。

单位建筑面积年采暖空调能耗应按下式进行计算：

$$E_0 = \frac{\sum E_i}{A} \tag{17-22}$$

式中　E_0——单位建筑面积年采暖、空调能耗；

　　　E_i——各个系统一年的采暖、空调能耗；

　　　A——建筑面积，不应包含没有设置采暖空调的地下车库面积，m^2。

年冷源系统能效系数（EER_{-SL}）应按下式进行计算：

$$EER_{-SL} = \frac{Q_{SL}}{\sum N_{Si}} \tag{17-23}$$

式中　EER_{-SL}——年冷源系统能效系数；

　　　Q_{SL}——冷源系统供冷季的总供冷量，$kW \cdot h$；

　　　N_{Si}——冷源系统供冷季各设备所消耗的电量，$kW \cdot h$。

17.3.6　监测与控制系统性能检测

（1）送（回）风温度、湿度监控功能检测　检测数量：每类机组应按总数的 20％抽测，且不应少于 3 台；机组数不足 3 台时，应全部检测。

夏季工况检测时，应在中央监控计算机上，将温度、相对湿度起始值设定为空调设计参数，待控制系统稳定到此参数后，人为调高温度设定值 2℃，降低相对湿度设定值 10％；冬季工况检测时，应在中央监控计算机上，将温度、相对湿度起始值设定为空调设计参数，待控制系统稳定到此参数后，人为降低温度设定值 2℃，调高相对湿度设定值 10％；调整完成之后开始记录送（回）风温度、相对湿度，记录时间不少于 30 分钟，记录间隔 5 分钟。

当送（回）风温度控制允许偏差在 ±2℃以内，送（回）风相对湿度控制允许偏差在 ±15％以内，控制系统动态响应时间不大于 30 分钟时，判为合格。

（2）空调冷源水系统压差控制功能检测　空调冷源水系统压差控制功能应全部检测。检测时，应在中央监控计算机上，将压差设定值调整到合理范围内并稳定 30 分钟，然后在计算机上关闭 50％的空调末端，开启 20％的空调末端，同时记录压差值，记录间隔宜为 5 分钟，记录时间不少于 30 分钟。

当压差控制值满足空调设计要求（设计无要求时，压差设定值应设置在水泵的额定扬程之内，控制偏差不宜大于设定值的 10％，动态响应时间不宜大于 30 分钟）时，判为合格。

（3）风机盘管变水量控制性能检测　检测数量：按总数的 20％抽测，不足 10 套时，全部检测。

检测应在中档风速条件下进行，检测中应保证检测区域环境温度和风速稳定，且风机盘管冷（热）水管路供水温度应满足设计要求。夏季工况检测时，将温度起始值设定为夏季空调设计参数，待此参数稳定后，调高温控器温度设定值 5℃；冬季工况检测时，将温度起始值设定为冬季空调设计参数，待此参数稳定后，调低温控器温度设定值 5℃；最后，在系统稳定运行至少 20 分钟后，检测房间回风口温度。

当房间回风口温度检测值与温控器设定值允许偏差在±2℃以内时，判为合格。

（4）照明、动力设备监测与控制系统性能检测　检测数量：照明主回路总数的 20％，且不应小于 2 个回路；动力主回路总数的 20％，且不应小于 2 个回路。

检测时，应采用测量仪表对所抽测回路中央计算机上的所有电气参数进行比对，比对时间不应少于 10 分钟。

经检测，监测与控制系统具有对照明或动力主回路的电压、电流、有功功率、功率因数、有功电度等电气参数进行监测记录的功能，以及对供电回路电器元件工作状态进行监测、报警的功能，且比对数值误差不大于 1％时，判为合格。

17.4 供热系统热工性能检测

供热系统由热源、输送管网和热用户三部分组成，采暖能耗的大小是以上三部分综合作用的结果。因此，要全面衡量建筑节能的效果，必须对系统的热工性能进行检测评定。主要检测以下内容：室外管网水力平衡度、系统补水率、管网热损失率、锅炉运行效率及耗电输热比。

17.4.1 室外管网水力平衡度检测

（1）检测方法及要求　室外管网水力平衡度是指采暖居住建筑热力入口处循环水量（质量流量）的测量值与设计值之比。所谓水力平衡是指系统运行时，所有用户都能获得设计水量，而水力不平衡则意味着水力失调，即流经用户或机组的实际流量与设计流量不相符合，并且各用户室温不一致，即近热源处室温偏高，远热源处室温低，从而造成能耗高，供热品质差。为了保证供热质量，该项检测有着重要意义。

水力平衡度的检测应在采暖系统正常运行后进行，且以建筑物热力入口为限。当热力入口总数不超过 6 个时，应全数检测；当热力入口总数超过 6 个时，应根据各个热力入口距热源距离的远近，按近端 2 处、远端 2 处、中间区域 2 处的原则确定受检热力入口；受检热力入口的管径不应小于 DN40。水力平衡度检测期间，采暖系统总循环水量应保持恒定，且应为设计值的 100％～110％。

流量计量装置宜安装在建筑物相应的热力入口处，根据具体情况可选用涡轮流量计、涡街流量计、电磁流量计、超声波流量计和水表等，其总精度应优于 2.0 级，总不确定度不大于 5％。二次仪表应能显示瞬时流量或累计流量，能自动存储、打印数据，或可与计算机连接。循环水量的检测值应以相同检测持续时间内各热力入口处测得的结果为依据进行计算，检测持续时间宜取 10 分钟。

（2）合格标准　水力平衡度应按下式计算：

$$\mathrm{HB}_j = \frac{G_{\mathrm{wm},j}}{G_{\mathrm{wd},j}} \tag{17-24}$$

式中　HB_j——第 j 个热力入口的水力平衡度；

　　$G_{\mathrm{wm},j}$——第 j 个热力入口循环水量检测值，$\mathrm{m^3/s}$；

　　$G_{\mathrm{wd},j}$——第 j 个热力入口的设计循环水量，$\mathrm{m^3/s}$。

在所有受检的热力入口中，各入口水力平衡度的检测结果满足下列条件之一时，应判定该系统合格，否则判定不合格。

① 所有受检热力入口水力平衡度的检测结果均为 0.9～1.2。

② 水力平衡度的检测结果大于 1.2 的热力入口处数不超过所有受检热力入口处数的 10%，且没有一个热力入口的水力平衡度小于 0.9。

17.4.2　系统补水率检测

（1）检测方法及要求　补水率是指系统在正常运行工况下，检测持续时间内，该系统单位建筑面积、单位时间内的补水量与该系统单位建筑面积、单位时间理论循环水量的比值。补水率的检测应在供热系统运行稳定且室外管网水量平衡度检验合格后的基础上进行，检测持续时间宜为整个采暖期。

系统补水率检测的主要参数是总补水量，应采用具有累计流量显示功能的流量计量装置测量。流量计量装置应安装在系统补水管上适宜的位置，且应符合相应产品的使用要求，一般用流量仪表计算时可设在补水泵出口管路上。补水温度用电阻温度计或热电偶温度计，可设在水箱中进行测量。当供热系统中固有的流量计量装置在检定有效期内时，可直接利用该装置进行检测。

（2）合格标准　系统补水率应按下式计算，经计算补水率不大于 0.5% 判为合格，否则判为不合格。

$$R_{\mathrm{mp}} = \frac{g_{\mathrm{a}}}{g_{\mathrm{d}}} \times 100\% \tag{17-25}$$

式中　R_{mp}——系统补水率；

　　g_{d}——系统单位设计循环水量，$\mathrm{kg/(m^2 \cdot h)}$，$g_{\mathrm{d}} = 0.861 \times \dfrac{q_{\mathrm{q}}}{t_{\mathrm{s}} - t_{\mathrm{r}}}$；

　　g_{a}——检测持续时间内系统单位补水量，$\mathrm{kg/(m^2 \cdot h)}$，$g_{\mathrm{a}} = G_{\mathrm{a}}/A_0$；

　　G_{a}——检测持续时间内系统平均单位时间内的补水量，$\mathrm{kg/h}$；

　　A_0——居住小区内所有采暖建筑物的总建筑面积，$\mathrm{m^2}$；

　　q_{q}——供热设计热负荷指标，$\mathrm{W/m^2}$；

　　t_{s}，t_{r}——采暖热源设计供水、回水温度，℃。

17.4.3　室外管网热损失率检测

（1）检测方法及要求　室外管网热损失率的检测应在采暖系统正常运行 120 小时后进行，检测持续时间不应少于 172 小时；检测期间，采暖系统应处于正常运行工况，热源供水温度的逐时值不应低于 35℃。

热计量装置应安装在建筑物热力入口处，供回水温度和流量传感器的安装宜满足相关产品的使用要求，温度传感器宜安装于受检建筑物外墙外侧且距外墙外表面 2.5m 以内的地方。采暖系统总采暖供热量宜在采暖热源出口处检测,室外管网供水温降应采用温度自动检测仪进行同步检测,供回水温度和流量传感器宜安装在采暖热源机房内,当温度传感器安装在室外时,距采暖热源机房外墙外表面的垂直距离不应大于2.5m。

（2）合格标准　室外管网热损失率应按下式计算,经计算热损失率不大于10%判为合格,否则判为不合格。

$$\alpha_{ht} = \left(1 - \sum_{j=1}^{n} Q_{a,j}/Q_{a,t}\right) \times 100\%$$ (17-26)

式中　α_{ht}——采暖系统室外管网热损失率;

$Q_{a,j}$——检测持续时间内第 j 个热力入口处的供热量,MJ;

$Q_{a,t}$——检测持续时间内热源的输出热量,MJ。

17.4.4　锅炉运行效率检测

（1）检测方法及要求　采暖锅炉日平均运行效率的检测应在采暖系统正常运行120小时后进行,检测持续时间不应少于24小时。检测期间,采暖系统应处于正常运行工况,燃煤锅炉的日平均运行负荷率应不小于60%,燃油和燃气锅炉瞬时运行负荷率不应小于30%,锅炉日累计运行时数不应少于10小时。

锅炉运行效率的检测过程比较复杂,涉及的内容很多,从燃料到介质都要进行测定。

① 燃料的取样分析。不同的燃料,应采取不同的取样方法,然后到具备相应资质的化验机构（实验室）或有关各方认可的具备燃料化验能力的单位进行化验。

② 燃料消耗量的测定。耗煤量应按批计量,一般使用衡器称重,所使用衡器的示值误差应不大于±0.1%;燃油和燃气锅炉的耗油量和耗气量应连续累计计量;燃油用衡器称重或由经直接称重标定过的油箱上进行测量,也可通过测量流量及密度确定燃油消耗量,所使用的油流量计,准确度不低于0.5;燃气用气体流量计测量,其准确度应不低于1.5级,流量和温度应在流量测点测出。

③ 耗电量的测定（电热锅炉）。一般用电度表测量,其准确度应不低于1.5级;如果使用互感器,其准确度应不低于0.5级。

④ 水流量测量。给水流量、循环水量、出水量（或进水量）用标定过的水箱测量或其他流量计测量,流量计准确度不应低于0.5级,并采用累计方法,循环水量应在锅炉进水管道上进行测定。

⑤ 压力测量。测量锅炉给水压力、蒸汽压力、进水压力及气体燃料压力的压力表,其准确度不应低于1.5级;大气压力可使用空气盒气压表在被测锅炉附近测量,其示值误差不应大于±0.2kPa。

⑥ 温度测量。锅炉给水温度、出水温度、进水温度及气体燃料温度的测量,可使用水银温度计或其他测温仪表,其示值误差不应大于±0.5℃。测温点应布置在管道上介质温度比较均匀的地方;环境温度可使用水银温度计在被测锅炉附近测量,其示值误差不应大于±0.5℃。

⑦ 输出热量。应采用热计量装置连续累计计量。

（2）合格标准　采暖锅炉日平均运行效率应按下列公式计算:

$$\eta_{2,a} = \frac{Q_{a,t}}{Q_i} \times 100\%$$ (17-27)

式中　$\eta_{2,a}$——检测持续时间内采暖锅炉日平均运行效率；

　　　Q_i——检测持续时间内采暖锅炉的输入热量，MJ，$Q_i = G_c Q_c^y \times 10^{-3}$；

　　　G_c——检测持续时间内锅炉的燃煤量（kg）或燃油量（kg）或燃气量（标准状态，m³）；

　　　Q_c^y——检测持续时间内燃用煤的平均应用基低位发热值（kJ/kg）或燃用油的平均低位发热值（kJ/kg）或燃用气的平均低位发热值（标准状态，kJ/m³）。

经检测，采暖锅炉日平均运行效率不小于表 17-3 的规定即判为合格，否则判为不合格。

表 17-3　采暖锅炉最低日平均运行效率　　　　　　　单位：%

锅炉类型、燃料种类		锅炉额定容量/MW						
		0.7	1.4	2.8	4.2	7.0	14.0	≥28.0
燃煤（烟煤）	Ⅱ	—	—	65	66	70	70	71
	Ⅲ	—	—	66	68	70	71	73
燃油、燃气		77	78	78	79	80	81	81

17.4.5　耗电输热比检测

（1）检测方法及要求　循环水泵的耗电输热比检测应在采暖系统正常运行 120 小时后进行，检测持续时间不应少于 24 小时，系统瞬时供热负荷不应小于设计值的 50%。当检测持续时间为整个采暖期时，采暖系统的运行工况应以实际为准。采暖热源累计输出热量应在锅炉房或换热站或热泵机房内采用热计量装置进行连续检测。循环水泵的用电量应分别计量。

耗电输热比检测时记录的主要参数是热源输出热量和循环水泵的耗电量。采暖热源和循环水泵的铭牌参数应满足设计要求，热量用热计量装置检测，电量用电表（电度表）测量，电表应满足相应的要求。对于循环水泵，应满足下列条件：变频泵系统，应按工频运行且启泵台数满足设计工况要求；多台工频泵并联系统，启泵台数应满足设计工况要求；大小泵制系统，应启动大泵运行；一用一备制系统，应保证有一台泵正常运行。

（2）合格标准　采暖系统耗电输热比应按下列公式计算：

$$EHR_{a,e} = \frac{3.6\varepsilon_a \eta_m}{\sum Q_{a,e}} \tag{17-28}$$

当 $\sum Q_a < \sum Q$ 时，$\sum Q_{a,e} = \min\{\sum Q_p, \sum Q\}$

当 $\sum Q_a \geqslant \sum Q$ 时，$\sum Q_{a,e} = \sum Q_a$

$$\sum Q_p = 0.3612 \times 10^6 G_a \Delta t$$

$$\sum Q = 0.0864 q_q A_0$$

式中　$EHR_{a,e}$——采暖系统耗电输热比（无量纲）；

　　　ε_a——检测持续时间内采暖系统循环水泵的日耗电量，kW·h；

　　　η_m——电机效率与传动效率之和，直联取 0.85，联轴器取 0.83；

　　　$\sum Q_{a,e}$——检测持续时间内采暖系统日最大有效供热能力，MJ；

　　　$\sum Q_a$——检测持续时间内采暖系统的实际日供热量，MJ；

　　　$\sum Q_p$——在循环水量不变的情况下，检测持续时间内采暖系统可能的日最大供热能力，MJ；

　　　$\sum Q$——采暖热源的设计日供热量，MJ；

　　　G_a——检测持续时间内采暖系统的平均循环水量，m³/s；

Δt——采暖热源的设计供回水温差，℃；

q_q——供热设计热负荷指标，W/m²。

经检测计算，采暖系统耗电输热比（EHR$_{a,e}$）满足下式的要求即判为合格，否则判为不合格。

$$\text{EHR}_{a,e} \leqslant \frac{0.0062(14+\alpha L)}{\Delta t} \qquad (17\text{-}29)$$

式中　EHR$_{a,e}$——采暖系统耗电输热比；

　　　L——室外管网主干线（从采暖管道进出热源机房外墙处算起，至最不利环路末端热用户热力入口止）包括供回水管道的总长度，m；

　　　α——系数，其取值为：当 $L \leqslant 500$m 时，$\alpha=0.0115$；当 500m$<L<1000$m 时，$\alpha=0.0092$；当 $L \geqslant 1000$m 时，$\alpha=0.0069$。

 思考题及习题

17-1　简述建筑节能检测的常用方法。

17-2　居住建筑和公共建筑应检测哪些指标？

17-3　居住建筑的外围护结构热工缺陷检测怎样进行？

17-4　什么叫热桥？为什么要检测热桥温度？

17-5　怎样进行外窗气密性能检测？

17-6　为什么要对遮阳设施进行检测？怎样检测？

17-7　采暖空调水系统及空调风性能检测包括哪些内容？

17-8　什么叫水力平衡度？怎样检测？

17-9　简述系统补水率和管网热损失率检测的必要性。

17-10　系统的耗电输热比怎样检测？

附　录

附录1　热工常用单位换算表

量的名称	法定计量单位		非法定计量单位		换算关系
	名称	符号	名称	符号	
长度	米	m	埃 英寸	Å in	$1Å=0.1nm=10^{-10}m$ $1in=0.0254m=25.4mm$
面积	平方米	m^2	公亩 公顷	a ha	$1a=10^2m^2$ $1ha=10^4m^2$
体积、 容积	立方米 升	m^3 L(i) $(1L=10^{-3}m^3)$	立方英尺 英加仑 美加仑	ft^3 UK gal US gal	$1ft^3=0.0283168m^3=28.3168dm^3$ $1UK\ gal=4.54609dm^3$ $1US\ gal=3.78541dm^3$
质量	千克(公斤) 吨	kg t	磅 长吨(英吨)	lb ton	$1lb=0.45359237kg$ $1ton=1016.05kg$
力、重力	牛[顿]	N	达因 千克力,(公斤力) 吨力	dyn kgf tf	$1dyn=10^{-5}N$ $1kgf=9.80665N$ $1tf=9.80665×10^3N$
力矩	牛(顿)米	N·m	千克力米	kgf·m	$1kgf·m=9.80665N·m$
压力、 压强 应力	帕(斯卡)	Pa	巴 标准大气压 毫米汞柱 千克力每平方厘米 (工程大气压) 千克力每平方毫米	bar atm mmHg kgf/cm²(at) kgf/mm²	$1bar=0.1MPa=10^5Pa(1Pa=1N/m^3)$ $1atm=101325Pa$ $1mmHg=133.3224Pa$ $1kgf/cm^2=9.80665×10^4Pa$ $1kgf/mm^2=9.80665×10^6Pa$
动力黏度	帕[斯卡]秒	Pa·s	泊	P	$1P=0.1Pa·s$
运动黏度	二次方米每秒	m^2/s	斯[托克斯]	St	$1St=1cm^2/s=10^{-4}m^2/s$
能、功、 热量	焦[耳]	J	千克力米 尔格 卡 热化学卡	kgf·m erg cal cal_{th}	$1kgf·m=9.80665J$ $1erg=10^{-7}J$ $1cal=4.1868J$ $1cal_{th}=4.1840J$
功率	瓦[特]	W	[米制]马力		$1[米制]马力=735.499W$
比热 容	焦[耳]每千克 开[尔文]	J/(kg·K)	千卡每千克开 [尔文]	kcal/(kg·K)	$1kcal/(kg·K)=4.1868×10^3J/(kg·K)$
传热系数	瓦[特]每平方 米开[尔文]	W/(m²·K)	卡每平方厘米秒 开[尔文]	cal/(cm²·s·K)	$1cal/(cm^2·s·K)=4.1868×10^4W/(m^2·K)$
热导率	瓦[特]每米 开[尔文]	W/(m·K)	卡每厘米秒开[尔文]	cal/(cm·s·K)	$1cal/(cm·s·K)=4.1868×10^2W/(m·K)$

附录2　用于构成十进倍数和分数单位的词头

所表示的因数	词头名称	词头符号	所表示的因数	词头名称	词头符号
10^{24}	尧[它]	Y	10^{-1}	分	d
10^{21}	泽[它]	Z	10^{-2}	厘	c
10^{18}	艾[可萨]	E	10^{-3}	毫	m
10^{15}	拍[它]	P	10^{-6}	微	μ
10^{12}	太[拉]	T	10^{-9}	纳[诺]	n
10^{9}	吉[咖]	G	10^{-12}	皮[可]	p
10^{6}	兆	M	10^{-15}	飞[母托]	f
10^{3}	千	k	10^{-18}	阿[托]	a
10^{2}	百	h	10^{-21}	仄[普托]	z
10^{1}	十	da	10^{-24}	幺[科托]	y

附录3　常用气体的热工参数表

物质		$M/$ (g/mol)	$C_p/$ [kJ/(kg·K)]	$C_{p,m}/$ [J/(mol·K)]	$C_v/$ [kJ/(kg·K)]	$C_{v,m}/$ [J/(mol·K)]	$R_g/$ [kJ/(kg·K)]	k
氩	Ar	39.94	0.523	20.89	0.315	12.57	0.208	1.67
氦	He	4.003	5.200	20.81	3.123	12.50	2.077	1.67
氢	H_2	2.016	14.32	28.86	10.19	20.55	4.124	1.40
氮	N_2	28.02	1.038	29.08	0.742	20.77	0.297	1.40
氧	O_2	32.00	0.917	29.34	0.657	21.03	0.260	1.39
一氧化碳	CO	28.01	1.042	29.19	0.745	20.88	0.297	1.40
空气		28.97	1.004	29.09	0.718	20.78	0.287	1.40
水蒸气	H_2O	18.016	1.867	33.64	1.406	25.33	0.461	1.33
二氧化碳	CO_2	44.01	0.845	37.19	0.656	28.88	0.189	1.29
二氧化硫	SO_2	64.07	0.644	41.26	0.514	32.94	0.130	1.25
甲烷	CH_4	16.04	2.227	35.72	1.709	27.41	0.518	1.30
丙烷	C_3H_8	44.09	1.691	74.56	1.502	66.25	0.189	1.13

附录4　空气的热工参数表

$t/℃$	ρ /(kg/m³)	C_p /[kJ/(kg·℃)]	$\lambda \times 10^2$ /[W/(m·℃)]	$\alpha \times 10^6$ /(m²/s)	$\mu \times 10^6$ /(N·s/m²)	$v \times 10^6$ /(m²/s)	Pr
−50	1.584	1.013	2.04	12.7	14.6	9.23	0.728
−40	1.515	1.013	2.12	13.8	15.2	10.04	0.728
−30	1.453	1.013	2.20	14.9	15.7	10.08	0.723
−20	1.395	1.009	2.28	16.2	16.2	11.61	0.716
−10	1.342	1.009	2.36	17.4	16.7	12.43	0.712
0	1.293	1.005	2.44	18.8	17.2	13.28	0.707
10	1.247	1.005	2.51	20.0	17.6	14.16	0.705
20	1.205	1.005	2.57	21.4	18.1	15.06	0.703
30	1.165	1.005	2.67	22.9	18.6	16.00	0.701
40	1.128	1.005	2.76	24.3	19.1	16.96	0.699

续表

$t/℃$	ρ /(kg/m³)	C_p /[kJ/(kg·℃)]	$\lambda \times 10^2$ /[W/(m·℃)]	$\alpha \times 10^6$ /(m²/s)	$\mu \times 10^6$ /(N·s/m²)	$v \times 10^6$ /(m²/s)	Pr
50	1.093	1.005	2.83	25.7	19.6	17.95	0.698
60	1.060	1.005	2.90	27.2	20.1	18.97	0.696
70	1.029	1.009	2.96	28.6	20.6	20.02	0.694
80	1.000	1.009	3.05	30.2	21.1	21.09	0.692
90	0.972	1.009	3.13	31.9	21.5	22.10	0.690
100	0.946	1.009	3.21	33.6	21.9	23.13	0.688
120	0.898	1.009	3.34	36.8	22.8	25.45	0.686
140	0.854	1.013	3.49	40.3	23.7	27.80	0.684
160	0.815	1.017	3.64	43.9	24.5	30.09	0.682
180	0.779	1.022	3.78	47.5	25.3	32.49	0.681
200	0.746	1.026	3.93	51.4	26.0	34.85	0.680
250	0.674	1.038	4.27	61.0	27.4	40.61	0.677
300	0.615	1.047	4.60	71.6	29.7	48.33	0.674
350	0.566	1.059	4.91	81.9	31.4	55.46	0.676
400	0.524	1.068	5.21	93.1	33.0	63.09	0.678
500	0.456	1.093	5.74	115.3	36.2	79.38	0.687
600	0.404	1.114	6.22	138.3	39.1	96.89	0.699
700	0.362	1.135	6.71	163.4	41.8	115.4	0.706
800	0.329	1.156	7.18	138.8	44.3	134.8	0.713
900	0.301	1.172	7.63	216.2	46.7	155.1	0.717
1000	0.277	1.185	8.07	245.9	49.0	177.1	0.719
1100	0.257	1.197	8.50	276.2	51.2	199.3	0.722
1200	0.239	1.210	9.15	316.5	53.5	233.7	0.724

注：0.1013MPa 干空气。

附录5　饱和水的热工参数表

$t/℃$	$p \times 10^{-5}$ /Pa	ρ' /(kg/m³)	h' /(kJ/kg)	C /[kJ/(kg·K)]	$\lambda \times 10^2$ /[W/(m·K)]	$\alpha \times 10^8$ /(m²/s)	$\eta \times 10^6$ /[kg/(m·s)]	$v \times 10^6$ /(m²/s)	$\alpha_v \times 10^4$ /K⁻¹	$\gamma \times 10^4$ /(N/m)	Pr
0	0.00611	999.9	0	4.212	55.1	13.1	1788	1.789	−0.81	756.4	13.67
10	0.01227	999.7	42.04	4.191	57.4	13.7	1306	1.306	+0.87	741.6	9.52
20	0.02338	998.2	83.91	4.183	59.9	14.3	1004	1.006	2.09	726.9	7.02
30	0.04241	995.7	125.7	4.174	61.8	14.9	801.5	0.805	3.05	712.2	5.42
40	0.07375	992.2	167.5	4.174	63.5	15.3	653.3	0.659	3.86	696.5	4.31
50	0.12335	988.1	209.3	4.174	64.8	15.7	549.4	0.556	4.57	676.9	3.54
60	0.19920	983.1	251.1	4.179	65.9	16.0	469.9	0.478	5.22	662.2	2.99
70	0.3116	977.8	293.0	4.187	66.8	16.3	406.1	0.415	5.83	643.5	2.55
80	0.4736	971.8	355.0	4.195	67.4	16.6	355.1	0.365	6.40	625.9	2.21
90	0.7011	965.3	377.0	4.208	68.0	16.8	314.9	0.326	6.96	607.2	1.95
100	1.013	958.4	419.1	4.220	68.3	16.9	282.5	0.295	7.50	588.6	1.75
110	1.43	951.0	461.4	4.233	68.5	17.0	259.0	0.272	8.04	569.0	1.60
120	1.98	943.1	503.7	4.250	68.6	17.1	237.4	0.252	8.58	548.4	1.47
130	2.70	934.8	546.4	4.266	68.6	17.2	217.8	0.233	9.12	528.8	1.36
140	3.61	926.1	589.1	4.287	68.5	17.2	201.1	0.217	9.68	507.2	1.26
150	4.76	917.0	632.2	4.313	68.4	17.3	186.4	0.203	10.26	486.6	1.17
160	6.18	907.0	675.4	4.346	68.3	17.3	173.6	0.191	10.87	466.0	1.10

续表

$t/℃$	$p×10^{-5}/Pa$	$ρ'/(kg/m^3)$	$h'/(kJ/kg)$	$C/[kJ/(kg·K)]$	$λ×10^2/[W/(m·K)]$	$α×10^8/(m^2/s)$	$η×10^6/[kg/(m·s)]$	$ν×10^6/(m^2/s)$	$α_v×10^4/K^{-1}$	$γ×10^4/(N/m)$	Pr
170	7.92	897.3	719.3	4.380	67.9	17.3	162.8	0.181	11.52	443.4	1.05
180	10.03	886.9	763.3	4.417	67.4	17.2	153.0	0.173	12.21	422.8	1.00
190	12.55	876.0	807.8	4.459	67.0	17.1	144.2	0.165	12.96	400.2	0.96
200	15.55	863.0	852.8	4.505	66.3	17.0	136.4	0.158	13.77	376.7	0.93
210	19.08	852.3	897.7	4.555	65.5	16.9	130.5	0.153	14.67	354.1	0.91
220	23.20	840.3	943.7	4.614	64.5	16.6	124.6	0.148	15.67	331.6	0.89
230	27.98	827.3	990.2	4.681	63.7	16.4	119.7	0.145	16.80	310.0	0.88
240	33.48	813.6	1037.5	4.756	62.8	16.2	114.8	0.141	18.08	285.5	0.87
250	39.78	799.0	1085.7	4.844	61.8	15.9	109.9	0.137	19.55	261.9	0.86
260	46.94	784.0	1135.7	4.949	60.5	15.6	105.9	0.135	21.27	237.4	0.87
270	55.05	767.9	1185.7	5.070	59.0	15.1	102.0	0.133	23.31	214.8	0.88
280	64.19	750.7	1236.8	5.230	57.4	14.6	98.1	0.131	25.79	191.3	0.90
290	74.45	732.3	1290.0	5.485	55.8	13.9	94.2	0.129	28.84	168.7	0.93
300	85.92	712.5	1344.9	5.736	54.0	13.2	91.2	0.128	32.73	144.2	0.97
310	98.70	691.1	1402.2	6.071	52.3	12.5	88.3	0.128	37.85	120.7	1.03
320	112.90	667.1	1462.1	6.574	50.6	11.5	85.3	0.128	44.91	98.10	1.11
330	128.65	640.2	1526.2	7.244	48.4	10.4	81.4	0.127	55.31	76.71	1.22
340	146.08	610.1	1594.8	8.165	45.7	9.17	77.5	0.127	72.10	56.70	1.39
350	165.37	574.4	1671.4	9.504	43.0	7.88	72.6	0.126	103.7	38.16	1.60
360	186.74	528.0	1761.5	13.984	39.5	5.36	66.7	0.126	182.9	20.21	2.35
370	210.53	450.5	1892.5	40.321	33.7	1.86	56.9	0.126	676.7	4.709	6.79

附录6 饱和水蒸气的热工参数表

$t/℃$	$p×10^{-5}/Pa$	$ρ''/(kg/m^3)$	$h''/(kJ/kg)$	$r/(kJ/kg)$	$C/[kJ/(kg·℃)]$	$λ×10^2/[W/(m·℃)]$	$α×10^3/(m^2/h)$	$η×10^6/[kg/(m·s)]$	$ν×10^6/(m^2/s)$	Pr
0	0.006111	0.004847	2501.6	2501.6	1.8543	1.83	7313.0	8.022	1655.01	0.815
10	0.01227	0.009396	2520.0	2477.7	1.8594	1.88	3881.3	8.424	896.54	0.831
20	0.02338	0.01729	2538.0	2454.3	1.8661	1.94	2167.2	8.840	509.90	0.847
30	0.04241	0.03037	2556.5	2430.9	1.8744	2.00	1265.1	9.218	303.53	0.863
40	0.07375	0.05116	2574.5	2407.0	1.8853	2.06	768.45	9.620	188.04	0.883
50	0.12335	0.08302	2592.0	2382.7	1.8987	2.12	483.59	10.022	120.72	0.896
60	0.19920	0.1302	2609.6	2358.4	1.9155	2.19	315.55	10.424	80.07	0.913
70	0.3116	0.1982	2626.8	2334.1	1.9364	2.25	210.57	10.817	54.57	0.930
80	0.4736	0.2933	2643.5	2309.0	1.9615	2.33	145.53	11.219	38.25	0.947
90	0.7011	0.4235	2660.3	2283.1	1.9921	2.40	102.22	11.621	27.44	0.966
100	1.0130	0.5977	2676.2	2257.1	2.0281	2.48	73.57	12.023	20.12	0.984
110	1.4327	0.8265	2691.3	2229.0	2.0704	2.56	53.83	12.425	15.03	1.00
120	1.9854	1.122	2705.9	2202.3	2.1198	2.65	40.15	12.798	11.41	1.02
130	2.7013	1.497	2719.7	2173.1	2.1763	2.76	30.46	13.170	8.80	1.04
140	3.614	1.967	2733.1	2144.1	2.2408	2.85	23.28	13.543	6.89	1.06
150	4.760	2.548	2745.3	2113.1	2.3145	2.97	18.10	13.896	5.45	1.08
160	6.181	3.260	2756.6	2081.3	2.3974	3.08	14.20	14.249	4.37	1.11
170	7.920	4.123	2767.1	2047.8	2.4911	3.21	11.25	14.612	3.54	1.13
180	10.027	5.160	2776.3	2013.0	2.5958	3.36	9.03	14.965	2.90	1.15

$t/℃$	$p×10^{-5}/$ Pa	$\rho''/$ (kg/m³)	$h''/$ (kJ/kg)	$r/$ (kJ/kg)	$C/$ [kJ/(kg·℃)]	$\lambda×10^2/$ [W/(m·℃)]	$\alpha×10^3/$ (m²/h)	$\eta×10^6/$ [kg/(m·s)]	$v×10^6/$ (m²/s)	Pr
190	12.551	6.397	2784.2	1976.6	2.7126	3.51	7.29	15.298	2.39	1.18
200	15.549	7.864	2790.9	1938.5	2.8428	3.68	5.92	15.651	1.99	1.21
210	19.077	9.593	2796.4	1898.3	2.9877	3.87	4.86	15.995	1.67	1.24
220	23.198	11.62	2799.7	1856.4	3.1497	4.07	4.00	16.338	1.41	1.26
230	27.976	14.00	2801.8	1811.6	3.3310	4.30	3.32	16.701	1.19	1.29
240	33.478	16.76	2802.2	1764.7	3.5366	4.54	2.76	17.073	1.02	1.33
250	39.776	19.99	2800.6	1714.4	3.7723	4.84	2.31	17.446	0.873	1.36
260	46.943	23.73	2796.4	1661.3	4.0470	5.18	1.94	17.848	0.752	1.40
270	55.058	28.10	2789.7	1604.8	4.3735	5.55	1.63	18.280	0.651	1.44
280	64.202	33.19	2780.5	1543.7	4.7675	6.00	1.37	18.750	0.565	1.49
290	74.461	39.16	2767.5	1477.5	5.2528	6.55	1.15	19.270	0.492	1.54
300	85.927	46.19	2751.1	1405.9	5.8632	7.22	0.96	19.839	0.430	1.61
310	98.700	54.54	2730.2	1327.6	6.6503	8.06	0.80	20.691	0.381	1.71
320	112.89	64.60	2703.8	1241.0	7.7217	8.65	0.62	21.691	0.336	1.94
330	128.63	76.99	2670.3	1143.8	9.3613	9.61	0.48	23.093	0.300	2.24
340	146.05	92.76	2626.0	1030.8	12.2108	10.70	0.34	24.692	0.266	2.82
350	165.35	113.6	2567.8	895.6	17.1504	11.90	0.22	26.594	0.234	3.83
360	186.75	144.1	2485.3	721.4	25.1162	13.70	0.14	29.193	0.203	5.34
370	210.54	201.1	2342.9	452.6	76.9157	16.60	0.04	33.989	0.169	15.7
374.15	221.20	315.5	2107.2	0.0	∞	23.79	0.0	44.992	0.143	∞

附录7　常用制冷剂（液态）的热工参数表

液体	$t/℃$	$\rho/$ (kg/m³)	$C/$ [kJ/(kg·K)]	$\lambda/$ [W/(m·K)]	$\alpha×10^8/$ (m²/s)	$v×10^6/$ (m²/s)	$\alpha_v×10^3/$ K^{-1}	$r/$ (kJ/kg)	Pr
NH₃	−50	702.0	4.354	0.6207	20.31	0.4745	1.69	1416.34	2.337
	−40	689.9	4.396	0.6014	19.83	0.4160	1.78	1388.81	2.098
	−30	677.5	4.448	0.5810	19.28	0.3700	1.88	1359.74	1.919
	−20	664.9	4.501	0.5607	18.74	0.3328	1.96	1328.97	1.776
	−10	652.0	4.556	0.5405	18.20	0.3018	2.04	1296.39	1.659
	0	638.6	4.617	0.5202	17.64	0.2753	2.16	1261.81	1.560
	10	624.8	4.683	0.4998	17.08	0.2522	2.28	1225.04	1.477
	20	610.4	4.758	0.4792	16.50	0.2320	2.42	1185.82	1.406
	30	595.4	4.843	0.4583	15.89	0.2143	2.57	1143.85	1.348
	40	579.5	4.943	0.4371	15.26	0.1988	2.76	1098.71	1.303
	50	562.9	5.066	0.4156	14.57	0.1853	3.07	1049.91	1.271
R12	−50	1544.3	0.863	0.0959	7.20	0.2939	1.732	173.91	4.083
	−40	1516.1	0.873	0.0921	6.96	0.2666	1.815	170.02	3.831
	−30	1487.2	0.884	0.0883	6.72	0.2422	1.915	166.00	3.606
	−20	1457.6	0.896	0.0845	6.47	0.2206	2.039	161.81	3.409
	−10	1427.1	0.911	0.0808	6.21	0.2015	2.189	157.39	3.241

液体	$t/℃$	$\rho/$ (kg/m^3)	$C/$ $[kJ/(kg \cdot K)]$	$\lambda/$ $[W/(m \cdot K)]$	$\alpha \times 10^8/$ (m^2/s)	$v \times 10^6/$ (m^2/s)	$\alpha_v \times 10^3/$ K^{-1}	$r/$ (kJ/kg)	Pr
R12	0	1395.6	0.928	0.0771	5.95	0.1847	2.374	152.38	3.103
	10	1362.8	0.948	0.0735	5.69	0.1701	2.602	147.64	2.990
	20	1328.6	0.971	0.0698	5.41	0.1573	2.887	142.20	2.907
	30	1292.5	0.998	0.0663	5.14	0.1463	3.248	136.27	2.846
	40	1254.2	1.030	0.0627	4.85	0.1368	3.712	129.78	2.819
	50	1213.0	1.071	0.0592	4.56	0.1289	4.327	122.56	2.828
R22	−50	1435.5	1.083	0.1184	7.62		1.942	239.48	
	−40	1406.8	1.093	0.1138	7.40		2.043	233.29	
	−30	1377.3	1.107	0.1092	7.16		2.167	226.81	
	−20	1346.8	1.125	0.1048	6.92	0.193	2.322	219.97	2.792
	−10	1315.0	1.146	0.1004	6.66	0.178	2.515	212.69	2.672
	0	1281.8	1.171	0.0962	6.41	0.164	2.754	204.87	2.557
	10	1246.9	1.202	0.0920	6.14	0.151	3.057	196.44	2.463
	20	1210.0	1.238	0.0878	5.86	0.140	3.447	187.28	2.384
	30	1170.7	1.282	0.0838	5.58	0.130	3.956	177.24	2.321
	40	1128.4	1.338	0.0798	5.29	0.121	4.644	166.16	2.285
	50	1082.1	1.414				5.610	153.76	
R152a	−50	1063.3	1.560			0.3822	1.625	351.69	
	−40	1043.5	1.590			0.3374	1.718	343.54	
	−30	1023.3	1.617			0.3007	1.830	335.01	
	−20	1002.5	1.645	0.1272	7.71	0.2703	1.964	326.06	3.505
	−10	981.1	1.674	0.1213	7.39	0.2449	2.123	316.63	3.316

附录 8　常用建筑及保温材料的密度和热导率

材料名称	温度 t /℃	密度 ρ /(kg/m^3)	热导率 λ /$[W/(m \cdot K)]$	材料名称	温度 t /℃	密度 ρ /(kg/m^3)	热导率 λ /$[W/(m \cdot K)]$
膨胀珍珠岩散料	25	60～300	0.021～0.062	棉花	20	117	0.049
沥青膨胀珍珠岩	31	233～282	0.069～0.076	丝	20	57.7	0.036
磷酸盐膨胀珍珠岩制品	20	200～250	0.044～0.052	锯木屑	20	179	0.083
水玻璃膨胀珍珠岩制品	20	200～300	0.056～0.065	硬泡沫塑料	30	29.5～56.3	0.041～0.048
岩棉制品	20	80～150	0.035～0.038	软泡沫塑料	30	41～162	0.043～0.056
膨胀蛭石	20	100～130	0.051～0.07	铝箔间隔层（5层）	21		0.042
沥青蛭石板管	20	350～400	0.081～0.10	红砖（营造状态）	25	1860	0.87
石棉粉	22	744～1400	0.099～0.19	红砖	35	1560	0.49
石棉砖	21	384	0.099	松木（垂直木纹）	15	496	0.15
石棉绳		590～730	0.10～0.21	松木（平行木纹）	21	527	0.35
石棉绒		35～230	0.055～0.077	水泥	30	1900	0.30
石棉板	30	770～1045	0.10～0.14	混凝土板	35	1930	0.79
碳酸镁石棉灰		240～490	0.077～0.086	耐酸混凝土板	30	2250	1.5～1.6

续表

材料名称	温度 t /℃	密度 ρ /(kg/m³)	热导率 λ /[W/(m·K)]	材料名称	温度 t /℃	密度 ρ /(kg/m³)	热导率 λ /[W/(m·K)]
硅藻土石棉灰		280~380	0.085~0.11	黄砂	30	1580~1700	0.28~0.34
粉煤灰砖	27	458~589	0.12~0.22	泥土	20		0.83
矿渣棉	30	207	0.058	瓷砖	37	2090	1.1
玻璃丝	35	120~492	0.058~0.07	玻璃	45	2500	0.65~0.71
玻璃棉毡	28	18.4~38.3	0.043	聚苯乙烯	30	24.7~37.8	0.04~0.043
软木板	20	105~437	0.044~0.079	花岗石		2643	1.73~3.98
木丝纤维板	25	245	0.048	大理石		2499~2707	2.70
稻草浆板	20	325~365	0.068~0.084	云母		290	0.58
麻秆板	25	108~147	0.056~0.11	水垢	65		1.31~3.14
甘蔗板	20	282	0.067~0.072	冰	0	913	2.22
葵芯板	20	95.5	0.05	黏土	27	1460	1.3
玉米梗板	22	25.2	0.065				

参 考 文 献

［1］ ［罗］比安什（Bianchi，A.），［法］福泰勒（Fautrelle，Y.），［法］埃黛（Etay，J.）著. 传热学. 王晓东译. 大连：大连理工大学出版社，2008.

［2］ ［美］英克鲁佩勒等著. 传热和传质基础原理. 葛新石，叶宏译. 北京：化学工业出版社，2007.

［3］ 郑丹星编著. 流体与过程热力学. 北京：化学工业出版社，2010.

［4］ 李沪萍，向兰，夏家群，熊运实编. 热工设备节能技术. 北京：化学工业出版社，2010.

［5］ 王承阳编著. 热能与动力工程基础. 北京：冶金工业出版社，2010.

［6］ 余宁主编. 热工学基础. 北京：中国建筑工业出版社，2005.

［7］ 贾永康，徐红梅，高志勇，张少飞编著. 热工学基础. 武汉：武汉理工大学出版社，2008.

［8］ 童钧耕，王平阳，苏永康编. 热工基础. 上海：上海交通大学出版社，2008.

［9］ 张学学主编. 热工基础. 北京：高等教育出版社，2008.

［10］ 刘春泽主编. 热工学基础. 北京：机械工业出版社，2004.

［11］ 陈黟，吴味隆等编著. 北京：高等教育出版社，2004.

［12］ 魏龙主编. 热工与流体力学基础. 北京：化学工业出版社，2007.

［13］ 廉乐明等编. 工程热力学. 北京：中国建筑工业出版社，2007.

［14］ 严兆大主编. 热能与动力工程测试技术. 北京：机械工业出版社，2006.

［15］ 傅秦生主编. 热工基础与应用. 北京：机械工业出版社，2007.

［16］ 黄素逸，王晓墨编著. 能源与节能技术. 北京：中国电力出版社，2008.

［17］ 刘自放，刘春蕾主编. 热工检测与自动控制. 北京：中国电力出版社，2007.